IURY DE ALMEIDA ACCORDI

I0492256

BIOLOGIA PARA O ENEM

621 questões de todos os ENEM (1998 a 2019) Com gabarito

2020

Dados Internacionais de Catalogação na Publicação (CIP)
(Câmara Brasileira do Livro, SP, Brasil)

Accordi, Iury de Almeida

Biologia para o ENEM [livro eletrônico]: 621 questões de todos os ENEM (1998 a 2019) com gabarito / Iury de Almeida Accordi. – 1. Ed. – Viamão, RS: Iury de Almeida Accordi, 2020. 1 Mb ; ePub

ISBN 978-65-00-04578-9

1. Biologia – Estudo e ensino 2. Biologia – Problemas, exercícios etc. 3. ENEM – Exame Nacional do Ensino Médio 4. Vestibulares I. Título

20-38088   CDD-574.07

Índices para catálogo sistemático

1. ENEM: Biologia : Estudo e ensino 574.07

Maria Alice Ferreira – Bibliotecária – CRB-8/7964

APRESENTAÇÃO

Sinto-me lisonjeado de apresentar a você essa obra, elaborada por mim ao longo de quatro anos. Sou licenciado em Biologia pela Universidade do Vale do Rio dos Sinos de São Leopoldo, Rio Grande do Sul, com mestrado e doutorado em Ecologia realizados na Universidade Federal do Rio Grande do Sul (UFRGS). Atuo como professor de Biologia em turmas do Ensino Médio e cursos Pré-ENEM do Instituto Federal de Santa Catarina (IFSC) desde 2016.

Esse livro tem o objetivo de proporcionar a estudantes e professores uma ferramenta que possibilite não só acessar todas as questões relacionadas à Biologia publicadas nos ENEM de 1998 a 2019 como também poder consultá-las por área de conhecimento. O estudante poderá estudar para o ENEM módulo a módulo, conforme seu plano de estudo e o professor poderá trabalhar com as questões em aula levando em conta o seu conteúdo programático.

A ideia desse livro surgiu da minha própria prática docente e dificuldade de procurar questões para o ENEM para trabalhar como meus alunos em aula. Resolvi, então, baixar todas as provas de todos os ENEM e selecionar todas as questões relacionadas à Biologia. Quando eu falo em todos os ENEM, quero dizer que estão inclusas nesse livro todas as aplicações do ENEM. De 1998 a 2008 o ENEM contou com apenas uma aplicação por ano. A partir de 2010 começaram as aplicações conhecidas como ENEM PPL destinadas a adultos privados de liberdade e jovens sob medida socioeducativa que inclua privação de liberdade. Ainda, entre 2009 e 2017 houve uma aplicação extra do ENEM em cinco diferentes anos. Anote-se também nesse rol a prova anulada do ENEM de 2009, que apesar de não ter tido validade oficial proporcionou valiosas questões para estudo. Somando-se isso tudo, chegamos a um total de 38 provas e 621 questões!

As questões estão organizadas no livro em oito módulos levando em conta tópicos gerais que são utilizados pela maioria dos professores do Ensino Médio e apresentados em grande parte dos livros didáticos: Bioquímica, Biologia Celular, Reprodução e Desenvolvimento (Embriologia), Genética e Biotecnologia, Evolução Biológica, Classificação Biológica e Diversidade dos Seres Vivos, Anatomia e Fisiologia Humanas e Ecologia e Conservação.

Essa não é uma obra completa, até porque a cada ano que irá passar teremos um novo ENEM, com novas aplicações e novas questões que deverão constar em futuras atualizações ou novas edições. Por enquanto, espero que vocês alunos façam bom uso do conteúdo e que ele sirva de referência para seus estudos e sucesso na sua empreitada de chegar a um curso superior! E você, colega docente, utilize o banco de questões para agregar valor às suas aulas e não esqueça de comentar que se trata de questões de ENEM, pois os alunos com certeza irão prestar uma atenção bem maior a elas!

BOM PROVEITO A TODOS!

1988-2019 - O ENEM AO LONGO DE 22 ANOS

A primeira aplicação do ENEM foi realizada em 1998, e lá se vão 22 anos até a aplicação do ENEM de 2019. Mas o ENEM de 1998 nem se compara ao que foi o ENEM de 2019 ou o que será em 2020. Muita coisa mudou!

O primeiro ENEM surgiu com o único objetivo de avaliar a qualidade da educação nacional. Nesse ano apenas duas instituições utilizaram a nota do ENEM como modalidade de acesso ao Ensino Superior. Porém, já em 1999 no seu segundo ano de aplicação, 93 instituições usaram o ENEM com esse objetivo. Hoje em dia praticamente todas as instituições de ensino superior utilizam o ENEM em maior ou menor grau como forma de acesso aos seus cursos.

A importância do ENEM como modalidade de acesso ao Ensino Superior cresceu muito ao longo dos anos, principalmente devido à sua vinculação a três programas de acesso ao ensino superior criados pelo Ministério da Educação: o PROUNI em 2004, o SISU em 2009 e o FIES em 2010. O PROUNI (Programa Universidade para Todos) oferece bolsas de estudos, que podem ser integrais ou parciais (50%), em instituições particulares de educação superior a estudantes brasileiros sem diploma de nível superior. Já o SISU (Sistema de Seleção Unificada) é um sistema informatizado no qual instituições públicas de ensino superior oferecem vagas para candidatos participantes do ENEM. Por fim, o FIES (Fundo de Financiamento Estudantil) destina-se a financiar a graduação na educação superior de estudantes matriculados em cursos superiores não gratuitos que tenham avaliação positiva nos processos conduzidos pelo Ministério da Educação.

É importante salientar que entre 2009 e 2016 o ENEM também serviu como forma de certificação de conclusão do Ensino Médio. Atualmente, essa atribuição cabe ao ENCCEJA (Exame Nacional Para Certificação de Competências de Jovens e Adultos).

Referências

INEP. **ENCCEJA**. Disponível em: http://enccejanacional.inep.gov.br/encceja/#!/inicial. Acesso em: 25 maio 2020.

MINISTÉRIO DA EDUCAÇÃO. **O PROUNI**. Disponível em: http://siteprouni.mec.gov.br/o_prouni.php. Acesso em: 25 maio 2020.

MINISTÉRIO DA EDUCAÇÃO. **O que é? SISU**. Disponível em: https://sisu.mec.gov.br/#/. Acesso em: 25 maio 2020.

A BIOLOGIA QUE CAI NO ENEM

O ENEM é um tipo de concurso e muitas vezes é o primeiro concurso a ser feito na vida de alguém. Por falar em concurso, tem uma regra que vale para qualquer um que você fação: não basta só estudar, tem que estudar muito e com método e estratégia. Não vou dizer para você aqui qual o melhor método ou estratégia a seguir, pois cada um deve escolher o que melhor lhe convém. Porém, uma coisa é certa, existe uma Biologia que cai no ENEM, e é nessa Biologia que você deve focar se quer alcançar o seu objetivo.

O ENEM não é uma descarga aleatória de questões sobre qualquer assunto em qualquer ano. Existem tópicos ou temas que caem com uma proporção maior que outros. E é a partir dessas proporções que você pode começar a montar a sua estratégia. A figura 1 mostra claramente que 50% das questões que até hoje caíram no ENEM se referem à ecologia e conservação. Reprodução, desenvolvimento e diversidade celular representam o tema que menos questões geraram para o ENEM até hoje.

Porém, o ENEM não é algo contínuo, ele mudou e bastante por sinal ao longo dos anos, como vocês puderam notar na seção anterior deste livro. Então, é melhor fazermos um corte e começarmos a analisar o ENEM a partir de 2017. Por quê? Porque foi nesse ano que ele deixou de conferir certificação de conclusão do Ensino Médio e passou a ser basicamente uma modalidade de acesso ao Ensino Superior (uma das principais formas de acesso de muitas instituições de ensino, diga-se de passagem).

Figura 1 - Número de questões relacionadas à Biologia que já caíram no ENEM organizadas por módulos.

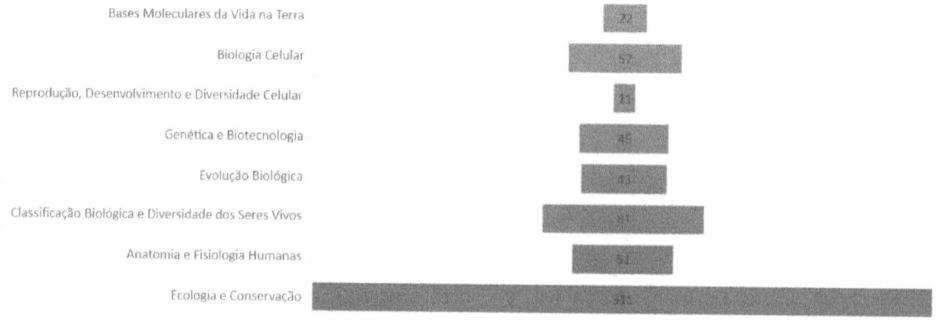

Fonte: o autor.

A Figura 2 nos mostra que nos últimos três anos a Ecologia já não é mais tão dominante no ENEM, representando, porém, ainda 30 % da prova de Biologia. No entanto, já há uma equiparação maior entre os outros módulos. Aumentou bastante a importância de quase todos os outros módulos. Apenas Bases Moleculares da Vida na Terra; Reprodução, Desenvolvimento e Diversidade Celular e Evolução Biológica continuam com proporções menores. É claro que ainda é uma amostra muito pequena de três anos e não podemos afirmar que se trata de uma tendência que irá se repetir ao longo dos anos vindouros. No entanto, se tivesse que arriscar uma dica, diria que você continue focando mais nas questões de ecologia, mas não se descuide dos outros módulos, que poderão aumentar seu peso nos próximos ENEM!

Figura 2 – Número de questões que caíram no ENEM nos últimos três anos, separadas por módulos.

Módulo	2017	2018	2019	Totais	%
Bases Moleculares da Vida na Terra	3	1	0	4	4,4
Biologia Celular	6	6	5	17	18,7
Reprodução, Desenvolvimento e Diversidade Celular	1	1	1	3	3,3
Genética e Biotecnologia	6	3	3	12	13,2
Evolução Biológica	0	2	1	3	3,3
Classificação Biológica e Diversidade dos Seres Vivos	4	5	4	13	14,3
Anatomia e Fisiologia Humanas	3	3	8	14	15,4
Ecologia e Conservação	9	6	10	25	27,5
Totais	32	27	32	91	100,0

Fonte: o autor.

MÓDULO 1 BASES MOLECULARES DA VIDA NA TERRA

ÁGUA

1.1 A água apresenta propriedades físico-químicas que a coloca em posição de destaque como substância essencial à vida. Dentre essas, destacam-se as propriedades térmicas biologicamente muito importantes, por exemplo, o elevado valor de calor latente de vaporização, Esse calor latente refere-se à quantidade de calor que deve ser adicionada a um líquido em seu ponto de ebulição, por unidade de massa, para convertê-lo em vapor na mesma temperatura, que no caso da água é igual a 540 calorias por grama.

A propriedade físico-química mencionada no texto confere à água a capacidade de

A servir como doador de elétrons no processo de fotossíntese.

B funcionar como regulador térmico para os organismos vivos.

C agir como solvente universal nos tecidos animais e vegetais.

D transportar os íons de ferro e magnésio nos tecidos vegetais.

E funcionar como mantenedora do metabolismo nos organismos vivos.

2009 (prova anulada).

1.2 Nas recentes expedições espaciais que chegaram ao solo de Marte, e através dos sinais fornecidos por diferentes sondas e formas de análise, vem sendo investigada a possibilidade da existência de água naquele planeta. A motivação principal dessas investigações, que ocupam frequentemente o noticiário sobre Marte, deve-se ao fato de que a presença de água indicaria, naquele planeta,

A a existência de um solo rico em nutrientes e com potencial para a agricultura.

B a existência de ventos, com possibilidade de erosão e formação de canais.

C a possibilidade de existir ou ter existido alguma forma de vida semelhante à da Terra.

D a possibilidade de extração de água visando ao seu aproveitamento futuro na Terra.

E a viabilidade, em futuro próximo, do estabelecimento de colônias humanas em Marte.

2004.

1.3 Um estudo caracterizou 5 ambientes aquáticos, nomeados de A a E, em uma região, medindo parâmetros físico-químicos de cada um deles, incluindo o pH nos ambientes. O

Gráfico I representa os valores de pH dos 5 ambientes. Utilizando o gráfico II, que representa a distribuição estatística de espécies em diferentes faixas de pH, pode-se esperar um maior número de espécies no ambiente:

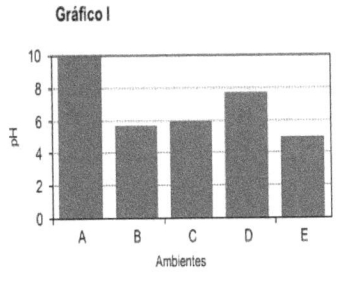

Gráfico I

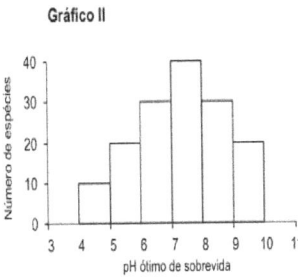

Gráfico II

A A

B B.

C C.

D D.

E E

2005.

1.4 Uma região industrial lança ao ar gases como o dióxido de enxofre e óxidos de nitrogênio, causadores da chuva ácida. A figura mostra a dispersão desses gases poluentes.

Considerando o ciclo da água e a dispersão dos gases, analise as seguintes possibilidades:

I.   As águas de escoamento superficial e de precipitação que atingem o manancial poderiam causar aumento de acidez da água do manancial e provocar a morte de peixes.

II.   A precipitação na região rural poderia causar aumento de acidez do solo e exigir procedimentos corretivos, como a calagem.

III.   A precipitação na região rural, embora ácida, não afetaria o ecossistema, pois a transpiração dos vegetais neutralizaria o excesso de ácido.

Dessas possibilidades,

A pode ocorrer apenas a I.

B pode ocorrer apenas a II.

C podem ocorrer tanto a I quanto a II.

D podem ocorrer tanto a I quanto a III.

E podem ocorrer tanto a II quanto a III.

2001.

1.5 Os oceanos absorvem aproximadamente um terço das emissões de CO_2 procedentes de atividades humanas, como a queima de combustíveis fósseis e as queimadas. O CO_2 combina-se com as águas dos oceanos, provocando uma alteração importante em suas propriedades. Pesquisas com vários organismos marinhos revelam que essa alteração nos oceanos afeta uma série de processos biológicos necessários para o desenvolvimento e a sobrevivência de várias espécies da vida marinha.

A alteração a que se refere o texto diz respeito ao aumento

A da acidez das águas dos oceanos.

B do estoque de pescado nos oceanos.

C da temperatura média dos oceanos.

D do nível das águas dos oceanos.

E da salinização das águas dos oceanos.

2010 (2ª aplicação).

CARBONO

1.6 A talidomida é um sedativo leve e foi muito utilizado no tratamento de náuseas, comuns no início da gravidez. Quando foi lançada, era considerada segura para o uso de grávidas, sendo administrada como uma mistura racêmica composta pelos seus dois enantiômeros (R e S). Entretanto, não se sabia, na época, que o enantiômero S leva à malformação congênita, afetando principalmente o desenvolvimento normal dos braços e pernas do bebê.

COELHO, F. A. S. Fármacos e quiralidade. Cadernos Temáticos de Química Nova na Escola, São Paulo, n. 3, maio 2001 (adaptado).

Essa malformação congênita ocorre porque esses enantiômeros

A reagem entre si.

B não podem ser separados.

C não estão presentes em partes iguais.

D interagem de maneira distinta com o organismo.

E são estruturas com diferentes grupos funcionais.

2014.

MICRONUTRIENTES (VITAMINAS E MINERAIS)

1.7 Os distúrbios por deficiência de iodo (DDI) são fenômenos naturais e permanentes amplamente distribuídos em várias regiões do mundo. Populações que vivem em áreas deficientes em iodo têm o risco de apresentar os distúrbios causados por essa deficiência, cujos impactos sobre os níveis de desenvolvimento humano, social e econômico são muito graves. No Brasil, vigora uma lei que obriga os produtores de sal de cozinha a incluírem em seu produto certa quantidade de iodeto de potássio.

Essa inclusão visa prevenir problemas em qual glândula humana?

A Hipófise.

B Tireoide.

C Pâncreas.

D Suprarrenal.

E Paratireoide.

2017 (2ª aplicação).

1.8 O arroz-dourado é uma planta transgênica capaz de produzir quantidades significativas de betacaroteno, que é ausente na variedade branca. A presença dessa substância torna os grãos amarelados, o que justifica seu nome.

A ingestão dessa variedade geneticamente modificada está relacionada à redução da incidência de

A fragilidade óssea.

B fraqueza muscular.

C problemas de visão.

D alterações no tireoide.

E sangramento gengival.

2014 (2ª aplicação).

1.9 De acordo com o Ministério da Saúde, a cegueira noturna ou nictalopia é uma doença caracterizada pela dificuldade de se enxergar em ambientes com baixa luminosidade. Sua ocorrência pode estar relacionada a uma alteração ocular congênita ou a problemas nutricionais. Com esses sintomas, uma senhora dirigiu-se ao serviço de saúde e seu médico sugeriu a ingestão de vegetais ricos em carotenoides, como a cenoura.

Disponível em: http://bvsms.saude.gov.br. Acesso em: 1 mar. 2012 (adaptado).

Essa indicação médica deve-se ao fato de que os carotenoides são os precursores de

A hormônios, estimulantes da regeneração celular da retina.

B enzimas, utilizadas na geração de ATP pela respiração celular.

C vitamina A, necessária para a formação de estruturas fotorreceptoras.

D tocoferol, uma vitamina com função na propagação dos impulsos nervosos.

E vitamina C, substância antioxidante que diminui a degeneração de cones e bastonetes.

2018 (2ª aplicação).

1.10 A obesidade, que nos países desenvolvidos já é tratada como epidemia, começa a preocupar especialistas no Brasil. Os últimos dados da Pesquisa de Orçamentos Familiares, realizada entre 2002 e 2003 pelo IBGE, mostram que 40,6% da população brasileira estão acima do peso, ou seja, 38,8 milhões de adultos. Desse total, 10,5 milhões são considerados obesos. Várias são as dietas e os remédios que prometem um emagrecimento rápido e sem riscos. Há alguns anos foi lançado no mercado brasileiro um remédio de ação diferente dos demais, pois inibe a ação das lipases, enzimas que aceleram a reação de quebra de gorduras. Sem serem quebradas elas não são absorvidas pelo intestino, e parte das gorduras ingeridas é eliminada com as fezes. Como os lipídios são altamente energéticos, a pessoa tende a emagrecer. No entanto, esse remédio apresenta algumas contraindicações, pois a gordura não absorvida lubrifica o intestino, causando desagradáveis diarreias. Além do mais, podem ocorrer casos de baixa absorção de vitaminas lipossolúveis, como as A, D, E e K, pois

A essas vitaminas, por serem mais energéticas que as demais, precisam de lipídios para sua absorção.

B a ausência dos lipídios torna a absorção dessas vitaminas desnecessária.

C essas vitaminas reagem com o remédio, transformando-se em outras vitaminas.

D as lipases também desdobram as vitaminas para que essas sejam absorvidas.

E essas vitaminas se dissolvem nos lipídios e só são absorvidas junto com eles.

MACROMOLÉCULAS (LIPÍDEOS, CARBOIDRATOS, PROTEÍNAS E ÁCIDOS NUCLEICOS)

1.11 A descoberta dos organismos extremófilos foi uma surpresa para os pesquisadores. Alguns desses organismos, chamados de acidófilos, são capazes de sobreviver em ambientes extremamente ácidos. Uma característica desses organismos é a capacidade de produzir membranas celulares compostas de lipídeos feitos de éteres em vez dos ésteres de glicerol, comuns nos outros seres vivos (mesófilos), o que preserva a membrana celular desses organismos, mesmo em condições extremas de acidez.

A degradação das membranas celulares de organismos não extremófilos em meio ácido é classificada como

A hidrólise.

B termólise.

C eterificação.

D condensação.

E saponificação

2016 (2ª aplicação).

1.12 Meios de cultura são utilizados como fontes de nutrientes para o crescimento de microrganismos em laboratórios. Pesquisadores brasileiros avaliaram a viabilidade da produção de ácido lático pela bactéria *Leuconostoc mesenteroides* B512F, utilizando na composição do meio de cultura um substrato à base de material obtido do aproveitamento de excedentes da agroindústria tropical local de caju. Os resultados obtidos mostraram que o meio de cultura enriquecido com xarope de caju propiciou um crescimento adequado desta bactéria.

GUILHERME, A. A.; PINTO G. A. S.; RODRIGUES, S. Avaliação da produção de ácido lático por Leuconostoc mesenteroides B512F em xarope de caju. **Ciência Tecnologia de Alimentos**, 29(4), 2009 (adaptado).

O carboidrato presente no xarope de caju que auxiliou no crescimento desta bactéria foi a

A celulose.

B glicose.

C maltose.

D lactose.

E ribose.

2014 (3ª aplicação).

1.13 Ao beber uma solução de glicose ($C_6H_{12}O_6$), um corta-cana ingere uma substância

A que, ao ser degradada pelo organismo, produz energia que pode ser usada para movimentar o corpo.

B inflamável que, queimada pelo organismo, produz água para manter a hidratação das células.

C que eleva a taxa de açúcar no sangue e é armazenada na célula, o que restabelece o teor de oxigênio no organismo.

D insolúvel em água, o que aumenta a retenção de líquidos pelo organismo.

E de sabor adocicado que, utilizada na respiração celular, fornece CO_2 para manter estável a taxa de carbono na atmosfera.

2007.

1.14 O descarte de óleo de cozinha na rede de esgotos gera diversos problemas ambientais. Pode-se destacar a contaminação dos cursos d'água, que tem como uma das consequências a formação de uma película de óleo na superfície, causando danos à fauna aquática, por dificultar as trocas gasosas, além de diminuir a penetração dos raios solares no curso hídrico.

Disponível em: http://revistagalileu.globo.com. Acesso em: 3 ago. 2012 (adaptado).

Qual das propriedades dos óleos vegetais está relacionada aos problemas ambientais citados?

A Alta miscibilidade em água.

B Alta reatividade com a água.

C Baixa densidade em relação à água.

D Baixa viscosidade em relação à água.

E Alto ponto de ebulição em relação à água.

2016 (3ª aplicação).

1.15 Na Idade Média, para elaborar preparados a partir de plantas produtoras de óleos essenciais, as coletas das espécies eram realizadas ao raiar do dia. Naquela época, essa prática era fundamentada misticamente pelo efeito mágico dos raios lunares, que seria anulado pela emissão dos raios solares. Com a evolução da ciência, foi comprovado que a coleta de algumas espécies ao raiar do dia garante a obtenção de material com maiores quantidades de óleos essenciais.

A explicação científica que justifica essa prática se baseia na

A volatilização das substâncias de interesse.

B polimerização dos óleos catalisada pela radiação solar.

C solubilização das substâncias de interesse pelo orvalho.

D oxidação do óleo pelo oxigênio produzido na fotossíntese.

E liberação das moléculas de óleo durante o processo de fotossíntese.

2017 (1ª aplicação).

1.16 Quando colocados em água, os fosfolipídios tendem a formar lipossomos, estruturas formadas por uma bicamada lipídica, conforme mostrado na figura. Quando rompida, essa estrutura tende a se reorganizar em um novo lipossomo.

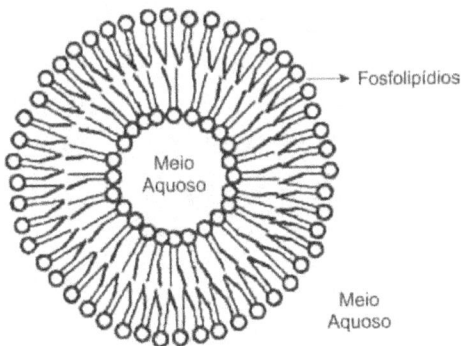

Esse arranjo característico se deve ao fato de os fosfolipídios apresentarem uma natureza

A polar, ou seja, serem inteiramente solúveis em água.

B apolar, ou seja, não serem solúveis em solução aquosa.

C anfotérica, ou seja, podem comportar-se como ácidos e bases.

D insaturada, ou seja, possuírem duplas ligações em sua estrutura.

E anfifílica, ou seja, possuírem uma parte hidrofílica e outra hidrofóbica.

2012.

1.17 Na década de 1940, na Região Centro-Oeste, produtores rurais, cujos bois, porcos, aves e cabras estavam morrendo por uma peste desconhecida, fizeram uma promessa, que consistiu em não comer carne e derivados até que a peste fosse debelada. Assim, durante três meses, arroz, feijão, verduras e legumes formaram o prato principal desses produtores.

O Hoje, 15 out. 2011 (adaptado).

Para suprir o déficit nutricional a que os produtores rurais se submeteram durante o período da promessa, foi importante eles terem consumido alimentos ricos em

A vitaminas A e E.

B frutose e sacarose.

C aminoácidos naturais.

D aminoácidos essenciais.

E ácidos graxos saturados.

2014.

1.18 Recentemente um estudo feito em campos de trigo mostrou que níveis elevados de dióxido de carbono na atmosfera prejudicam a absorção de nitrato pelas plantas. Consequentemente, a qualidade nutricional desses alimentos pode diminuir à medida que os níveis de dióxido de carbono na atmosfera atingirem as estimativas para as próximas décadas.

BLOOM, A. J. et al. Nitrate assimilation is inhibited by elevated CO2 in field grown wheat.

Nature Climate Change, n. 4, abr. 2014 (adaptado).

Nesse contexto, a qualidade nutricional do grão de trigo será modificada primariamente pela redução de

A amido.

B frutose.

C lipídeos.

D celulose.

E proteínas.

2016 (1ª APLICAÇÃO).

1.19 Um fabricante afirma que um produto disponível comercialmente possui DNA vegetal, elemento que proporcionaria melhor hidratação dos cabelos.

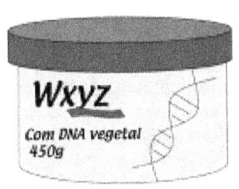

Sobre as características químicas dessa molécula essencial à vida, é correto afirmar que o DNA

A de qualquer espécie serviria, já que têm a mesma composição.

B de origem vegetal é diferente quimicamente dos demais pois possui clorofila.

C das bactérias poderia causar mutações no couro cabeludo.

D dos animais encontra-se sempre enovelado e é de difícil absorção.

E de características básicas, assegura sua eficiência hidratante.

2005.

1.20 Arroz e feijão formam um "par perfeito", pois fornecem energia, aminoácidos e diversos nutrientes. O que falta em um deles pode ser encontrado no outro. Por exemplo, o arroz é pobre no aminoácido lisina, que é encontrado em abundância no feijão, e o aminoácido metionina é abundante no arroz e pouco encontrado no feijão. A tabela seguinte apresenta informações nutricionais desses dois alimentos.

	arroz (1 colher de sopa)	feijão (1 colher de sopa)
calorias	41 kcal	58 kcal
carboidratos	8,07 g	10,6 g
proteínas	0,58 g	3,53 g
lipídios	0,73 g	0,18 g
colesterol	0 g	0 g

SILVA. R.S. Arroz e feijão, um par perfeito. Disponível em: http://www.comepar.com.br.

A partir das informações contidas no texto e na tabela, conclui-se que

A carboidratos contidos no arroz são mais nutritivos que os do feijão.

B o arroz é mais calórico que o feijão por conter maior quantidade de lipídios.

C as proteínas do arroz têm a mesma composição de aminoácidos que as do feijão.

D a combinação de arroz com feijão contém energia e nutrientes e é pobre em colesterol.

E duas colheres de arroz e três de feijão são menos calóricas que três colheres de arroz e duas de feijão.

2009 (prova anulada).

REAÇÕES METABÓLICAS

1.21 Alguns fatores podem alterar a rapidez das reações químicas. A seguir, destacam-se três exemplos no contexto da preparação e da conservação de alimentos:

1. A maioria dos produtos alimentícios se conserva por muito mais tempo quando submetidos à refrigeração. Esse procedimento diminui a rapidez das reações que contribuem para a degradação de certos alimentos.

2. Um procedimento muito comum utilizado em práticas de culinária é o corte dos alimentos para acelerar o seu cozimento, caso não se tenha uma panela de pressão.

3. Na preparação de iogurtes, adicionam-se ao leite bactérias produtoras de enzimas que aceleram as reações envolvendo açúcares e proteínas lácteas.

Com base no texto, quais são os fatores que influenciam a rapidez das transformações químicas relacionadas aos exemplos 1, 2 e 3, respectivamente?

A Temperatura, superfície de contato e concentração.

B Concentração, superfície de contato e catalisadores.

C Temperatura, superfície de contato e catalisadores.

D Superfície de contato, temperatura e concentração.

E Temperatura, concentração e catalisadores.

2010 (2ª aplicação).

1.22 Sabendo-se que as enzimas podem ter suas atividades regulada por diferentes condições de temperatura e pH, foi realizado um experimento para testar as condições ótimas para a atividade de uma determinada enzima. Os resultados estão apresentados no gráfico.

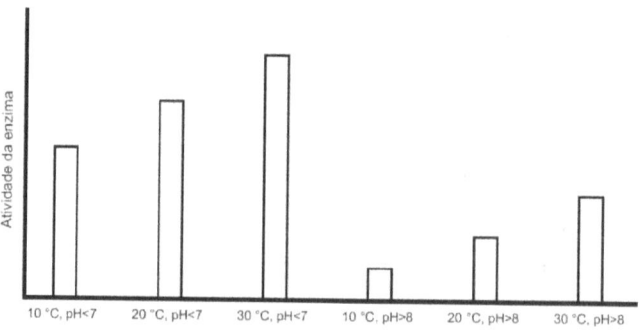

Em relação ao funcionamento da enzima, os resultados obtidos indicam que o(a)

A aumento do pH leva a uma atividade maior da enzima.

B temperatura baixa (10°C) é o principal inibidor da enzima.

C ambiente básico reduz a quantidade de enzima necessária na reação.

D ambiente básico reduz a quantidade de substrato metabolizado pela enzima.

E temperatura ótima de funcionamento da enzima é 30°C, independentemente do pH.

2017 (2ª aplicação).

2 BIOLOGIA CELULAR

MEMBRANAS BIOLÓGICAS

2.1 A fluidez da membrana celular é caracterizada pela capacidade de movimento das moléculas componentes dessa estrutura. Os seres vivos mantêm essa propriedade de duas formas: controlando a temperatura e/ou alterando a composição lipídica da membrana. Neste último aspecto, o tamanho e o grau de insaturação das caudas hidrocarbônicas dos fosfolipídios, conforme representados na figura, influenciam significativamente a fluidez. Isso porque quanto maior for a magnitude das interações entre os fosfolipídios, menor será a fluidez da membrana.

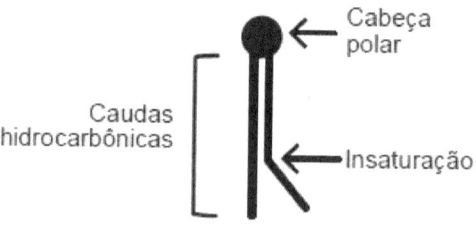

Assim, existem bicamadas lipídicas com diferentes composições de fosfolipídios, como as mostradas de I a V.

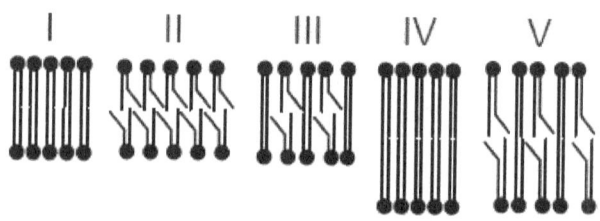

Qual das bicamadas lipídicas apresentadas possui maior fluidez?

A I

B II

C III

D IV

E V

2.2 Visando explicar uma das propriedades da membrana plasmática, fusionou-se uma célula de camundongo com uma célula humana, formando uma célula híbrida. Em seguida, com o intuito de marcar as proteínas de membrana, dois anticorpos foram inseridos no experimento, um específico para as proteínas de membrana do camundongo e outro para as proteínas de membrana humana. Os anticorpos foram visualizados ao microscópio por meio de fluorescência de cores diferentes.

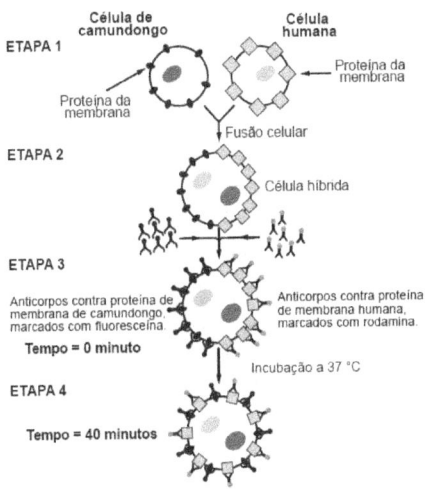

ALBERTS, B. et al. Biologia molecular da célula. Porto Alegre: Artes Médicas, 1997 (adaptado).

A mudança observada da etapa 3 para a etapa 4 do experimento ocorre porque as proteínas

A movimentam-se livremente no plano da bicamada lipídica.

B permanecem confinadas em determinadas regiões da bicamada.

C auxiliam o deslocamento dos fosfolipídios da membrana plasmática.

D são mobilizadas em razão da inserção de anticorpos.

E são bloqueadas pelos anticorpos.

2017 (1ª aplicação).

2.3 Uma das estratégias para conservação de alimentos é o salgamento, adição de cloreto de sódio (NaCl), historicamente utilizado por tropeiros, vaqueiros e sertanejos para conservar carnes de boi, porco e peixe.

O que ocorre com as células presentes nos alimentos preservados com essa técnica?

A O sal adicionado diminui a concentração de solutos em seu interior.

B O sal adicionado desorganiza e destrói suas membranas plasmáticas.

C A adição de sal altera as propriedades de suas membranas plasmáticas.

D Os íons NA^+ e Cl^- provenientes da dissolução do sal entram livremente nelas.

E A grande concentração de sal no meio extracelular provoca a saída de água de dentro delas.

2017 (1ª aplicação).

2.4 Osmose é um processo espontâneo que ocorre em todos os organismos vivos e é essencial à manutenção da vida. Uma solução 0,15 mol/L de $NaCl$ (cloreto de sódio) possui a mesma pressão osmótica das soluções presentes nas células humanas.

A imersão de uma célula humana em uma solução 0,20 mol/L de $NaCl$ tem, como consequência, a

A adsorção de íons Na^+ sobre a superfície da célula.

B difusão rápida de íons Na^+ para o interior da célula.

C diminuição da concentração das soluções presentes na célula.

D transferência de íons Na^+ da célula para a solução.

E transferência de moléculas de água do interior da célula para a solução.

2012.

2.5 As figuras A e B mostram um tecido vegetal observado sob microscópio, evidenciando o fenômeno da plasmólise de uma célula vegetal quando em contato com um meio externo de diferente concentração

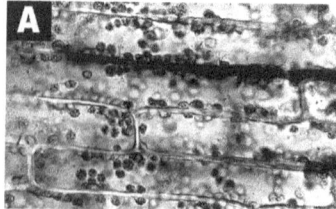

ROSSI-RODRIGUES, B. C.; HELENO, M. G.; SANTOS, R. V. D. Osmose em célula vegetal observada ao microscópio óptico. Disponível em: www.ib.unicamp.br. Acesso em 22 fev. 2012 (adaptado).

Considerando que as figuras A e B mostram duas situações de um mesmo experimento, pode-se afirmar que as células da figura

A A estão em contato com um meio externo mais concentrado, sofrendo aumento de volume.

B A e B foram colocadas em meio isotônico, não sofrendo mudança de volume.

C B foram colocadas em meio externo hipertônico, apresentando diminuição de volume.

22

D B foram colocadas em contato com meio externo menos concentrado, apresentando aumento de volume dos vacúolos.

E A foram mergulhadas em meio externo menos concentrado, apresentando seus cloroplastos espalhados no citoplasma.

2014 (3ª aplicação).

2.6 Uma cozinheira colocou sal a mais no feijão que estava cozinhando. Para solucionar o problema, ela acrescentou batatas cruas e sem tempero dentro da panela. Quando terminou de cozinhá-lo, as batatas estavam salgadas, porque absorveram parte do caldo com excesso de sal. Finalmente, ela adicionou água para completar o caldo do feijão.

O sal foi absorvido pelas batatas por

A osmose, por envolver apenas o transporte do solvente.

B fagocitose, porque o sal transportado é uma substância sólida.

C exocitose, uma vez que o sal foi transportado da água para a batata.

D pinocitose, porque o sal estava diluído na água quando foi transportado.

E difusão, porque o transporte ocorreu a favor do gradiente de concentração.

2019 (1ª aplicação).

2.7 Alimentos como carnes, quando guardados de maneira inadequada, deterioram-se rapidamente devido à ação de bactérias e fungos. Esses organismos se instalam e se multiplicam rapidamente por encontrarem aí condições favoráveis de temperatura, umidade e nutrição. Para preservar tais alimentos é necessário controlar a presença desses microrganismos. Uma técnica antiga e ainda bastante difundida para preservação desse tipo de alimento é o uso do sal de cozinha ($NaC\ell$).

Nessa situação, o uso do sal de cozinha preserva os alimentos por agir sobre os microrganismos,

A desidratando suas células.

B inibindo sua síntese proteica.

C inibindo sua respiração celular.

D bloqueando sua divisão celular.

E desnaturando seu material genético.

2012 (2ª aplicação).

2.8 Um medicamento, após ser ingerido, atinge a corrente sanguínea e espalha-se pelo organismo, mas, como suas moléculas "não sabem" onde é que está o problema, podem atuar em locais diferentes do local "alvo" e desencadear efeitos além daqueles desejados. Não seria perfeito se as moléculas dos medicamentos soubessem exatamente onde está o problema e fossem apenas até aquele local exercer sua ação? A técnica conhecida como iontoforese, indolor e não invasiva, promete isso. Como mostram as figuras, essa nova técnica baseia-se na aplicação de uma corrente elétrica de baixa intensidade sobre a pele do paciente, permitindo que fármacos permeiem membranas biológicas e alcancem a corrente sanguínea, sem passar pelo estômago. Muitos pacientes relatam apenas um formigamento no local de aplicação. O objetivo da corrente elétrica é formar poros que permitam a passagem do fármaco de interesse. A corrente elétrica é distribuída por eletrodos, positivo e negativo, por meio de uma solução aplicada sobre a pele. Se a molécula do medicamento tiver carga elétrica positiva ou negativa, ao entrar em contato com o eletrodo de carga de mesmo sinal, ela será repelida e forçada a entrar na pele (eletro repulsão - A). Se for neutra, a molécula será forçada a entrar na pele juntamente com o fluxo de solvente fisiológico que se forma entre os eletrodos (eletrosmose – B).

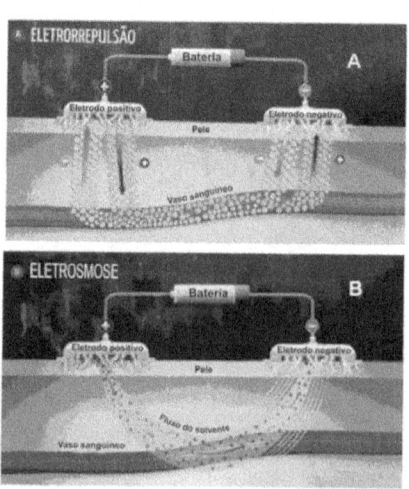

GRATIERI, T; GELFUSO, G. M.; LOPES, R. F. V. Medicação do futuro-iontoforese facilita entrada de fármacos no organismo. **Ciência Hoje**, vol 44, n° 259, maio 2009 (adaptado).

De acordo com as informações contidas no texto e nas figuras, o uso da iontoforese

A provoca ferimento na pele do paciente ao serem introduzidos os eletrodos, rompendo o epitélio.

B aumenta o risco de estresse nos pacientes, causado pela aplicação da corrente elétrica.

C inibe o mecanismo de ação dos medicamentos no tecido-alvo, pois estes passam a entrar por meio da pele.

D diminui o efeito colateral dos medicamentos, se comparados com aqueles em que a ingestão se faz por via oral.

E deve ser eficaz para medicamentos constituídos de moléculas polares e ineficaz, se essas forem apolares.

2009.

CITOPLASMA E ORGANELAS

2.9 Um pesquisador preparou um fragmento do caule de uma flor de margarida para que pudesse ser observado em microscopia ótica. Também preparou um fragmento de pele de rato com a mesma finalidade. Infelizmente, após algum descuido, as amostras foram misturadas.

Que estruturas celulares permitiriam a separação das amostras, se reconhecidas

A Ribossomos e mitocôndrias, ausentes nas células animais.

B Centríolos e lisossomo, organelas muito numerosas nas plantas.

C Envoltório nuclear e nucléolo, característicos das células eucarióticas.

D Lisossomos e peroxissomos, organelas exclusivas de células vegetais.

E Parede celular e cloroplastos, estruturas características de células vegetais.

2016 (3ª aplicação).

2.10 O DNA (ácido desoxirribonucleico), material genético de seres vivos, é uma molécula de fita dupla, que pode ser extraída de forma caseira a partir de frutas, como morango ou banana amassados, com uso de detergente, de sal de cozinha, de álcool comercial e de uma peneira ou de um coador de papel.

O papel do detergente nessa extração de DNA é

A aglomerar o DNA em solução para que se torne visível.

B promover lise mecânica do tecido para obtenção do DNA.

C emulsificar a mistura para promover a precipitação do DNA.

D promover atividades enzimáticas para acelerar a extração do DNA.

E romper as membranas celulares para liberação do DNA em solução.

2012 (2a aplicação).

2.11 Uma indústria está escolhendo uma linhagem de microalgas que otimize a secreção de polímeros comestíveis, os quais são obtidos do meio de cultura de crescimento. Na figura podem ser observadas as proporções de algumas organelas presentes no citoplasma de cada linhagem.

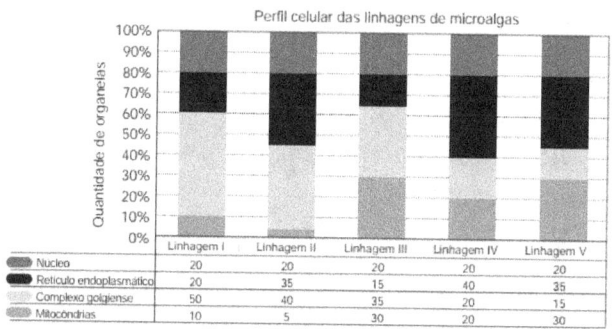

Perfil celular das linhagens de microalgas

	Linhagem I	Linhagem II	Linhagem III	Linhagem IV	Linhagem V
Núcleo	20	20	20	20	20
Retículo endoplasmático	20	35	15	40	35
Complexo golgiense	50	40	35	20	15
Mitocôndrias	10	5	30	20	30

Qual é a melhor linhagem para se conseguir maior rendimento de polímeros secretados no meio de cultura?

A I

B II

C III

D IV

E V

2013.

2.12 Muitos estudos de síntese e endereçamento de proteínas utilizam aminoácidos marcados radioativamente para acompanhar as proteínas, desde fases iniciais de sua produção até seu destino final. Esses ensaios foram muito empregados para estudo e caracterização de células secretoras. Após esses ensaios de radioatividade, qual gráfico representa a evolução temporal da produção de proteínas e sua localização em uma célula secretora?

A

26

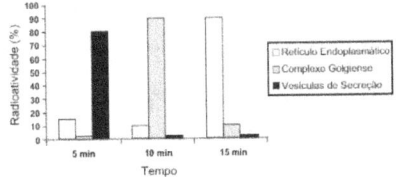

B

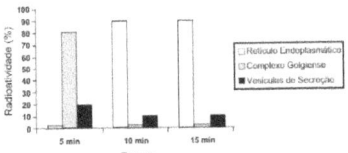

C

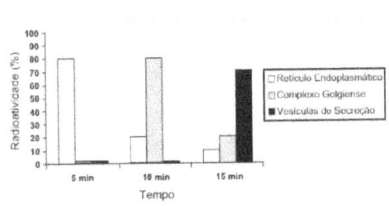

D

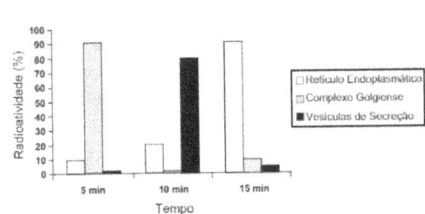

E

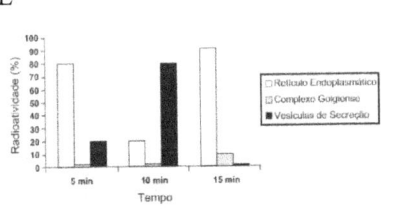

2015.

2.13 Companheira viajante suavemente revelada? Bem no interior de nossas células, uma clandestina e estranha alma existe. Silenciosamente, ela trama e aparece cumprindo seus afazeres domésticos cotidianos, descobrindo seu nicho especial em nossa fogosa cozinha metabólica, mantendo entropia em apuros, em ciclos variáveis noturnos e diurnos.

Contudo, raramente ela nos acende, apesar de sua fornalha consumi-la. Sua origem? Microbiana, supomos. Julga-se adaptada às células eucariontes, considerando-se como escrava — uma serva a serviço de nossa verdadeira evolução.

McMURRAY, W. C. The traveler. **Trends in Biochemical Sciences**, 1994 (adaptado).

A organela celular descrita de forma poética no texto é o(a)

A centríolo.

B lisossomo.

C mitocôndria.

D complexo golgiense.

E retículo endoplasmático liso.

2016 (2ª aplicação).

2.14 O nível metabólico de uma célula pode ser determinado pela taxa de síntese de RNAs e proteína, processos dependentes de energia. Essa diferença na taxa de síntese de biomoléculas é refletida na abundância e características morfológicas dos componentes celulares. Em uma empresa de produção de hormônios proteicos a partir do cultivo de células animais, um pesquisador deseja selecionar uma linhagem com o metabolismo de síntese mais elevado, dentre as cinco esquematizadas na figura.

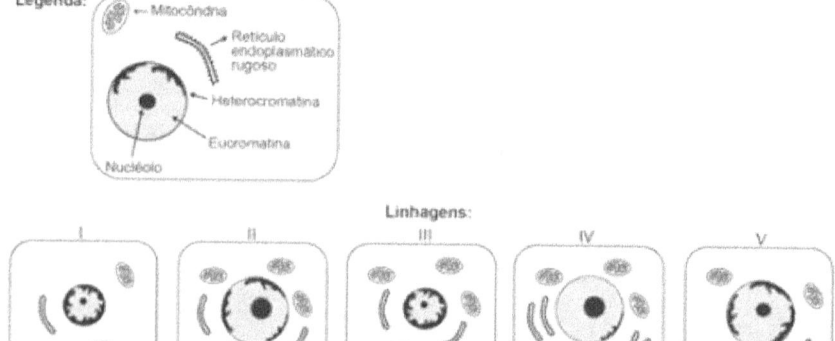

Qual linhagem deve ser escolhida pelo pesquisador?

A I

B II

C III

D IV

E V

2.15 Segundo a teoria evolutiva mais aceita hoje, as mitocôndrias, organelas celulares responsáveis pela produção de ATP em células eucariotas, assim como os cloroplastos, teriam sido originados de procariontes ancestrais que foram incorporados por células mais complexas. Uma característica da mitocôndria que sustenta essa teoria é a

A capacidade de produzir moléculas de ATP.

B presença de parede celular semelhante à de procariontes.

C presença de membranas envolvendo e separando a matriz mitocondrial do citoplasma.

D capacidade de autoduplicação dada por DNA circular próprio semelhante ao bacteriano.

E presença de um sistema enzimático eficiente às reações químicas do metabolismo aeróbio.

2014.

2.16 As proteínas de uma célula eucariótica possuem peptídeos sinais, que são sequências de aminoácidos responsáveis pelo seu endereçamento para as diferentes organelas, de acordo com suas funções. Um pesquisador desenvolveu uma nanopartícula capaz de carregar proteínas para dentro de tipos celulares específicos. Agora ele quer saber se uma nanopartícula carregada com uma proteína bloqueadora do ciclo de Krebs in vitro é capaz de exercer sua atividade em uma célula cancerosa, podendo cortar o aporte energético e destruir essas células. Ao escolher essa proteína bloqueadora para carregar as nanopartículas, o pesquisador deve levar em conta um peptídeo sinal de endereçamento para qual organela?

A Núcleo.

B Mitocôndria.

C Peroxissomo.

D Complexo golgiense.

E Retículo endoplasmático.

2016 (1ª aplicação).

2.17 A estratégia de obtenção de plantas transgênicas pela inserção de transgenes em cloroplastos, em substituição à metodologia clássica de inserção do transgene no núcleo da célula hospedeira, resultou no aumento quantitativo da produção de proteínas recombinantes com diversas finalidades biotecnológicas. O mesmo tipo de estratégia poderia ser utilizada para produzir proteínas recombinantes em células de organismos eucarióticos não fotossintetizantes, como as leveduras, que são usadas para produção comercial de várias proteínas recombinantes e que podem ser cultivadas em grandes fermentadores. Considerando a estratégia metodológica descrita, qual organela celular poderia ser utilizada para inserção de transgenes em leveduras?

A Lisossomo.

B Mitocôndria.

C Peroxissomo.

D Complexo golgiense.

E Retículo endoplasmático.

2013.

2.18 Mitocôndrias são organelas citoplasmáticas em que ocorrem etapas do processo de respiração celular. Nesse processo, moléculas orgânicas são transformadas e, juntamente com o O_2, são produzidos CO_2 e H_2O, liberando energia, que é armazenada na célula na forma de ATP.

Na espécie humana, o gameta masculino (espermatozoide) apresenta, em sua peça intermediária, um conjunto de mitocôndrias, cuja função é

A facilitar a ruptura da membrana do ovócito.

B acelerar sua maturação durante a espermatogênese.

C localizar a tuba uterina para fecundação do gameta feminino.

D aumentar a produção de hormônios sexuais masculinos.

E fornecer energia para sua locomoção.

2013 (2ª aplicação).

2.19 Uma vítima de acidente de carro foi encontrada carbonizada devido a uma explosão. Indícios, como certos adereços de metal usados pela vítima, sugerem que a mesma seja filha de um determinado casal. Uma equipe policial de perícia teve acesso ao material biológico carbonizado da vítima, reduzido, praticamente, a fragmentos de ossos. Sabe-se que é possível obter DNA em condições para análise genética de parte do tecido interno de ossos. Os peritos necessitam escolher, entre cromossomos autossômicos, cromossomos sexuais (X e Y) ou DNAmt (DNA mitocondrial), a melhor opção para identificação do parentesco da vítima com o referido casal. Sabe-se que, entre outros aspectos, o número de cópias de um mesmo cromossomo por célula maximiza a chance de se obter moléculas não degradadas pelo calor da explosão. Com base nessas informações e tendo em vista os diferentes padrões de herança de cada fonte de DNA citada, a melhor opção para a perícia seria a utilização

A do DNAmt, transmitido ao longo da linhagem materna, pois, em cada célula humana, há várias cópias dessa molécula.

B do cromossomo X, pois a vítima herdou duas cópias desse cromossomo, estando assim em número superior aos demais.

C do cromossomo autossômico, pois esse cromossomo apresenta maior quantidade de material genético quando comparado aos nucleares, como, por exemplo, o DNAmt.

D do cromossomo Y, pois, em condições normais, este é transmitido integralmente do pai para toda a prole e está presente em duas cópias em células de indivíduos do sexo feminino.

E de marcadores genéticos em cromossomos autossômicos, pois estes, além de serem transmitidos pelo pai e pela mãe, estão presentes em 44 cópias por célula, e os demais, em apenas uma.

2009.

2.20 Para a identificação de um rapaz vítima de acidente, fragmentos de tecidos foram retirados e submetidos à extração de DNA nuclear, para comparação com o DNA disponível dos possíveis familiares (pai, avô materno, avó materna, filho e filha). Como o teste com o DNA nuclear não foi conclusivo, os peritos optaram por usar também DNA mitocondrial, para dirimir dúvidas. Para identificar o corpo, os peritos devem verificar se há homologia entre o DNA mitocondrial do rapaz e o DNA mitocondrial do(a)

A pai.
B filho.
C filha.
D avó materna.
E avô materno.

2013.

2.21 Os sapos passam por uma metamorfose completa. Os girinos apresentam cauda e

31

brânquias externas, mas não têm pernas. Com o crescimento e desenvolvimento do girino, as brânquias desaparecem, as pernas surgem e a cauda encolhe. Posteriormente, a cauda desaparece por apoptose ou morte celular programada, regulada por genes, resultando num sapo adulto jovem.

A organela citoplasmática envolvida diretamente no desaparecimento da cauda é o

A ribossomo.

B lisossomo.

C peroxissomo.

D complexo golgiense.

E retículo endoplasmático.

2017 (2ª aplicação).

2.22 A ricina, substância tóxica extraída da mamona, liga-se ao açúcar galactose presente na membrana plasmática de muitas células do nosso corpo. Após serem endocitadas, penetram no citoplasma da célula, onde destroem os ribossomos, matando a célula em poucos minutos.

SADAVA, D. et al. **Vida**: a ciência da biologia. Porto Alegre: Artmed, 2009 (adaptado).

O uso dessa substância pode ocasionar a morte de uma pessoa ao inibir, diretamente, a síntese de

A RNA.

B DNA.

C lipídios.

D proteínas.

E carboidratos.

2018 (2ª aplicação).

2.23 O paclitaxel é um triterpeno poli-hidroxilado que foi originalmente isolado da casca de *Taxus brevifolia*, árvore de crescimento lento e em risco de extinção, mas agora é obtido por rota química semissintética. Esse fármaco é utilizado como agente quimioterápico no tratamento de tumores de ovário, mama e pulmão. Seu mecanismo de ação antitumoral envolve sua ligação à tubulina interferindo com a função dos microtúbulos.

KRETZER, I. F. **Terapia antitumoral combinada de derivados do paclitaxel e etoposídeo associados à nanoemulsão lipídica rica em colesterol – LDE**. Disponível em: www.teses.usp.br. Acesso em: 29 fev. 2012 (adaptado).

De acordo com a ação antitumoral descrita, que função celular é diretamente afetada pelo paclitaxel?

A Divisão celular.

B Transporte passivo.

C Equilíbrio osmótico.

D Geração de energia.

E Síntese de proteínas.

2016 (2ª aplicação).

2.24 A ação de uma nova droga antitumoral sobre o citoesqueleto foi investigada. O pesquisador comparou o efeito da droga na velocidade de deslocamento celular e na integridade de filamentos do córtex celular e de flagelos, conforme apresentado na figura.

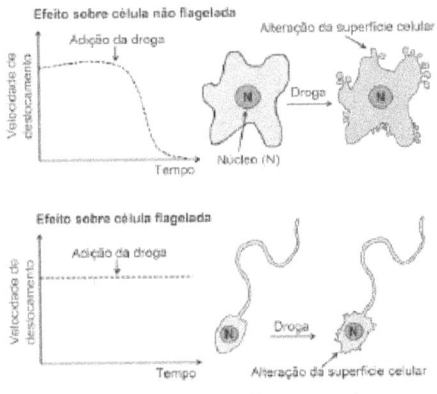

O pesquisador concluiu que a droga age sobre os

A microtúbulos apenas.

B filamentos de actina apenas.

C filamentos intermediários apenas.

D filamentos de actina e microtúbulos.

E filamentos de actina e filamentos intermediários.

2019 (2ª aplicação).

NÚCLEO CELULAR, MITOSE E SÍNTESE DE PROTEÍNAS

2.25 No ciclo celular atuam moléculas reguladoras. Dentre elas, a proteína p53 é ativada em resposta a mutações no DNA, evitando a progressão do ciclo até que os danos sejam reparados, ou induzindo a célula à autodestruição.

ALBERTS, B, et al. **Fundamentos da Biologia Celular**. Porto Alegre: Artmed, 2011 (adaptado).

A ausência dessa proteína poderá favorecer a

A redução da síntese de DNA, acelerando o ciclo celular.

B saída imediata do ciclo celular, antecipando a proteção do DNA.

C ativação de outras proteínas reguladoras, induzindo a apoptose.

D manutenção da estabilidade genética, favorecendo a longevidade.

E proliferação celular exagerada, resultando na formação de um tumor.

2018 (1ª aplicação).

2.26 Para estudar os cromossomos, é preciso observá-los no momento em que se encontram no ponto máximo de sua condensação. A imagem corresponde ao tecido da raiz de cebola, visto ao microscópio, e cada número marca uma das diferentes etapas do ciclo celular.

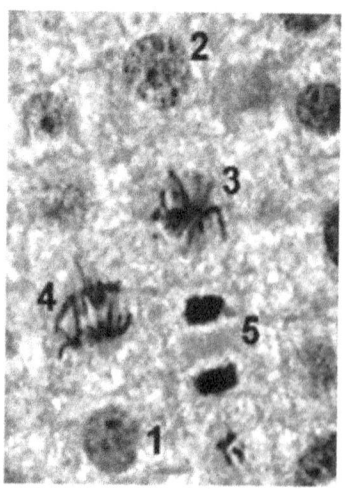

Disponível em: www.histologia.icb.ufg.br. Acesso em: 6 mar. 2015 (adaptado).

Qual número corresponde à melhor etapa para que esse estudo seja possível?

A 1

B 2

C 3

2017 (2ª aplicação).

2.27 A figura apresenta diferentes fases do ciclo de uma célula somática, cultivada e fotografada em microscópio confocal de varredura a *laser*. As partes mais claras evidenciam o DNA.

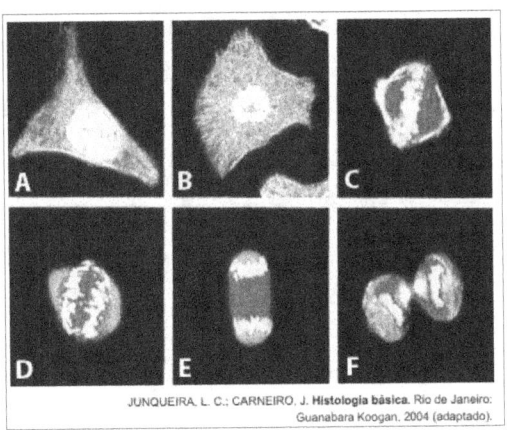

JUNQUEIRA, L. C.; CARNEIRO, J. **Histologia básica**. Rio de Janeiro: Guanabara Koogan, 2004 (adaptado).

Na fase representada em D, observa-se que os cromossomos se encontram em

A migração.

B duplicação.

C condensação.

D recombinação.

E reestruturação.

2016 (3ª aplicação).

2.28 Em 1950, Erwin Chargaff e colaboradores estudavam a composição química do DNA e observaram que a quantidade de adenina (A) é igual à de timina (T), e a quantidade de guanina (G) é igual à de citosina (C) na grande maioria das duplas fitas de DNA. Em outras palavras, esses cientistas descobriram que o total de purinas (A G) e o total de pirimidinas (C T) eram iguais. Um professor trabalhou esses conceitos em sala de aula e apresentou como exemplo uma fita simples de DNA com 20 adeninas, 25 timinas, 30 guaninas e 25 citosinas.

Qual a quantidade de cada um dos nucleotídeos, quando considerada a dupla fita de DNA formada pela fita simples exemplificada pelo professor

A Adenina: 20; Timina: 25; Guanina: 25; Citosina: 30.

B Adenina: 25; Timina: 20; Guanina: 45; Citosina: 45.

C Adenina: 45; Timina: 45; Guanina: 55; Citosina: 55.

D Adenina: 50; Timina: 50; Guanina: 50; Citosina: 50.

E Adenina: 55; Timina: 55; Guanina: 45; Citosina: 45.

2016 (2ª aplicação).

2.29 A identificação da estrutura do DNA foi fundamental para compreender seu papel na continuidade da vida. Na década de 1950, um estudo pioneiro determinou a proporção das bases nitrogenadas que compõem moléculas de DNA de várias espécies.

Exemplos de materiais analisados	BASES NITROGENADAS			
	ADENINA	GUANINA	CITOSINA	TIMINA
Espermatozóide humano	30,7%	19,3%	18,8%	31,2%
Fígado humano	30,4%	19,5%	19,9%	30,2%
Medula óssea de rato	28,6%	21,4%	21,5%	28,5%
Espermatozóide de ouriço-do-mar	32,8%	17,7%	18,4%	32,1%
Plântulas de trigo	27,9%	21,8%	22,7%	27,6%
Bactéria E. coli	26,1%	24,8%	23,9%	25,1%

A comparação das proporções permitiu concluir que ocorre emparelhamento entre as bases nitrogenadas e que elas formam

A pares de mesmo tipo em todas as espécies, evidenciando a universalidade da estrutura do DNA.

B pares diferentes de acordo com a espécie considerada, o que garante a diversidade da vida.

C pares diferentes em diferentes células de uma espécie, como resultado da diferenciação celular.

D pares específicos apenas nos gametas, pois essas células são responsáveis pela perpetuação das espécies.

E pares específicos somente nas bactérias, pois esses organismos são formados por uma única célula.

2004.

2.30 Nos dias de hoje, podemos dizer que praticamente todos os seres humanos já ouviram em algum momento falar sobre o DNA e seu papel na hereditariedade da maioria dos organismos. Porém, foi apenas em 1952, um ano antes da descrição do modelo do DNA em dupla hélice por Watson e Crick que foi confirmado sem sombra de dúvidas que o DNA é material genético. No artigo em que Watson e Crick descreveram a molécula de DNA, eles sugeriram um modelo de como essa molécula deveria se replicar. Em 1958, Meselson e Stahl realizaram experimentos utilizando isótopos pesados de nitrogênio que foram incorporados às bases nitrogenadas para avaliar como se daria a replicação da molécula. A partir dos resultados confirmaram o modelo sugerido por Watson e Crick, que tinha como premissa básica o rompimento das pontes de hidrogênio entre as bases nitrogenadas.

GRIFFITHS, A. J. F. *et al.* **Introdução à Genética**. Rio de Janeiro: Guanabara Koogan, 2002.

Considerando a estrutura da molécula de DNA e a posição das pontes de hidrogênio na mesma, os experimentos realizados por Meselson e Stahl a respeito da replicação dessa molécula levaram às conclusões de que

A a replicação do DNA é conservativa, isto é, a fita dupla filha é recém-sintetizada e o filamento parental é conservado.

B A replicação de DNA é dispersiva, isto é, as fitas filhas contêm DNA recém-sintetizado e parentais em cada uma das fitas.

C A replicação é semiconservativa, isto é, as fitas filhas consistem em uma fita parental e uma recém-sintetizada.

D A replicação do DNA é conservativa, isto é, as fitas filhas consistem em moléculas de DNA parental.

E A replicação é semiconservativa, isto é, as fitas filhas consistem em uma fita molde e de uma fita codificadora.

2011.

2.31 Em pacientes portadores de astrocitoma pilocítico, um tipo de tumor cerebral, o gene BRAF se quebra e parte dele se funde a outro gene, o KIAA 1549. Para detectar essa alteração cromossômica, foi desenvolvida uma sonda que é um fragmento de DNA que contém partículas fluorescentes capazes de reagir com os genes BRAF e KIAA1549 fazendo cada um deles emitir uma cor diferente. Em uma célula normal, como os dois genes estão em regiões distintas do genoma, as duas cores aparecem separadamente. Já quando há a fusão dos dois genes, as cores aparecem sobrepostas.

Disponível em: http://agencia.fapesp.br. Acesso em: 3 out. 2015.

A alteração cromossômica presente nos pacientes com astrocitoma pilocítico é classificada como

A estrutural do tipo deleção.

B numérica do tipo euploidia.

C estrutural do tipo duplicação.

D numérica do tipo aneuploidia.

E estrutural do tipo translocação.

2018 (2ª aplicação).

EXPRESSÃO GÊNICA: DO GENE À PROTEÍNA

2.32 Um estudante relatou que o mapeamento do DNA da cevada foi quase todo concluído e seu código genético desvendado. Chamou atenção para o número de genes que compõem esse código genético e que a semente da cevada, apesar de pequena, possui um genoma mais complexo que o humano, sendo boa parte desse código constituída de sequências repetidas. Nesse contexto, o conceito de código genético está abordado de forma equivocada.

Cientificamente esse conceito é definido como

A trincas de nucleotídeos que codificam os aminoácidos.

B localização de todos os genes encontrados em um genoma.

C codificação de sequências repetidas presentes em um genoma.

D conjunto de todos os RNAs mensageiros transcritos em um organismo.

E todos as sequências de pares de bases presentes em um organismo.

2018 (1ª aplicação).

2.33 Com base nos experimentos de plantas de Mendel, foram estabelecidos três princípios básicos, que são conhecidos como leis da uniformidade, segregação e distribuição independente. A lei da distribuição independente refere-se ao fato de que os membros de pares diferentes de genes segregam-se independentemente, uns dos outros, para a prole.

TURNPENNY, P. D. **Genética médica**. Rio de Janeiro: Elsevier, 2009 (adaptado).

Hoje, sabe-se que isso nem sempre é verdade. Por quê?

A A distribuição depende do caráter de dominância ou recessividade do gene.

B Os organismos nem sempre herdam cada um dos genes de cada um dos genitores.

C As alterações cromossômicas podem levar a falhas na segregação durante a meiose.

D Os genes localizados fisicamente próximos no mesmo cromossomo tendem a ser herdados juntos.

E O cromossomo que contém dois determinados genes pode não sofrer a disjunção na primeira fase da meiose.

2019 (1ª aplicação).

2.34 A figura seguinte representa um modelo de transmissão da informação genética nos sistemas biológicos. No fim do processo, que inclui a replicação, a transcrição e a tradução, há três formas proteicas diferentes denominadas a, b e c.

Depreende-se do modelo que

A a única molécula que participa da produção de proteínas é o DNA.

B o fluxo de informação genética, nos sistemas biológicos, é unidirecional.

C as fontes de informação ativas durante o processo de transcrição são as proteínas.

D é possível obter diferentes variantes proteicas a partir de um mesmo produto de transcrição.

E a molécula de DNA possui forma circular e as demais moléculas possuem forma de fita simples linearizadas.

2009.

2.35 Durante muito tempo, os cientistas acreditaram que variações anatômicas entre os animais fossem consequência de diferenças significativas entre seus genomas. Porém, os projetos de sequenciamento de genoma revelaram o contrário. Hoje, sabe-se que 99% do genoma de um camundongo é igual ao do homem, apesar das notáveis diferenças entre eles. Sabe-se também que os genes ocupam apenas cerca de 1,5% do DNA e que menos de 10% dos genes codificam proteínas que atuam na construção e na definição das formas do corpo. O restante, possivelmente, constitui DNA não-codificante. Como explicar, então, as diferenças fenotípicas entre as diversas espécies animais? A resposta pode estar na região não-codificante do DNA.

S. B. Carroll et al. O jogo da evolução. In: Scientific American Brasil, jun./2008 (com adaptações).

A região não-codificante do DNA pode ser responsável pelas diferenças marcantes no fenótipo porque contém

A as sequências de DNA que codificam proteínas responsáveis pela definição das formas do corpo.

B uma enzima que sintetiza proteínas a partir da sequência de aminoácidos que formam o gene.

C centenas de aminoácidos que compõem a maioria de nossas proteínas.

D informações que, apesar de não serem traduzidas em sequências de proteínas, interferem no fenótipo.

E os genes associados à formação de estruturas similares às de outras espécies.

2008.

2.36 Um gel vaginal poderá ser um recurso para as mulheres na prevenção contra a Aids. Esse produto tem como princípio ativo um composto que inibe a transcriptase reversa viral. Essa ação inibidora é importante, pois a referida enzima

A corta a dupla hélice do DNA, produzindo um molde para o RNA viral.

B produz moléculas de DNA viral que vão infectar células sadias.

C polimeriza molécula de DNA, tendo como molde o RNA viral.

D promove a entrada do vírus da aids nos linfócitos T.

E sintetiza os nucleotídeos que compõem o DNA viral.

2015 (2ª aplicação).

2.37 Todas as reações químicas de um ser vivo seguem um programa operado por uma central de informações. A meta desse programa é a autorreplicação de todos os componentes do sistema, incluindo-se a duplicação do próprio programa ou mais precisamente do material no qual o programa está inscrito. Cada reprodução pode estar associada a pequenas modificações do programa.

M. O. Murphy e l. O'neill (Orgs.). **O que é vida?** 50 anos depois — especulações sobre o futuro da biologia. São Paulo: UNESP. 1997 (com adaptações).

São indispensáveis à execução do "programa" mencionado acima processos relacionados a metabolismo, autorreplicação e mutação, que podem ser exemplificados, respectivamente, por:

A fotossíntese, respiração e alterações na sequência de bases nitrogenadas do código genético.

B duplicação do RNA, pareamento de bases nitrogenadas e digestão de constituintes dos alimentos.

C excreção de compostos nitrogenados, respiração celular e digestão de constituintes dos alimentos.

D respiração celular, duplicação do DNA e alterações na sequência de bases nitrogenadas do código genético.

E fotossíntese, duplicação do DNA e excreção de compostos nitrogenados.

2007.

2.38 Em um hospital, acidentalmente, uma funcionária ficou exposta a alta quantidade de radiação liberada por um aparelho de raios-X em funcionamento. Posteriormente, ela engravidou e seu filho nasceu com grave anemia. Foi verificado que a criança apresentava a doença devido à exposição anterior da mãe à radiação.

O que justifica, nesse caso, o aparecimento da anemia na criança?

A A célula-ovo sofreu uma alteração genética.

B As células somáticas da mãe sofreram uma mutação.

C A célula gamética materna que foi fecundada sofreu uma mutação.

D As hemácias da mãe que foram transmitidas à criança não eram normais.

E As células hematopoiéticas sofreram alteração do número de cromossomos.

2016 (2ª aplicação).

REGULAÇÃO DA EXPRESSÃO GÊNICA

2.39 Define-se genoma como o conjunto de todo o material genético de uma espécie, que, na maioria dos casos, são as moléculas de DNA. Durante muito tempo, especulou-se sobre a possível relação entre o tamanho do genoma — medido pelo número de pares de bases (pb) —, o número de proteínas produzidas e a complexidade do organismo. As primeiras respostas começam a aparecer e já deixam claro que essa relação não existe, como mostra a tabela abaixo.

espécie	nome comum	tamanho estimado do genoma (pb)	n.º de proteínas descritas
Oryza sativa	arroz	5.000.000.000	224.181
Mus musculus	camundongo	3.454.200.000	249.081
Homo sapiens	homem	3.400.000.000	459.114
Rattus norvegicus	rato	2.900.000.000	109.077
Drosophila melanogaster	mosca-da-fruta	180.000.000	86.255

Internet: www.cbs.dtu.dk e <www.ncbi.nlm.nih.gov>.

De acordo com as informações acima,

A o conjunto de genes de um organismo define o seu DNA.

B a produção de proteínas não está vinculada à molécula de DNA.

C o tamanho do genoma não é diretamente proporcional ao número de proteínas produzidas pelo organismo.

D quanto mais complexo o organismo, maior o tamanho de seu genoma.

E genomas com mais de um bilhão de pares de bases são encontrados apenas nos seres vertebrados.

2008.

2.40 Os vegetais biossintetizam determinadas substâncias (por exemplo, alcaloides e flavonoides), cuja estrutura química e concentração variam num mesmo organismo em diferentes épocas do ano e estágios de desenvolvimento. Muitas dessas substâncias são produzidas para a adaptação do organismo às variações ambientais (radiação UV, temperatura, parasitas, herbívoros, estímulo a polinizadores etc.) ou fisiológicas (crescimento, envelhecimento etc.). As variações qualitativa e quantitativa na produção dessas substâncias durante um ano são possíveis porque o material genético do indivíduo

A sofre constantes recombinações para adaptar-se.

B muda ao longo do ano e em diferentes fases da vida.

C cria novos genes para biossíntese de substâncias específicas.

D altera a sequência de bases nitrogenadas para criar novas substâncias.

E possui genes transcritos diferentemente de acordo com cada necessidade.

2012.

2.41 Em 1999, a geneticista Emma Whitelaw desenvolveu um experimento no qual ratas prenhes foram submetidas a uma dieta rica em vitamina B12, ácido fólico e soja. Os filhotes dessas ratas, apesar de possuírem o gene para obesidade, não expressaram essa doença na fase adulta. A autora concluiu que a alimentação da mãe, durante a gestação, silenciou o gene da obesidade. Dez anos depois, as geneticistas Eva Jablonka e Gal Raz listaram 100 casos comprovados de traços adquiridos e transmitidos entre gerações de organismos, sustentando, assim, a epigenética, que estuda as mudanças na atividade dos genes que não envolvem alterações na sequência do DNA.

A reabilitação do herege. **Época**. n. 610, 2010 (adaptado).

Alguns cânceres esporádicos representam exemplos de alteração epigenética, pois são ocasionados por

A aneuploidia do cromossomo sexual X.

B poliploidia dos cromossomos autossômicos.

C mutação em genes autossômicos com expressão dominante.

D substituição no gene da cadeia beta da hemoglobina.

E inativação de genes por meio de modificações nas bases nitrogenadas.

2011.

2.42 Começam a ser descritas as primeiras modificações duradouras na estrutura molecular dos genes, causadas por influências sociais e estímulos do ambiente. Algumas delas estão relacionadas ao eixo hipotálamo-hipófise-adrenal, eixo fisiológico hormonal responsável pelo controle do estresse, que está preservado em toda escala evolutiva nos vertebrados. Durante o estresse, quando esse eixo é ativado, a glândula adrenal libera glicocorticoides, que são hormônios responsáveis pelos efeitos do estresse no organismo. Há diversas comprovações científicas de ratas que lambem, estimulam e amamentam a ninhada durante o período neonatal e, com esse comportamento, propiciam que os filhotes, na fase adulta, respondam com menos sinais de ansiedade a situações de estresse, e que repitam, com suas crias, cuidados semelhantes aos recebidos na fase neonatal. Isso é possível graças a comportamentos maternais que induzem alterações moleculares em genes que são responsáveis pela expressão de receptores cerebrais para glicocorticoides dos filhotes, podendo diminuir a sensibilidade ou o número desses receptores.

Genética e Comportamento Social. **Folha de São Paulo**, São Paulo, 3 jan. 2009

(adaptado).

De acordo com essas informações, é correto concluir que filhotes expostos à atenção maternal na fase neonatal apresentam

A menor ansiedade, pois aprenderam com as mães, durante o período neonatal, a enfrentar situações de estresse.

B maior sensibilidade da adrenal em situações de estresse, o que acarreta maior liberação de glicocorticoides.

C menor número de receptores cerebrais para glicocorticoides na fase adulta, o que permite uma resposta com menos sinais de ansiedade a uma situação de estresse.

D receptores de glicocorticoides mais eficientes ao interagirem com os hormônios do estresse, promovendo uma resposta mais pronunciada frente ao estímulo estressor.

E maior resposta do eixo hipotálamo-hipófise-adrenal em situações de estresse, liberando maior quantidade de glicocorticoides, o que faz aumentar a ansiedade.

2009 (2ª aplicação).

2.43 O formato das células de organismos pluricelulares é extremamente variado. Existem células discoides, como é o caso das hemácias, as que lembram uma estrela, como os neurônios, e ainda algumas alongadas, como as musculares.

Em um mesmo organismo, a diferenciação dessas células ocorre por

A produzirem mutações específicas

B possuírem DNA mitocondrial diferentes.

C apresentarem conjunto de genes distintos.

D expressarem porções distintas do genoma.

E terem um número distinto de cromossomos.

2015.

2.44 Os materiais radioativos emitem diferentes tipos de radiação. A radiação gama, por exemplo, por sua alta energia e penetração, consegue remover elétrons dos átomos dos tecidos internos e romper ligações químicas por ionização, podendo causar mutação no DNA. Já as partículas-beta têm o mesmo efeito ionizante, mas atuam sobre as células da pele.

RODRIGUES JR., A. A. O que é radiação? E contaminação radioativa? Vamos esclarecer. **Física na Escola**. V. 8, n° 2, 2007. São Paulo: Sociedade Brasileira de Física (adaptado).

Segundo o texto, um indivíduo irradiado por uma fonte radioativa é exposto ao risco de

A transformar-se em um corpo radioativo.

B absorver a radiação e armazená-la.

C emitir radiação e contaminar outras pessoas.

D sofrer alterações gênicas e desenvolver câncer.

E transportar a radiação e contaminar outros ambientes.

2011 (2ª aplicação).

METABOLISMO ENERGÉTICO

2.45 Estudos mostram que a prática de esportes pode aumentar a produção de radicais livres, um subproduto da nossa respiração que está ligado ao processo de envelhecimento celular e ao surgimento de doenças como o câncer. Para neutralizar essas moléculas nas células, quem faz esporte deve dar atenção especial aos antioxidantes. As vitaminas C, E e o selênio fazem parte desse grupo.

SÁ, V. **Exercícios bem nutridos.** Disponível em: http://saude.abril.com.br. Acesso em: 29 abr. 2010.(adaptado).

A ação antioxidante das vitaminas C e E e do selênio deve-se às suas capacidades de

A reagir com os radicais livres gerados no metabolismo celular através do processo de oxidação.

B diminuir a produção de oxigênio no organismo e o processo de combustão que gera radicais livres.

C aderir à membrana das mitocôndrias, interferindo no mecanismo de formação desses radicais livres.

D inibir as reações em cadeia utilizadas no metabolismo celular para geração dos radicais.

E induzir a adaptação do organismo em resposta à geração desses radicais.

2011 (2ª aplicação).

2.46 Um dos processos biotecnológicos mais antigos é a utilização de microrganismos para a produção de alimentos. Num desses processos, certos tipos de bactérias anaeróbicas utilizam os açúcares presentes nos alimentos e realizam sua oxidação parcial, gerando como produto final da reação o ácido lático.

Qual produto destinado ao consumo humano tem sua produção baseada nesse processo?

A Pão.

B Vinho.

C Iogurte.

D Vinagre.

E Cachaça.

2019 (2ª aplicação).

2.47 Para preparar uma massa básica de pão, deve-se misturar apenas farinha, água, sal e fermento. Parte do trabalho deixa-se para o fungo presente no fermento: ele utiliza amido e açúcares da farinha em reações químicas que resultam na produção de alguns outros compostos importantes no processo de crescimento da massa. Antes de assar, é importante que a massa seja deixada num recipiente por algumas horas para que o processo de fermentação ocorra.

Esse período de espera é importante para que a massa cresça, pois é quando ocorre a

A reprodução do fungo na massa.

B formação de dióxido de carbono.

C liberação de energia pelos fungos.

D transformação da água líquida em vapor d'água.

E evaporação do álcool formado na decomposição dos açúcares.

2012 (2ª aplicação).

2.48 Há milhares de anos o homem faz uso da biotecnologia para a produção de alimentos como pães, cervejas e vinhos. Na fabricação de pães, por exemplo, são usados fungos unicelulares, chamados de leveduras, que são comercializados como fermento biológico. Eles são usados para promover o crescimento da massa, deixando-a leve e macia. O crescimento da massa do pão pelo processo citado é resultante da

A liberação de gás carbônico.

B formação de ácido lático.

C formação de água.

D produção de ATP.

E liberação de calor.

2012 (1ª aplicação).

2.49 Na preparação da massa do pão, presente na mesa do café da maioria dos brasileiros, utiliza-se o fungo *Saccharomyces cerevisiae* vivo, contido no fermento. Sua finalidade é fazer com que a massa cresça por meio da produção de gás carbônico.

Esse processo químico de liberação de gás é causado pela:

A glicogênese lática;

B fermentação alcoólica;

C produção de ácido lático;

D produção de lactobacilos;

E formação do ácido pirúvico.

2016 (3ª aplicação).

2.50 Normalmente, as células do organismo humano realizam a respiração aeróbica, na qual o consumo de uma molécula de glicose gera 38 moléculas de ATP. Contudo, em condições anaeróbicas, o consumo de uma molécula de glicose pelas células é capaz de gerar apenas duas moléculas de ATP.

Qual curva representa o perfil de consumo de glicose, para manutenção da homeostase de uma célula que inicialmente está em uma condição anaeróbica e é submetida a um aumento gradual da concentração de oxigênio?

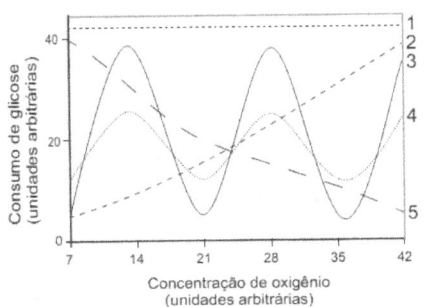

A 1

B 2

C 3

D 4

E 5

2015.

2.51 A fotossíntese é um processo físico-químico realizado por organismos clorofilados. Nos vegetais, é dividido em duas fases complementares: uma responsável pela síntese de ATP e pela redução do $NADP^+$ e a outra pela fixação de carbono.

Para que a etapa produtora de ATP e NADPH ocorra, são essenciais

A água e oxigênio.

B glicose e oxigênio.

C radiação luminosa e água.

D glicose e radiação luminosa.

E oxigênio e dióxido de carbono.

2018 (2ª aplicação).

2.52 Um molusco, que vive no litoral oeste dos EUA, pode redefinir tudo o que se sabe sobre a divisão entre animais e vegetais. Isso porque o molusco (*Elysia chlorotica*) é um híbrido de bicho com planta. Cientistas americanos descobriram que o molusco conseguiu incorporar um gene das algas e, por isso, desenvolveu a capacidade de fazer fotossíntese. É o primeiro animal a se "alimentar" apenas de luz e CO2, como as plantas.

GARATONI, B. **Superinteressante**. edição 276, mar. 2010 (adaptado).

A capacidade de o molusco fazer fotossíntese deve estar associada ao fato de o gene incorporado permitir que ele passe a sintetizar

A clorofila, que utiliza a energia do carbono para produzir glicose.

B citocromo, que utiliza a energia da água para formar oxigênio.

C clorofila, que doa elétrons para converter gás carbônico em oxigênio.

D citocromo, que doa elétrons da energia luminosa para produzir glicose.

E clorofila, que transfere a energia da luz para compostos orgânicos.

2010 (2ª aplicação).

2.53 Um estudo experimental mostrou que a cana-de-açúcar mantida em ambiente com o dobro da concentração de CO_2 realiza 30% a mais de fotossíntese e produz 30% a mais de açúcar que a cana-de-açúcar que cresce sob a concentração normal de CO_2. Nas câmaras que mantinham esse ar rico em gás carbônico, cresceram plantas também mais altas e mais encorpadas.

Revista da Fapesp, N. 148, junho de 2008, p. 40-45.

Depreende-se do texto que o CO_2 é

A incorporado para produção de biomassa.

B emitido completamente durante a respiração.

C concentrado no ambiente para reduzir a fotossíntese.

D removido do ambiente apenas pelas plantas mais altas.

E absorvido em maior quantidade sob concentração normal.

2009 (2ª aplicação).

2.54 Pesquisadores conseguiram estimular a absorção de energia luminosa em plantas graças ao uso de nanotubos de carbono. Para isso, nanotubos de carbono "se inseriram" no interior dos cloroplastos por uma montagem espontânea, através das membranas dos cloroplastos. Pigmentos da planta absorvem as radiações luminosas, os elétrons são "excitados" e se deslocam no interior de membranas dos cloroplastos, e a planta utiliza em seguida essa energia elétrica para a fabricação de açúcares. Os nanotubos de carbono podem absorver comprimentos de onda habitualmente não utilizados pelos cloroplastos, e os pesquisadores tiveram a ideia de utilizá-los como "antenas", estimulando a conversão de energia solar pelos cloroplastos, com o aumento do transporte de elétrons.

Nanotubos de carbono incrementam a fotossíntese de plantas. Disponível em: http://lqes.iqm.unicamp.br. Acesso em: 14 nov. 2014 (adaptado).

O aumento da eficiência fotossintética ocorre pelo fato de os nanotubos de carbono promoverem diretamente a

A utilização de água.

B absorção de fótons.

C formação de gás oxigênio.

D proliferação dos cloroplastos.

E captação de dióxido de carbono.

2017 (1ª aplicação).

2.55 A célula fotovoltaica é uma aplicação prática do efeito fotoelétrico. Quando a luz incide sobre certas substâncias, libera elétrons que, circulando livremente de átomo para átomo, formam uma corrente elétrica. Uma célula fotovoltaica é composta por uma placa de ferro recoberta por uma camada de selênio e uma película transparente de ouro. A luz atravessa a película, incide sobre o selênio e retira elétrons, que são atraídos pelo ouro, um ótimo condutor de eletricidade. A película de ouro é conectada à placa de ferro, que recebe os elétrons e os devolve para o selênio, fechado o circuito e formando uma corrente elétrica de pequena intensidade.

O processo biológico que se assemelha ao descrito é a

A fotossíntese.

B fermentação.

C quimiossíntese.

D hidrólise de ATP.

E respiração celular.

2017 (2ª aplicação).

2.56 Plantas terrestres que ainda estão em fase de crescimento fixam grandes quantidades de CO_2, utilizando-o para formar novas moléculas orgânicas, e liberam grande quantidade de O_2. No entanto, em florestas maduras, cujas árvores já atingiram o equilíbrio, o consumo de O_2 pela respiração tende a igualar sua produção pela fotossíntese. A morte natural de árvores nessas florestas afeta temporariamente a concentração de O_2 e de CO_2 próximo à superfície do solo onde elas caíram. A concentração de O_2 próximo ao solo, no local da queda, será

A menor, pois haverá consumo de O_2 durante a decomposição dessas árvores.

B maior, pois haverá economia de O_2 pela ausência das árvores mortas.

C maior, pois haverá liberação de O_2 durante a fotossíntese das árvores jovens.

D igual, pois haverá consumo e produção de O_2 pelas árvores maduras restantes.

E menor, pois haverá redução de O_2 pela falta da fotossíntese realizada pelas árvores mortas.

2013.

2.57 A fotossíntese é importante para a vida na Terra. Nos cloroplastos dos organismos fotossintetizantes, a energia solar é convertida em energia química que, juntamente com água e gás carbônico (CO_2), é utilizada para a síntese de compostos orgânicos (carboidratos). A fotossíntese é o único processo de importância biológica capaz de realizar essa conversão. Todos os organismos, incluindo os produtores, aproveitam a energia armazenada nos carboidratos para impulsionar os processos celulares, liberando CO_2 para a atmosfera e água para a célula por meio da respiração celular. Além disso, grande fração dos recursos energéticos do planeta, produzidos tanto no presente (biomassa) como em tempos remotos (combustível fóssil), é resultante da atividade fotossintética. As informações sobre obtenção e transformação dos recursos naturais por meio dos processos vitais de fotossíntese e respiração, descritas no texto, permitem concluir que

A o CO_2 e a água são moléculas de alto teor energético.

B os carboidratos convertem energia solar em energia química.

C a vida na Terra depende, em última análise, da energia proveniente do Sol.

D o processo respiratório é responsável pela retirada de carbono da atmosfera.

E a produção de biomassa e de combustível fóssil, por si, é responsável pelo aumento de CO_2 atmosférico.

2009.

MÓDULO 3 – REPRODUÇÃO, DESENVOLVIMENTO E DIVERSIDADE CELULAR

MEIOSE E CICLOS DE VIDA SEXUADA

3.1 Os seres vivos apresentam diferentes ciclos de vida, caracterizados pelas fases nas quais gametas são produzidos e pelos processos reprodutivos que resultam na ação de novos indivíduos.

Considerando-se um modelo simplificado padrão para geração de indivíduos viáveis, a alternativa que corresponde ao observado em seres humanos é:

A

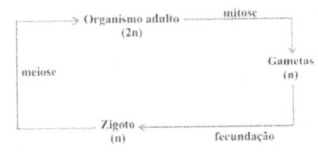

B

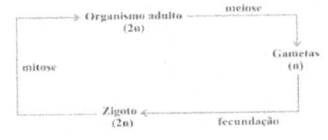

C

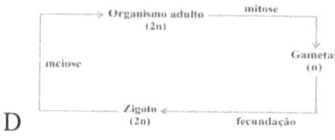

D

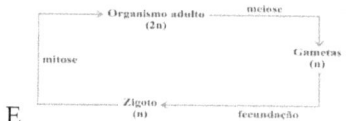

E

2009.

3.2 Do ponto de vista genético, o número de cromossomos é uma característica marcante de cada espécie. A goiabeira (*Psidium guajava* L.), por exemplo, apresenta como padrão específico 22 cromossomos. A organização celular do gametófito feminino (saco embrionário) das flores de Angiospermas é complexa, sendo formado por um conjunto de oito células que, após a fecundação, originarão células com diferentes números cromossômicos. Nesse grupo, as células somáticas são diploides, as gaméticas são haploides e o tecido de reserva é triploide.

Durante o ciclo de vida de uma goiabeira, quantos cromossomos podem ser encontrados, respectivamente, na oosfera, no zigoto e no endosperma?

A 22, 22, 33.

B 11, 22, 33.

C 22, 44, 22.

D 11, 22, 44.

E 11, 22, 22.

2018 (2ª aplicação).

3.3 O Brasil possui um grande número de espécies distintas entre animais, vegetais e microrganismos envoltos em uma imensa complexidade e distribuídas em uma grande variedade de ecossistemas.

SANDES, A. R. R.; BLASI, G. **Biodiversidade e diversidade química e genética**.
Disponível em: http://novastecnologias.com.br. Acesso em: 22 set. 2015 (adaptado).

O incremento da variabilidade ocorre em razão da permuta genética, a qual propicia a troca de segmentos entre cromátides não irmãs na meiose. Essa troca de segmentos é

52

determinante na

A produção de indivíduos mais férteis.

B transmissão de novas características adquiridas.

C recombinação genética na formação dos gametas.

D ocorrência de mutações somáticas nos descendentes.

E variação do número de cromossomos característico da espécie.

2016 (1ª aplicação).

DESENVOLVIMENTO EMBRIONÁRIO E REPRODUÇÃO HUMANA

3.4 A recapitulação é uma ideia audaciosa e influente, associada especialmente a Ernst Haeckel. Segundo a teoria da recapitulação, as fases de desenvolvimento de um organismo (ontogenia) correspondem à história de sua espécie (filogenia). A aparência transitória de estruturas semelhantes a fendas branquiais no desenvolvimento de humanos e outros mamíferos é um exemplo notável. Os mamíferos evoluíram de um estágio ancestral de peixe e suas fendas branquiais embrionárias recapitulam tal ancestralidade.

RIDLEY, M. **Evolução**. Porto Alegre: Artmed, 2006 (adaptado).

Com base nos pressupostos da teoria da recapitulação, a assertiva que melhor a resume é:

A "A ontogenia recapitula a filogenia".

B "A vida recapitula a morte dos antepassados".

C "A teoria da vida recapitula a história da vida".

D "A aparência transitória é um exemplo notável".

E "A ontogenia consiste na formação das brânquias dos peixes".

2011 (2ª aplicação).

3.5 Antigamente, os homens é que ficavam menstruados e isolavam-se num tapirizinho perto da aldeia. Um jovem guerreiro resolveu guardar o sangue que escorria em um potezinho de barro. Passavam ao largo mocinhas para ir ao rio tomar banho, espiando curiosas. Uma delas caçoava, sarcástica: — Bem feito para os homens, têm que ficar fechados, escorrendo sangue, com inveja de nós, que passeamos à vontade... O rapaz ficou tão vermelho de raiva quanto o sangue que juntava no potinho. Pegou o talo de capim, encheu-o de sangue como se fosse uma colher e jogou o sangue no corpo dela. Acertou em cheio, bem no meio das pernas. Nesse dia, as mulheres todas ficaram menstruadas. Agora os homens, é que zombavam delas.

> Tupari, E. E. A menstruação dos homens. In: MINDLIN, B. Moqueca de Maridos: mitos eróticos. 2ed. Rio de Janeiro: Record, Rosa dos Ventos, 1998 (adaptado).

O texto acima, que expressa um mito indígena, trata de forma bastante diferente a menstruação. Embora, no mito indígena, a menstruação seja abordada como algo negativo, ela é considerada muito importante pois é

A um momento do ciclo reprodutivo das mulheres em que ocorre a eliminação das toxinas do corpo feminino pelo sistema excretório.

B um evento de limpeza do útero, local responsável pelo acolhimento do feto desde o momento da fecundação do óvulo pelo espermatozoide.

C nesse período que a mulher está mais fértil, havendo mais chances de engravidar.

D a eliminação do endométrio, revestimento que se torna mensalmente mais espesso e rico em vasos sanguíneos, preparando-se para uma possível gravidez.

E o período em que o sistema imune feminino produz maior número de anticorpos e, por isso, alguns cuidados devem ser tomados pela mulher para evitar contrair doenças.

2009 (2ª aplicação).

DIVERSIDADE CELULAR DOS VERTEBRADOS

3.6 Os tecidos animais descritos no quadro são formados por um conjunto de células especializadas, e a organização estrutural de cada um reflete suas respectivas funções.

Tecido	Organização estrutural
Ósseo	Células encerradas em uma matriz extracelular rica principalmente em fibras colágenas e fosfato de cálcio.
Conjuntivo denso	Grande quantidade de fibras colágenas.
Conjuntivo frouxo	Fibras proteicas frouxamente entrelaçadas.
Epitelial de revestimento	Células intimamente unidas entre si, podendo formar uma ou mais camadas celulares.
Muscular estriado esquelético	Longas fibras musculares ricas em proteínas filamentosas.

De acordo com a organização estrutural dos tecidos descrita, aquele que possui a capacidade de formar barreiras contra agentes invasores e evitar a perda de líquidos corporais é o tecido

A ósseo.

B conjuntivo denso.

C conjuntivo frouxo.

D epitelial de revestimento.

E muscular estriado esquelético.

2012 (2ª aplicação).

3.7 A água é um dos componentes mais importantes das células. A tabela abaixo mostra como a quantidade de água varia em seres humanos, dependendo do tipo de célula. Em média, a água corresponde a 70% da composição química de um indivíduo normal.

Tipo de célula	Quantidade de água
Tecido nervoso – substância cinzenta	85%
Tecido nervoso – substância branca	70%
Medula óssea	75%
Tecido conjuntivo	60%
Tecido adiposo	15%
Hemácias	65%
Ossos sem medula	20%

Durante uma biópsia, foi isolada uma amostra de tecido para análise em um laboratório. Enquanto intacta, essa amostra pesava 200 mg. Após secagem em estufa, quando se retirou toda a água do tecido, a amostra passou a pesar 80 mg. Baseado na tabela, pode-se afirmar que essa é uma amostra de

A tecido nervoso – substância cinzenta.

B tecido nervoso – substância branca.

C hemácias.

D tecido conjuntivo.

E tecido adiposo.

2005.

3.8 Estudos mostram que através de terapia gênica é possível alterar a composição e aumentar a resistência dos músculos. Nos músculos normais, quando há necessidade de reparos, as células-satélite são atraídas por sinais químicos emitidos pela lesão, se reproduzem e se fundem às fibras musculares, aumentando, assim, o seu volume.

O mecanismo é regulado pela miostatina, uma proteína que "ordena" que as células-satélite parem de se reproduzir.

Scientific American Brasil. N° 27, ago. 2004.

Uma técnica de terapia gênica consistindo na injeção de um gene que codifica uma proteína capaz de bloquear a ação da miostatina na fibra muscular provocaria

A maior proliferação de células-satélite e de fibras musculares.

B menor produção de células-satélite e de fibras musculares.

C menor produção de miofibrilas e de fibras musculares atrofiadas.

D maior produção de células-satélite e diminuição do volume de fibras musculares.

E maior proliferação de células-satélite e aumento do volume de fibras musculares.

2011 (2ª aplicação).

3.9 A toxina botulínica (produzida pelo bacilo *Clostridium botulinum*) pode ser encontrada em alimentos malconservados, causando até a morte de consumidores. No entanto, esta toxina modificada em laboratório está sendo usada cada vez mais para melhorar a qualidade de vida das pessoas com problemas físicos e/ou estéticos, atenuando problemas como o blefaroespasmo, que provoca contrações involuntárias das pálpebras.

BACHUR, T. P. R. et al. Toxina botulínica: de veneno a tratamento. **Revista Eletrônica Pesquisa Médica**, n. 1, jan.-mar. 2009 (adaptado).

O alívio dos sintomas do blefaroespasmo é consequência da ação da toxina modificada sobre o tecido

A glandular, uma vez que ela impede a produção de secreção de substâncias na pele.

B muscular, uma vez que ela provoca a paralisia das fibras que formam esse tecido.

C epitelial, uma vez que ela leva ao aumento da camada de queratina que protege a pele.

D conjuntivo, uma vez que ela aumenta a quantidade de substância intercelular no tecido.

E adiposo, uma vez que ela reduz a espessura da camada de células de gordura do tecido.

2015 (2ª aplicação).

3.10 A terapia celular tem sido amplamente divulgada como revolucionário, por permitir a regeneração de tecidos a partir de células novas. Entretanto, a técnica de se introduzirem novas células em um tecido, para o tratamento de enfermidades em indivíduos, já era aplicada rotineiramente em hospitais.

A que técnica refere-se o texto?

A Vacina.

B Biópsia.

C Hemodiálise.

D Quimioterapia.

E Transfusão de sangue.

2017 (1ª aplicação).

3.11 A poluição radioativa compreende mais de 200 nuclídeos, sendo que, do ponto de vista de impacto ambiental, destacam-se o césio-137 e o estrôncio-90. A maior contribuição de radionuclídeos antropogênicos no meio marinho ocorreu durante as décadas de 1950 e 1960, como resultado dos testes nucleares realizados na atmosfera. O estrôncio-90 pode se acumular nos organismos vivos e em cadeias alimentares e, em razão de sua semelhança química, pode participar no equilíbrio com o carbonato e substituir o cálcio em diversos processos biológicos.

FIGUEIRA, R. C.; CUNHA, I. I. L. A contaminação dos oceanos por radionuclídeos antropogênicos. **Química Nova**, n. 21, 1998 (adaptação).

Ao entrar numa cadeia alimentar da qual o homem faz parte, em qual tecido do organismo humano o estrôncio-90 será acumulado predominantemente?

A Cartilaginoso

B Sanguíneo.

C Muscular.

D Nervoso.

E Ósseo.

2019 (1ª aplicação).

MÓDULO 4 - GENÉTICA E BIOTECNOLOGIA

MENDEL E HERANÇA GENÉTICA

4.1 Gregor Mandel, no século XIX, investigou os mecanismos da herança genética observando algumas características de plantas de ervilha, como a produção de sementes lisas (dominante) ou rugosas (recessiva), característica determinada por um par de alelos com dominância completa. Ele acreditava que a herança era transmitida por fatores que, mesmo não percebidos nas características visíveis (fenótipo) de patas híbridas (resultantes de cruzamentos de linhagens puras), estariam presentes e se manifestariam em gerações futuras.

A autofecundação que fornece dados para corroborar a ideia da transmissão dos fatores idealizada por Mendel ocorre entre plantas

A híbridas, de fenótipo dominante, que produzem apenas sementes lisas.

B híbridas, de fenótipo dominante, que produzem sementes lisas e rugosas.

C de linhagem pura, de fenótipo dominante, que produzem apenas sementes lisas.

D de linhagem pura, de fenótipo recessivo, que produzem sementes lisas e rugosas.

E de linhagem pura, de fenótipo recessivo, que produzem apenas sementes rugosas.

2018 (2ª aplicação).

4.2 Mendel cruzou plantas puras de ervilha com flores vermelhas e plantas puras com flores brancas, e observou que todos os descendentes tinham flores vermelhas, nesse caso, Mendel chamou a cor vermelha de dominante e a cor branca de recessiva. A explicação oferecida por ele para esses resultados era a de que as plantas de flores vermelhas da geração inicial (P) possuíam dois fatores dominantes iguais para essa característica (VV), e as plantas de flores brancas possuíam dois fatores recessivos iguais (vv). Todos os descendentes desse cruzamento, a primeira geração de filhos (F1) tinham um fator de cada progenitor e eram Vv, combinação que assegura a cor vermelha nas flores.

Tomando-se um grupo cujas flores são vermelhas, como distinguir aquelas que são VV das que são Vv?

A Cruzando-as entre si, é possível identificar as plantas que têm o fator v na sua composição pela análise de características exteriores dos gametas masculinos, os grãos de pólen.

B Cruzando-as com plantas recessivas, de flores brancas. As plantas VV produzirão apenas descendentes de flores vermelhas, enquanto as plantas Vv podem produzir descendentes de flores brancas.

C Cruzando-as com plantas de flores vermelhas da geração P. Os cruzamentos com plantas Vv produzirão descendentes de flores brancas.

D Cruzando-as entre si, é possível que surjam plantas de flores brancas. As plantas Vv cruzadas com outras Vv produzirão apenas descendentes vermelhas, portanto as demais serão VV.

E Cruzando-as com plantas recessivas e analisando as características do ambiente onde se dão os cruzamentos, é possível identificar aquelas que possuem apenas fatores V.

2009 (prova anulada).

4.3 Considere que exista um gene com dois alelos: um dominante, que permite a expressão da cor, e um recessivo, que não permite a expressão da cor. Considere, ainda, que, em um oceano, existem duas ilhas próximas e que, na ilha 1, todos os ratos apresentem pelagem branca e, na ilha 2, todos apresentem pelagem selvagem. Nesse contexto, considere que a consequência de uma atividade vulcânica tenha sido o surgimento de uma ponte entre as duas ilhas, o que permitiu o trânsito dos ratos nas duas ilhas. Suponha que, em decorrência disso, todos os acasalamentos tenham ocorrido entre ratos de ilhas diferentes e a geração seguinte (F1) tenha sido composta exclusivamente de ratos com pelagem selvagem. Considerando-se que os acasalamentos para a formação da próxima geração (F2) sejam ao acaso, é correto afirmar que essa geração será constituída de ratos com pelagem

A branca.

B selvagem.

C 50% branca e 50% selvagem.

D 75% branca e 25% selvagem.

E 75% selvagem e 25% branca.

2009 (2ª aplicação).

4.4 Em abelhas, *Apis mellifera*, os óvulos não fertilizados originam machos haploides. Experimentos em laboratório têm obtido machos diploides e demonstram que os machos têm de ser homozigotos para um gene, enquanto as fêmeas têm de ser heterozigotas.

Disponível em: http://www.nature.com (adaptado).

Supondo que uma fêmea com genótipo AB se acasale com cinco machos com genótipos diferentes A, B, C, D e E, conforme o esquema. Qual a porcentagem de machos na prole desta fêmea?

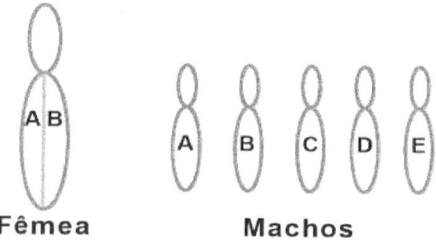

Fêmea   **Machos**

A 40%, pois a fêmea teria descendentes machos apenas nos cruzamentos com os machos A e B.

B 20%, pois a fêmea produz dois tipos de gameta com relação a esse gene, e os machos, cinco tipos no total.

C 20%, pois a fêmea produz um tipo de gameta com relação a esse gene, e os machos, cinco tipos no total.

D 50%, pois a fêmea produz dois tipos de gametas com relação a esse gene, e os machos, um tipo.

E 50%, pois a fêmea produz um tipo de gameta com relação a esse gene, e os machos, cinco tipos.

2011 (2ª aplicação).

4.5 Em um hospital havia cinco lotes de bolsas de sangue, rotulados com os códigos I, II, III, IV e V. Cada lote continha apenas um tipo sanguíneo não identificado. Uma funcionária do hospital resolveu fazer a identificação utilizando dois tipos de soro, anti-A e anti-B. Os resultados obtidos estão descritos no quadro.

Código dos lotes	Volume de sangue (L)	Soro anti-A	Soro anti-B
I	22	Não aglutinou	Aglutinou
II	25	Aglutinou	Não aglutinou
III	30	Aglutinou	Aglutinou
IV	15	Não aglutinou	Não aglutinou
V	33	Não aglutinou	Aglutinou

Quantos litros de sangue eram do grupo sanguíneo do tipo A?

A 15.

B 25.

C 30.

D 33.

E 55.

2014.

4.6 Antes de técnicas modernas de determinação de paternidade por exame de DNA, o sistema de determinação sanguínea ABO foi amplamente utilizado como ferramenta para excluir possíveis pais. Embora restrito à análise fenotípica, era possível concluir a exclusão de genótipos também. Considere que uma mulher teve um filho cuja paternidade estava sendo contestada. A análise do sangue revelou que ela era tipo sanguíneo AB e o filho, tipo sanguíneo B.

O genótipo do homem, pelo sistema ABO, que exclui a possibilidade de paternidade desse filho é

A $I^A I^A$.

B $I^A i$

C $I^B I^B$

D $I^B i$

E ii.

2014 (2ª aplicação).

4.7 O quadro a seguir refere-se aos grupos sanguíneos humanos e seus respectivos genótipos, e o esquema seguinte representa as possibilidades de doação entre esses diferentes grupos.

Grupos sanguíneos	Genótipos
A	I^AI^A ou I^Ai
B	I^BI^B ou I^Bi
AB	I^AI^B
O	ii

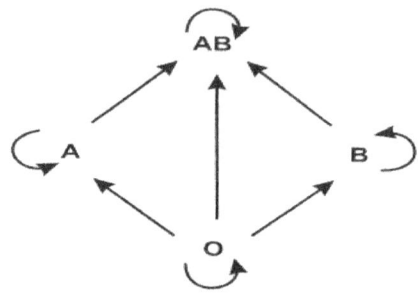

Um casal tem três filhos, sendo um do grupo A, outro do grupo B e o terceiro do grupo O. Considerando-se somente o sistema ABO para fins de transfusão sanguínea, a probabilidade de o casal dar à luz uma menina que no futuro possa doar sangue para todos seus irmãos é de

A 75%.

B 50%

C 36,5%

D 25%.

E 12,5%.

2014 (3ª aplicação).

4.8 Um jovem suspeita que não é filho biológico de seus pais, pois descobriu que o seu tipo sanguíneo é O Rh negativo, o de sua mãe é B Rh positivo e de seu pai é A Rh positivo. A condição genotípica que possibilita que ele seja realmente filho biológico de seus pais é que

A o pai e a mãe sejam heterozigotos para o sistema sanguíneo ABO e para o fator Rh.

B o pai e a mãe sejam heterozigotos para o sistema sanguíneo ABO e homozigotos para o fator Rh.

C o pai seja homozigoto para as duas características e a mãe heterozigota para as duas características.

D o pai seja homozigoto para as duas características e a mãe heterozigota para o sistema ABO e homozigota para o fator Rh.

E o pai seja homozigoto para o sistema ABO e heterozigoto para o fator Rh e a mãe homozigota para as duas características.

2016 (2ª aplicação).

4.9 Uma mulher deu à luz o seu primeiro filho e, após o parto, os médicos testaram o sangue da criança para a determinação de seu grupo sanguíneo. O sangue da criança era do tipo O+. Imediatamente, a equipe médica aplicou na mãe uma solução contendo anticorpos anti-Rh, uma vez que ela tinha o tipo sanguíneo O-.

Qual a função dessa solução de anticorpos?

A Modificar o fator Rh do próximo filho.

B Destruir as células sanguíneas do bebê.

C Formar uma memória imunológica na mãe.

D Neutralizar os anticorpos produzidos pela mãe.

E Promover a alteração do tipo sanguíneo materno.

2017 (2ª aplicação).

4.10 Após a redescoberta do trabalho de Gregor Mendel, vários experimentos buscaram testar a universalidade de suas leis. Suponha um desses experimentos, realizado em um mesmo ambiente, em que uma planta de linhagem pura com baixa estatura (0,6 m) foi cruzada com uma planta de linhagem pura de alta estatura (1,0 m). Na prole (F1) todas as plantas apresentaram estatura de 0,8 m. Porém, na F2 (F1 × F1) os pesquisadores encontraram os dados a seguir.

Altura da planta (em metros)	Proporção da prole
1,0	63
0,9	245
0,8	375
0,7	255
0,6	62
Total	1 000

Os pesquisadores chegaram à conclusão, a partir da observação da prole, que a altura nessa planta é uma característica que

A não segue as leis de Mendel.

B não é herdada e, sim, ambiental.

C apresenta herança mitocondrial.

D é definida por mais de um gene.

E é definida por um gene com vários alelos.

2012 (2ª aplicação).

4.11 A fenilcetonúria é uma doença hereditária autossômica recessiva, associada à mutação do gene PAH, que limita a metabolização do aminoácido fenilalanina. Por isso, é obrigatório, por lei, que as embalagens de alimentos, como refrigerantes dietéticos, informem a presença de fenilalanina em sua composição. Uma mulher portadora de mutação para o gene PAH tem três filhos normais com um homem normal, cujo pai sofria de fenilcetonúria, devido à mesma mutação no gene PAH encontrada em um dos alelos da mulher.

Qual a probabilidade de a quarta criança gerada por esses pais apresentar fenilcetonúria?

A 0%

B 12,5%

C 25%

D 50%

E 75%.

2015 (2ª aplicação).

4.12 Anemia falciforme é uma das doenças hereditárias prevalentes no Brasil, sobretudo nas regiões que receberam maciços contingentes de escravos africanos. É uma alteração genética, caracterizada por um tipo de hemoglobina mutante designada por hemoglobina S. Indivíduos com essa doença apresentam eritrócitos com formato de foice, daí o seu nome, Se uma pessoa recebe um gene do pai e outro da mãe para produzir a hemoglobina S ela nasce com um par de genes SS e assim terá a Anemia Falciforme. Se receber de um dos pais o gene para hemoglobina S e do outro o gene para hemoglobina A ela não terá doença, apenas o Traço Falciforme (AS), e não precisará de tratamento especializado. Entretanto, deverá saber que se vier a ter filhos com uma pessoa que também herdou o traço, eles poderão desenvolver a doença.

Disponível em: http://www.opas.org.br. Acesso em: 02 mai. 2009 (adaptado).

Dois casais, ambos membros heterozigotos do tipo AS para o gene da hemoglobina, querem ter um filho cada. Dado que um casal é composto por pessoas negras e o outro, por pessoas brancas, a probabilidade de ambos os casais terem filhos (um para cada casal) com Anemia Falciforme é igual a

A 5,05%

B 6,25%

C 10,25%

D 18,05%

E 25%

2009 (prova anulada).

4.13 O cruzamento de duas espécies da família das Anonáceas, a cherimoia (*Annona cherimoia*) com a fruta-pinha (*Annona squamosa*), resultou em uma planta híbrida denominada de atemoia. Recomenda-se que o seu plantio seja por meio de enxertia. Um dos benefícios dessa forma de plantio é a

A ampliação da variabilidade genética.

B produção de frutos das duas espécies.

C manutenção do genótipo da planta híbrida.

D reprodução de clones das plantas parentais.

E modificação do genoma decorrente da transgenia.

2018 (1ª aplicação).

BASE CROMOSSÔMICA DA HERANÇA

4.14 A mosca *Drosophila*, conhecida como mosca-das-frutas, é bastante estudada no meio acadêmico pelos geneticistas. Dois caracteres estão entre os mais estudados: tamanho da asa e cor do corpo, cada um condicionado por gene autossômico. Em se tratando do tamanho da asa, a característica asa vestigial é recessiva e a característica asa longa, dominante. Em relação à cor do indivíduo, a coloração cinza é recessiva e a cor preta, dominante. Em um experimento, foi realizado um cruzamento entre indivíduos heterozigotos para os dois caracteres, do qual foram geradas 288 moscas. Dessas, qual é a quantidade esperada de moscas que apresentam o mesmo fenótipo dos indivíduos parentais?

A 288

B 162

C 108

2013 (2ª aplicação).

4.15 Os indivíduos de uma população de uma pequena cidade, fundada por uma família de europeus, são frequentemente, frutos de casamentos consanguíneos. Grande parte dos grupos familiares dessa localidade apresenta membros acometidos por uma doença rara, identificada por fraqueza muscular progressiva, com início aos 30 anos de idade. Em famílias com presença dessa doença, quando os pais são saudáveis, somente os filhos do sexo masculino podem ser afetados. Mas em famílias cujo pai é acometido pela doença e a mãe é portadora do gene, 50% da descendência, independentemente do sexo, é afetada.

Considerando as características populacionais, o sexo e a proporção dos indivíduos afetados, qual é o tipo de herança da doença descrita no texto

A Recessiva, ligada ao cromossomo X.

B Dominante, ligada ao cromossomo X.

C Recessiva, ligada ao cromossomo Y.

D Recessiva autossômica.

E Dominante autossômica.

2016 (3ª aplicação).

4.16 No heredograma, os símbolos preenchidos representam pessoas portadoras de um tipo raro de doença genética. Os homens são representados pelos quadrados e as mulheres, pelos círculos. Qual é o padrão de herança observado para essa doença?

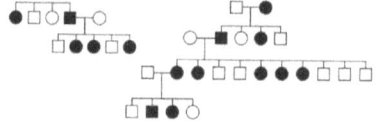

A Dominante autossômico, pois a doença aparece em ambos os sexos.

B Recessivo ligado ao sexo, pois não ocorre a transmissão do pai para os filhos

C Recessivo ligado ao Y, pois a doença é transmitida dos pais heterozigotos aos filhos

D Dominante ligado ao sexo, pois todas as filhas de homens afetados também apresentam a doença.

E Codominante autossômico, pois a doença é herdada pelos filhos de ambos os sexos, tanto do pai quanto da mãe.

4.17 O heredograma mostra a incidência de uma anomalia genética em um grupo familiar.

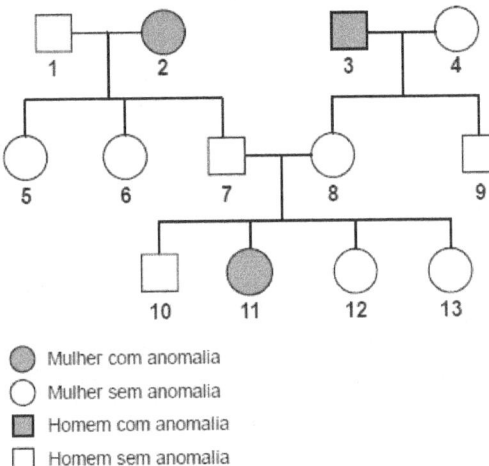

○ Mulher com anomalia
○ Mulher sem anomalia
■ Homem com anomalia
□ Homem sem anomalia

O indivíduo representado pelo número 10, preocupado em transmitir o alelo para a anomalia genética a seus filhos, calcula que a probabilidade de ele ser portador desse alelo é de

A 0%

B 25%

C 50%

D 67%

E 75%

2017 (2ª aplicação).

4.18 A distrofia muscular Duchenne (DMD) é uma doença causada por uma mutação em um gene localizado no cromossomo X. Pesquisadores estudaram uma família na qual gêmeas monozigóticas eram portadoras de um alelo mutante recessivo para esse gene (heterozigóticas). O interessante é que uma das gêmeas apresentava o fenótipo relacionado ao alelo mutante, isto é, DMD, enquanto a sua irmã apresentava fenótipo normal.

RICHARDS, C. S. et al. **The Americam Journal of Human Genetics**, n. 4, 1990

(adaptado)

A diferença na manifestação da DMD entre as gêmeas pode ser explicada pela

A dominância incompleta do alelo mutante em relação ao alelo normal.

B falha na separação dos cromossomos X no momento da separação dos dois embriões.

C recombinação cromossômica em uma divisão celular embrionária anterior à separação dos dois embriões.

D Inativação aleatória de um dos cromossomos X em fase posterior à divisão que resulta nos dois embriões.

E origem paterna do cromossomo portador do alelo mutante em uma das gêmeas e origem materna na outra.

2017 (1ª aplicação).

4.19 A cariotipagem é um método que analisa células de um indivíduo para determinar seu padrão cromossômico. Essa técnica consiste na montagem fotográfica, em sequência, dos pares de cromossomos e permite identificar um indivíduo normal (46, XX ou 46, XY) ou com alguma alteração cromossômica. A investigação do cariótipo de uma criança do sexo masculino com alterações morfológicas e comprometimento cognitivo que ela apresentava fórmula cariotípica 47, XY, +18.

A alteração cromossômica da criança pode ser classificada como:

A estrutural, do tipo deleção.

B numérica, do tipo euploidia.

C numérica, do tipo poliploidia.

D estrutural, do tipo duplicação.

E numérica, do tipo aneuploidia.

2015.

A BASE MOLECULAR DA HEREDITARIEDADE

4.20 Um novo tipo de replicador surgiu recentemente neste planeta. Ainda está em sua infância num caldo primordial, mas já está evoluindo a uma velocidade que deixa o gene para trás. O novo caldo é a cultura humana. Precisamos de um nome para o novo replicador, que passe a ideia de uma unidade de transmissão cultural, ou unidade de imitação.

Exemplos de memes são melodias, ideias, "slogans", roupas da moda, modos de fazer potes ou de construir arcos. Os memes propagam-se de cérebro a cérebro por meio de imitação. Se um cientista ouve ou lê uma ideia boa, ele a transmite a seus colegas e alunos.

Se a ideia "pegar", pode-se dizer que ela se propaga por si própria.

DAWKINS, R. **O gene egoísta**. São Paulo: Companhia das Letras, 1976 (adaptado).

Nesses termos, o paralelo entre a evolução biológica e a evolução cultural somente será válido se

A o acaso operar com maior intensidade sobre os genes.

B o processo de seleção de memes for mais intenso que o dos genes.

C as taxas de mutação de genes e memes tiverem a mesma magnitude.

D ambas as informações estiverem sujeitas a cópia com modificações.

E ambos os processos forem independentes da configuração de um ancestral.

2014 (3ª aplicação).

GENÉTICA E BIOTECNOLOGIA

4.21 A reação em cadeia da polimerase (PCR, na sigla em inglês) é uma técnica de biologia molecular que permite replicação *in vitro* do DNA de forma rápida. Essa técnica surgiu na década de 1980 e permitiu avanços científicos em todas as áreas de investigação genômica. A dupla hélice é estabilizada por ligações hidrogênio, duas entre as bases adenina (A) e timina (T) e três entre as bases guanina (G) e citosina (c). Inicialmente, para que o DNA possa ser replicado, a dupla hélice precisa ser totalmente desnaturada (desenrolada) pelo aumento de temperatura, quando são desfeitas as ligações hidrogênio entre as diferentes bases nitrogenadas.

Qual dos segmentos de DNA será o primeiro a desnaturar totalmente durante o aumento da temperatura na reação de PCR?

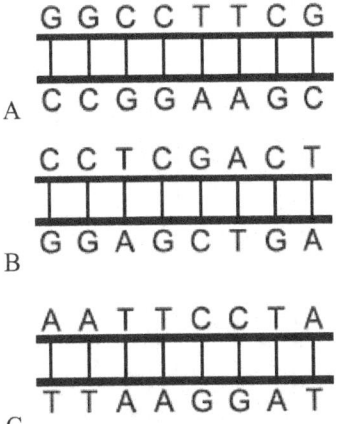

69

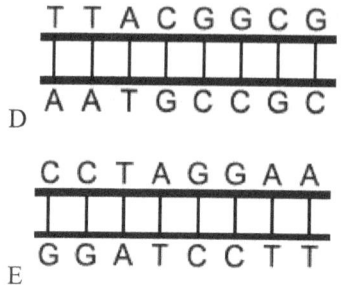

D

E

2017 (1ª aplicação).

4.22 João ficou intrigado com a grande quantidade de notícias envolvendo DNA: clonagem da ovelha Dolly, terapia gênica, testes de paternidade, engenharia genética, etc. Para conseguir entender as notícias, estudou a estrutura da molécula de DNA e seu funcionamento e analisou os dados do quadro a seguir.

I
ATCCGGATGCTT
TAGGCCTACGAA

II
ATCCGGATGCTT
⇓
UAGGCCUACGAA

III
UAGGCCUACGAA
⇓
Metionina Alanina Leucina Glutamato

IV
Bases nitrogenadas: A = Adenina
T = Timina
C = Citosina
G = Guanina
U = Uracila

Em I está representado o trecho de uma molécula de DNA. Observando o quadro, pode-se concluir que:

A a molécula de DNA é formada por 2 cadeias caracterizadas por sequências de bases nitrogenadas.

B na molécula de DNA, podem existir diferentes tipos de complementação de bases nitrogenadas.

C a quantidade de A presente em uma das cadeias é exatamente igual à quantidade de A da cadeia complementar.

D na molécula de DNA, podem existir 5 diferentes tipos de bases nitrogenadas.

E no processo de mitose, cada molécula de DNA dá origem a 4 moléculas de DNA exatamente iguais.

1998.

4.23 Um importante princípio da biologia, relacionado à transmissão de caracteres e à embriogênese humana, foi quebrado com a descoberta do microquimerismo fetal. Microquimerismo é o nome dado ao fenômeno fisiológico referente a uma pequena população de células ou DNA presente em um indivíduo, mas derivada de um organismo geneticamente distinto. Investigando-se a presença do cromossomo Y, foi revelado que diversos tecidos de mulheres continham células masculinas. A análise do histórico médico revelou uma correlação extremamente curiosa: apenas as mulheres que antes tiveram filhos homens apresentaram microquimerismo masculino. Essa correlação levou à interpretação de que existe uma troca natural entre células do feto e maternas durante a gravidez.

MUOTRI, A. **Você não é só você: carregamos células maternas na maioria de nossos órgãos**. Disponível em: http://g1.globo.com. Acesso em: 4 dez. 2012 (adaptado).

O princípio contestado com essa descoberta, relacionado ao desenvolvimento do corpo humano, é o de que

A o fenótipo das nossas células pode mudar por influência do meio ambiente

B a dominância genética determina a expressão de alguns genes.

C as mutações genéticas introduzem variabilidade no genoma.

D as mitocôndrias e o seu DNA provêm do gameta materno.

E as nossas células corporais provêm de um único zigoto.

2015.

4.24 O resultado de um teste de DNA para identificar o filho de um casal, entre cinco jovens, está representado na figura. As barras escuras correspondem aos genes compartilhados.

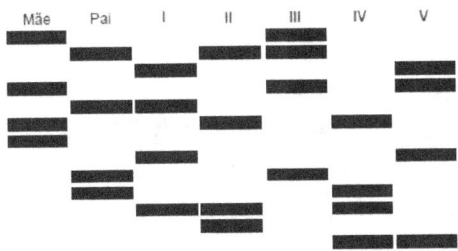

Qual dos jovens é filho do casal?

A I

B II

C III

D IV

E V

2017 (2ª aplicação).

4.25 Para verificar a eficácia do teste de DNA na determinação de paternidade, cinco voluntários, dentre eles o pai biológico de um garoto, cederam amostras biológicas para a realização desse teste. A figura mostra o resultado obtido após a identificação dos fragmentos de DNA de cada um deles.

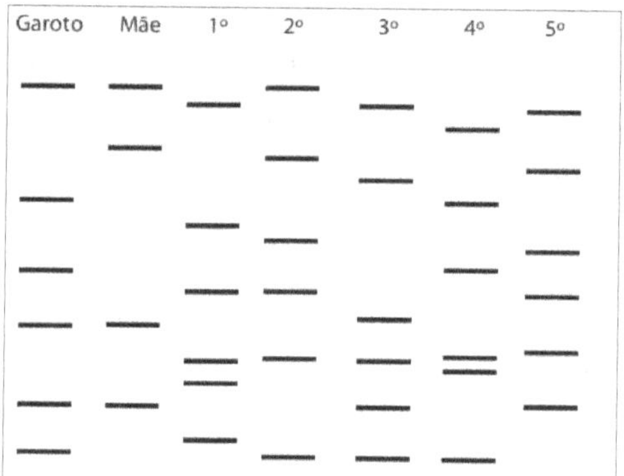

OLIVEIRA, F. B.; SILVEIRA, R. M. V. O teste de DNA na sala de aula: é possível ensinar biologia a partir de temas atuais. **Revista Genética na Escola**, abr. 2010.

Após a análise das bandas de DNA, pode-se concluir que o pai biológico do garoto é o

A 1º voluntário.

B 2º voluntário.

C 3º voluntário.

D 4º voluntário.

E 5º voluntário.

2016 (3ª aplicação).

4.26 Na investigação de paternidade por análise de DNA, avalia-se o perfil genético da mãe, do suposto pai e do filho pela análise de regiões do genoma das pessoas envolvidas. Cada indivíduo apresenta um par de alelos, iguais ou diferentes, isto é, são homozigotos ou heterozigotos, para cada região genômica. O esquema representa uma eletroforese com cinco regiões genômicas (classificadas de A a E), cada uma com cinco alelos (1 a 5), analisadas em uma investigação de paternidade:

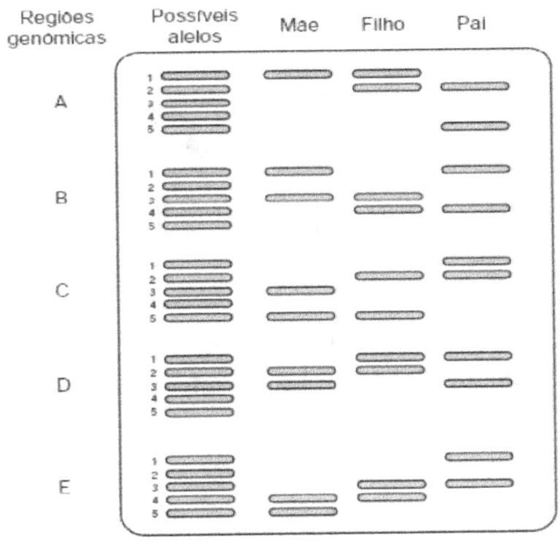

Quais alelos, na sequência das regiões apresentadas, o filho recebeu, obrigatoriamente, do pai?

A 2, 4, 5, 2, 4

B 2, 4, 2, 1, 3

C 2, 1, 1, 1, 1

D 1, 3, 2, 1, 3

E 5, 4, 2, 1, 1.

2012 (2ª aplicação).

4.27 Cinco casais alegavam ser os pais de um bebê. A confirmação da paternidade foi obtida pelo exame de DNA. O resultado do teste está esquematizado na figura, em que cada casal apresenta um padrão com duas bandas de DNA (faixas, uma para o suposto pai e outra para a suposta mãe), comparadas à do bebê.

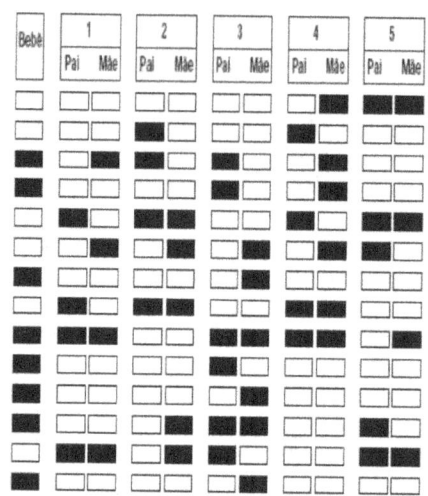

Que casal pode ser considerado como pais biológicos do bebê?

A 1

B 2

C 3

D 4

E 5

2013.

4.28 Considere, em um fragmento ambiental, uma árvore matriz com frutos (M) e outras cinco que produziram flores e são apenas doadores de pólen (DP1, DP2, DP3, DP 4 e DP5). Foi excluída a capacidade de autopolinização das árvores. Os genótipos da matriz, da semente (S1) e das prováveis fontes de pólen foram obtidos pela análise de dois locos (loco A e loco B) de marcadores de DNA, conforme a figura.

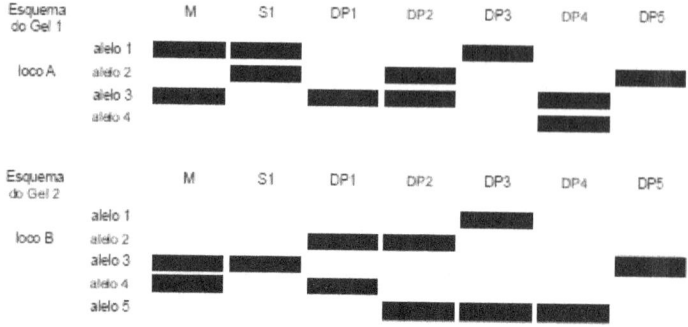

COLLEVATTI, R. G.; TELLES, M. P.; SOARES, T. N. Dispersão do pólen entre pequizeiros: uma atividade para a genética do ensino superior. **Genética na Escola**, n. 1, 2013 (adaptado).

A progênie S1 recebeu o pólen de qual doadora?

A DP1.

B DP2.

C DP3.

D DP4.

E DP5.

2018 (1ª aplicação).

4.29 Um pesquisador observou, em uma árvore, um ninho de uma espécie de falcão. Apenas um filhote apresentava uma coloração típica de penas de ambos os pais. Foram coletadas amostras de DNA dos pais e filhotes para caracterização genética dos alelos responsáveis pela coloração das penas. O perfil de bandas obtido para cada indivíduo do ninho para os lócus 1 e 2, onde se localizam os genes dessa característica, está representado na figura.

Padrões de bandas em gel das moléculas de DNA dos indivíduos

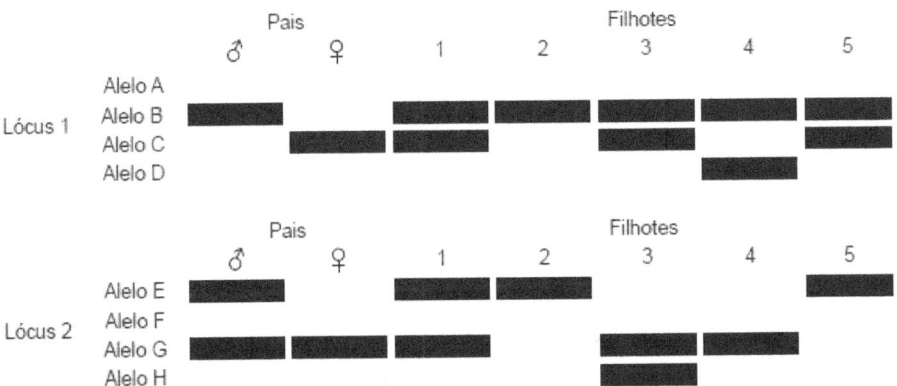

CARVALHO, C. S.; CARVALHO, M. A.; COLLEVATTI, R. G. Identificando o sistema de acasalamento em aves. **Genética na Escola**, n. 1, 2013 (adaptado).

Dos filhotes, qual apresenta a coloração típica de penas dos pais?

A 1

B 2

C 3

2019 (2ª aplicação).

4.30 Um novo método para produzir insulina artificial que utiliza tecnologia de DNA recombinante foi desenvolvido por pesquisadores do Departamento de Biologia Celular da Universidade de Brasília (UnB) em parceria com a iniciativa privada. Os pesquisadores modificaram geneticamente a bactéria *Escherichia coli* para torná-la capaz de sintetizar o hormônio. O processo permitiu fabricar insulina em maior quantidade e em apenas 30 dias, um terço do tempo necessário para obtê-la pelo método tradicional, que consiste na extração do hormônio a partir do pâncreas de animais abatidos.

Ciência Hoje, 24 abr. 2001. Disponível em: http://cienciahoje.uol.com.br (adaptado).

A produção de insulina pela técnica do DNA recombinante tem, como consequência,

A o aperfeiçoamento do processo de extração de insulina a partir do pâncreas suíno.

B a seleção de microrganismos resistentes a antibióticos.

C o progresso na técnica da síntese química de hormônios.

D impacto favorável na saúde de indivíduos diabéticos.

E a criação de animais transgênicos.

2009.

4.31 A tecnologia do DNA recombinante tem sido utilizada na produção animal, vegetal e microbiana para a obtenção de substâncias usadas, por exemplo, no processamento de alimentos e na produção de medicamentos. As bactérias são os organismos mais comumente utilizados nessa técnica, pois apresentam uma série de características propícias para essa tecnologia, como o

A cromossomo linear e a reprodução via cissiparidade.

B cromossomo circular e a reprodução assexuada do tipo bipartição.

C cromossomo circular associado com histonas e a reprodução via meiose.

D cromossomo circular isolado por uma membrana e a reprodução assexuada.

E cromossomo linear isolado por uma membrana e a reprodução assexuada

2011 (2ª aplicação).

4.32 Um instituto de pesquisa norte-americano divulgou recentemente ter criado uma "célula sintética", uma bactéria chamada de *Mycoplasma mycoides*. Os pesquisadores montaram uma sequência de nucleotídeos, que formam o único cromossomo dessa bactéria, o qual foi introduzido em outra espécie de bactéria, a *Mycoplasma capricolum*. Após a introdução, o cromossomo da *M. capricolum* foi neutralizado e o cromossomo artificial da *M. mycoides* começou a gerenciar a célula, produzindo suas proteínas.

GILBSON *et al*. Creation of a Bacterial Cell Controlled by a Chemically synthesized Genome. **Science** v. 329, 2010 (adaptado).

A importância dessa inovação tecnológica para a comunidade científica se deve à

A possibilidade de sequenciar os genomas de bactérias para serem usados como receptoras de cromossomos artificiais.

B capacidade de criação, pela ciência, de novas formas de vida, utilizando substâncias como carboidratos e lipídios.

C possibilidade de produção em massa da bactéria *Mycoplasma capricolum* para sua distribuição em ambientes naturais.

D possibilidade de programar geneticamente microrganismos ou seres mais complexos para produzir medicamentos, vacinas e combustíveis.

E capacidade da bactéria *Mycoplasma capricolum* de expressar suas proteínas na bactéria sintética e estas serem usadas na indústria.

2011.

4.33 Do veneno de serpentes como a jararaca e a cascavel, pesquisadores brasileiros obtiveram um adesivo cirúrgico testado com sucesso em aplicações como colagem de pele, nervos, gengivas e na cicatrização de úlceras venenosas, entre outras. A cola é baseada no mesmo princípio natural da coagulação do sangue. Os produtos já disponíveis no mercado utilizam fibrinogênio humano e trombina bovina. Nessa nova formulação são utilizados fibrinogênio de búfalos e trombina de serpentes. A substituição da trombina bovina pela de cascavel mostrou, em testes, ser uma escolha altamente eficaz na cicatrização de tecidos.

ERENO, D. Veneno que cola. **Pesquisas FAPESP**, nº 158, abr. 2009 (adaptado).

A principal vantagem deste novo produto biotecnológico é

A estar isento de contaminações por vírus humanos e permitir uma coagulação segura, ou seja, a transformação de fibrinogênio em fibrina.

B estimular o sistema imunológico a produzir anticorpos que transformarão as moléculas de protrombina em trombina com a participação de íons cálcio.

C evitar rejeições pelos pacientes que utilizam essa técnica e desta forma transformar eficientemente a trombina em protrombina, responsáveis pela coagulação.

D aumentar a formação do tampão plaquetário uma vez que a trombina é uma enzima que transforma a fibrina em fibrinogênio que estimula a produção de plaquetas.

E esterilizar os locais em que é aplicado graças à ação antibiótica da trombina e o aumento da síntese dos fatores de coagulação no fígado com a participação dos íons potássio.

2009 (prova anulada).

4.34 Do ponto de vista fisiológico, anticorpos são moléculas proteicas produzidas e secretadas por células do sistema imune de mamíferos, conhecidas como linfócitos B. Reconhecem e atacam alvos moleculares específicos, os antígenos, presentes em agentes invasores, como, por exemplo, vírus, bactérias, fungos e células tumorais. Atualmente, algumas empresas brasileiras de biotecnologia vêm desenvolvendo anticorpos em laboratório. Um dos primeiros produtos é utilizado para detecção precoce da ferrugem asiática da soja, doença causada pelo fungo *Phakopsora pachyrhizi*, capaz de dizimar plantações. Há ainda a produção de kits para fins de pesquisa e diagnóstico de antígenos específicos de interesse para a saúde pública, como hepatite A, B e C, leptospirose e febre amarela.

VASCONCELOS,Y. In: Anticorpos de valor. **Pesquisa FAPESP**. N° 170, abr. 2010

(adaptado).

O desenvolvimento de anticorpos específicos por empresas de biotecnologia será benéfico para a saúde pública, porque proporcionará

A a vacinação em massa da população.

B a cura de doenças por meio da terapia gênica.

C a fabricação de um medicamento que seja mutagênico para os vírus.

D o tratamento de doenças nos estágios iniciais de seu desenvolvimento.

E o desenvolvimento de um único fármaco que combata diversos parasitas.

2011 (2ª aplicação).

4.35 A transferência de genes que poderiam melhorar o desempenho esportivo de atletas saudáveis foi denominada *doping* genético. Uma vez inserido no genoma do atleta, o gene se expressaria gerando um produto endógeno capaz de melhorar o desempenho atlético.

ARTOLI, G. G.; HIRATA, R. D. C.; LANCHA JR., A. H. **Revista Brasileira de**

Medicina Esportiva, v. 13, n. 5, 2007 (adaptado).

Um risco associado ao uso dessa biotecnologia é o(a)

A obtenção de baixo condicionamento físico.

B estímulo ao uso de anabolizantes pelos atletas.

C falta de controle sobre a expressão fenotípica do atleta.

D aparecimento de lesões decorrentes da prática esportiva habitual.

E limitação das adaptações fisiológicas decorrentes do treinamento físico.

2013 (2ª aplicação).

4.36 Três dos quatro tipos de testes atualmente empregados para a detecção de príons patogênicos, em tecidos cerebrais do gado morto, são mostrados nas figuras a seguir. Uma vez identificados um animal morto infectado, funcionários das agências de saúde pública e fazendeiros podem removê-lo do suprimento alimentar ou rastrear os alimentos infectados que o animal possa ter consumido.

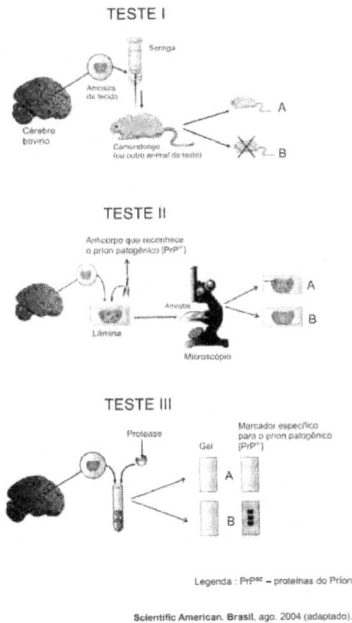

Analisando os testes I, II e III, para a detecção de príons patogênicos, identifique as condições em que os resultados foram positivos para a presença de príons nos três testes:

A Animal A, lâmina B e gel A.

B Animal A, lâmina A e gel B.

C Animal B, lâmina A e gel B.

D Animal B, lâmina B e gel A.

E Animal A, lâmina B e gel B.

2010.

4.37 A reprodução vegetativa de plantas por meio de estacas é um processo natural. O homem, observando esse processo, desenvolveu uma técnica para propagar plantas em escala comercial.

A base genética dessa técnica é semelhante àquela presente no(a)

A transgenia.

B clonagem.

C hibridização.

D controle biológico.

E melhoramento genético.

2015 (2ª aplicação).

4.38 Os transgênicos vêm ocupando parte da imprensa com opiniões ora favoráveis ora desfavoráveis. Um organismo ao receber material genético de outra espécie, ou modificado da mesma espécie, passa a apresentar novas características. Assim, por exemplo, já temos bactérias fabricando hormônios humanos, algodão colorido e cabras que produzem fatores de coagulação sanguínea humana.

O belga René Magritte (1896 – 1967), um dos pintores surrealistas mais importantes, deixou obras enigmáticas. Caso você fosse escolher uma ilustração para um artigo sobre os transgênicos, qual das obras de Magritte, abaixo, estaria mais de acordo com esse tema tão polêmico?

A

B

C

D

E

2005.

4.39 Em um laboratório de genética experimental, observou-se que determinada bactéria continha um gene que conferia resistência a pragas específicas de plantas. Em vista disso, os pesquisadores procederam de acordo com a figura.

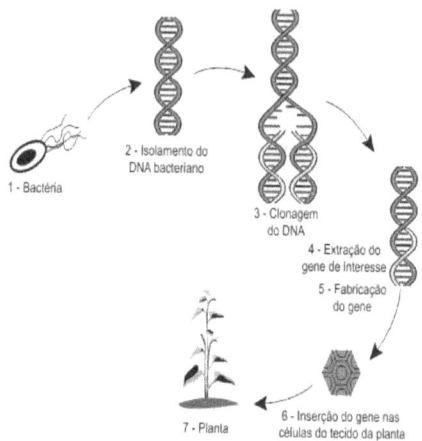

Disponível em: http://ciencia.hsw.uol.com.br. Acesso em: 22 nov. 2013 (adaptado).

Do ponto de vista biotecnológico, como a planta representada na figura é classificada?

A Clone.

B Híbrida.

C Mutante.

D Adaptada.

E Transgênica.

2014.

4.40 Um herbicida de largo espectro foi desenvolvido para utilização em lavouras. Esse herbicida atua inibindo a atividade de uma enzima dos vegetais envolvida na biossíntese de aminoácidos essenciais. Atualmente ele é bastante utilizado em plantações de soja, podendo inclusive inibir a germinação ou o crescimento das plantas cultivadas.

De que forma é desenvolvida a resistência da soja ao herbicida?

A Expondo frequentemente uma espécie de soja a altas concentrações do herbicida, levando ao desenvolvimento de resistência.

B Cultivando a soja com elevadas concentrações de aminoácidos, induzindo a formação de moléculas relacionadas à resistência.

C Empregando raios X para estimular mutações em uma variedade de soja, produzindo a enzima-alvo resistente ao herbicida.

D Introduzindo na soja um gene específico de outra espécie, possibilitando a produção da enzima de resistência ao herbicida.

E Administrando a enzima-alvo nos fertilizantes utilizados na lavoura, promovendo sua absorção pela espécie cultivada.

2019 (2ª aplicação).

4.41 Um geneticista observou que determinada plantação era sensível a um tipo de praga que atacava as flores da lavoura. Ao mesmo tempo, ele percebeu que uma erva daninha que crescia associada às plantas não era destruída. A partir de técnicas de manipulação genética, em laboratório, o gene da resistência à praga foi inserido nas plantas cultivadas, resolvendo o problema.

Do ponto de vista da biotecnologia, como essa planta resultante da intervenção é classificada?

A Clone.

B Híbrida.

C Mutante.

D Dominante.

E Transgênica.

2017 (2ª aplicação).

4.42 O milho transgênico é produzido a partir da manipulação do milho original, com a transferência, para este, de um gene de interesse retirado de outro organismo de espécie diferente. A característica de interesse será manifestada em decorrência

A do incremento do DNA a partir da duplicação do gene transferido.

B da transcrição do RNA transportador a partir do gene transferido.

C da expressão de proteínas sintetizadas a partir do DNA não hibridizado.

D da síntese de carboidratos a partir da ativação do DNA do milho original.

E da tradução do RNA mensageiro sintetizado a partir do DNA recombinante.

2012.

4.43 Após a germinação, normalmente, os tomates produzem uma proteína que os faz amolecer depois de colhidos. Os cientistas introduziram, em um tomateiro, um gene antissentido (imagem espelho do gene natural) àquele que codifica a enzima "amolecedora". O novo gene antissentido bloqueou a síntese da proteína amolecedora.

SIZER, F; WHITNEY, E. **Nutrição**: conceitos e controvérsias. Barueri: Manole, 2002

(adaptado).

Um benefício ao se obter o tomate transgênico foi o fato de o processo biotecnológico ter

A aumentado a coleção de proteínas que o protegem do apodrecimento, pela produção de proteína antissentido.

B diminuído a necessidade do controle das pragas, pela maior resistência conferida pela nova proteína.

C facilitado a germinação das sementes, pela falta da proteína que o leva a amolecer.

D substituído a proteína amolecedora por uma invertida, que endurece o tomate.

E prolongado o tempo de vida do tomate, pela falta da proteína que o amolece.

2016 (3ª aplicação).

4.44 A Embrapa possui uma linhagem de soja transgênica resistente ao herbicida IMAZAPIR. A planta está passando por testes de segurança nutricional e ambiental, processo que exige cerca de três anos. Uma linhagem de soja transgênica requer a produção inicial de 200 plantas resistentes ao herbicida e destas são selecionadas as dez mais "estáveis", com maior capacidade de gerar descendentes também resistentes. Esses descendentes são submetidos a doses de herbicida três vezes superiores às aplicadas nas lavouras convencionais. Em seguida, as cinco melhores são separadas e apenas uma delas é levada a testes de segurança. Os riscos ambientais da soja transgênica são pequenos, já que ela não tem possibilidade de cruzamento com outras plantas e o perigo de polinização cruzada com outro tipo de soja é de apenas 1%.

A soja transgênica, segundo o texto, apresenta baixo risco ambiental porque

A a resistência ao herbicida não é estável e assim não passa para as plantas-filhas.

B as doses de herbicida aplicadas nas plantas são 3 vezes superiores às usuais.

C a capacidade da linhagem de cruzar com espécies selvagens é inexistente.

D a linhagem passou por testes nutricionais e após três anos foi aprovada.

E a linhagem obtida foi testada rigorosamente em relação a sua segurança.

2005.

4.45

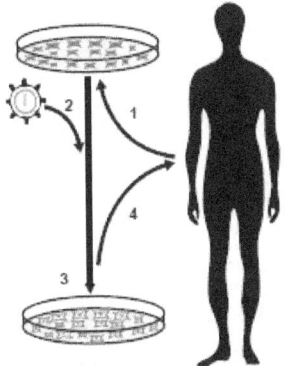

1. Coleta e cultivo *in vitro* das células do paciente;
2. Transdução com vetor carregando o gene terapêutico;
3. Seleção e expansão das células com gene terapêutico;
4. Reintrodução das células modificadas no paciente.

Disponível em: www.repositorio.uniceub.br. Acesso em: 3 maio 2019 (adaptado).

A sequência de etapas indicadas na figura representa o processo conhecido como

A mutação.

B clonagem.

C crossing-over.

D terapia gênica.

E transformação genética.

2019 (2ª aplicação).

MÓDULO 5 - EVOLUÇÃO BIOLÓGICA

ORIGEM DA VIDA NA TERRA

5.1

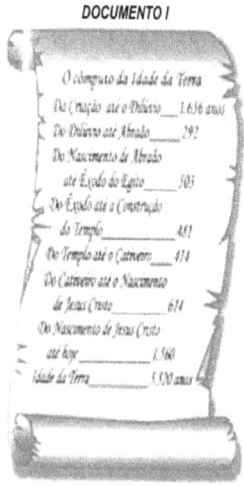

Considerando os dois documentos, podemos afirmar que a natureza do pensamento que permite a datação da Terra é de natureza

A científica no primeiro e mágica no segundo.

B social no primeiro e política no segundo.

C religiosa no primeiro e científica no segundo.

D religiosa no primeiro e econômica no segundo.

E matemática no primeiro e algébrica no segundo.

2003.

5.2 Em certos locais, larvas de moscas, criadas em arroz cozido, são utilizadas como iscas para pesca. Alguns criadores, no entanto, acreditam que essas larvas surgem espontaneamente do arroz cozido, tal como preconizado pela teoria da geração espontânea. Essa teoria começou a ser refutada pelos cientistas ainda no século XVII, a partir dos estudos de Redi e Pasteur, que mostraram experimentalmente que

A seres vivos podem ser criados em laboratório.

B a vida se originou no planeta a partir de microrganismos.

C o ser vivo é oriundo da reprodução de outro ser vivo preexistente.

86

D seres vermiformes e microrganismos são evolutivamente aparentados.

E vermes e microrganismos são gerados pela matéria existente nos cadáveres e nos caldos nutritivos, respectivamente.

2012.

5.3 Apesar da grande diversidade biológica, a hipótese de que a vida na Terra tenha tido uma única origem comum é aceita pela comunidade científica. Uma evidência que apoia essa hipótese é a observação de processos biológicos comuns a todos os seres vivos atualmente existentes.

Um exemplo de tal processo é o(a)

A desenvolvimento embrionário.

B reprodução sexuada.

C respiração aeróbica.

D excreção urinária.

E síntese proteica.

2016 (1ª aplicação).

FUNDAMENTOS DA EVOLUÇÃO BIOLÓGICA

5.4 Podemos esperar que, evoluindo de ancestrais que disputavam os mesmos recursos, as espécies tenham desenvolvido características que asseguram menor ou nenhuma competição com membros de outras espécies. Espécies em coexistência, com um potencial aparente para competir, exibirão diferenças em comportamento, fisiologia ou morfologia.

TOWNSEND, C. R.; BEGON, M.; HARPER, J. L. **Fundamentos em Ecologia**. Porto Alegre: Artmed, 2006 (adaptado).

Qual fenômeno evolutivo explica a manutenção das diferenças ecológicas e biológicas citadas?

A Mutação.

B Fluxo gênico.

C Seleção natural.

D Deriva genética.

E Equilíbrio de Hardy-Weinberg.

2018 (2ª aplicação).

5.5 Alguns anfíbios e répteis são adaptados à vida subterrânea. Nessa situação, apresentam algumas características corporais como, por exemplo, ausência de patas, corpo anelado que facilita o deslocamento no subsolo e, em alguns casos, ausência de olhos.

Suponha que um biólogo tentasse explicar a origem das adaptações mencionadas no texto utilizando conceitos da teoria evolutiva de Lamarck. Ao adotar esse ponto de vista, ele diria que

A as características citadas no texto foram originadas pela seleção natural.

B a ausência de olhos teria sido causada pela falta de uso dos mesmos, segundo a lei do uso e desuso.

C o corpo anelado é uma característica fortemente adaptativa, mas transmitida apenas à primeira geração de descendentes.

D as patas teriam sido perdidas pela falta de uso e, em seguida, essa característica foi incorporada ao patrimônio genético e então transmitidas aos descendentes.

E as características citadas no texto foram adquiridas por meio de mutações e depois, ao longo do tempo, foram selecionadas por serem mais adaptadas ao ambiente em que os organismos se encontram.

2010.

5.6 Embora seja um conceito fundamental para a biologia, o termo "evolução" pode adquirir significados diferentes no senso comum. A ideia de que a espécie humana é o ápice do processo evolutivo é amplamente difundida, mas não é compartilhada por muitos cientistas. Para esses cientistas, a compreensão do processo citado baseia-se na ideia de que os seres vivos, ao longo do tempo, passam por

A modificação de características

B incremento no tamanho corporal.

C complexificação de seus sistemas

D melhoria de processos e estruturas.

E especialização para uma determinada finalidade

2014.

5.7 A principal explicação para a grande variedade de espécies na Amazônia é a teoria do refúgio. Nos últimos 100 000 anos, o planeta sofreu vários períodos de glaciação, em que as florestas enfrentaram fases de seca. Dessa forma, as matas expandiram-se e depois reduziram-se. Nos períodos de seca prolongados, cada núcleo de floresta ficava isolado do outro. Então, os grupos de animais dessas áreas isoladas passaram por processos de diferenciação genética, muitas vezes se transformando em espécies ou subespécies diferentes das originais e das que ficaram em outros refúgios.

Disponível em: http://ambientes.ambientebrasil.com.br. Acesso em: 22 abr. 2015.

O principal processo evolutivo relacionado ao texto é a

A anagênese.

B coevolução.

C evolução alopátrica.

D evolução simpátrica.

E convergência adaptativa.

2019 (2ª aplicação).

5.8 "Os progressos da medicina condicionaram a sobrevivência de número cada vez maior de indivíduos com constituições genéticas que só permitem o bem-estar quando seus efeitos são devidamente controlados através de drogas ou procedimentos terapêuticos. São exemplos os diabéticos e os hemofílicos, que só sobrevivem e levam vida relativamente normal ao receberem suplementação de insulina ou do fator VIII da coagulação sanguínea".

SALZANO, M. Francisco. **Ciência Hoje**: SBPC: 21(125), 1996.

Essas afirmações apontam para aspectos importantes que podem ser relacionados à evolução humana. Pode-se afirmar que, nos termos do texto,

A os avanços da medicina minimizam os efeitos da seleção natural sobre as populações.

B os usos da insulina e do fator VIII da coagulação sanguínea funcionam como agentes modificadores do genoma humano.

C as drogas medicamentosas impedem a transferência do material genético defeituoso ao longo das gerações.

D os procedimentos terapêuticos normalizam o genótipo dos hemofílicos e diabéticos.

E as intervenções realizadas pela medicina interrompem a evolução biológica do ser humano.

2001.

5.9 Os ratos *Peromyscus polionotus* encontram-se distribuídos em ampla região na América do Norte. A pelagem de ratos dessa espécie varia do marrom claro até o escuro, sendo que os ratos de uma mesma população têm coloração muito semelhante. Em geral, a coloração da pelagem também é muito parecida à cor do solo da região em que se encontram, que também apresenta a mesma variação de cor, distribuída ao longo de um gradiente sul-norte. Na figura, encontram-se representadas sete diferentes populações de *P. polionotus*. Cada população é representada pela pelagem do rato, por uma amostra de solo e por sua posição geográfica no mapa.

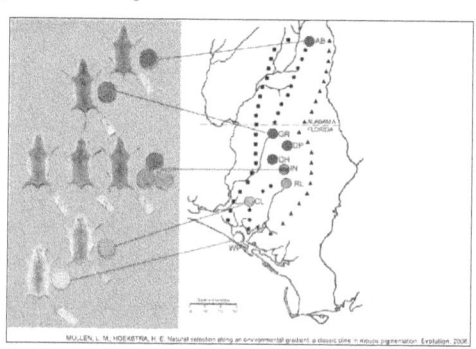

O mecanismo evolutivo envolvido na associação entre cores de pelagem e de substrato é

A a alimentação, pois pigmentos de terra são absorvidos e alteram a cor da pelagem dos roedores.

B o fluxo gênico entre as diferentes populações, que mantém constante a grande diversidade interpopulacional

C a seleção natural, que, nesse caso, poderia ser entendida como a sobrevivência diferenciada de indivíduos com características distintas.

D a mutação genética, que, em certos ambientes, como os de solo mais escuro, têm maior ocorrência e capacidade de alterar significativamente a cor da pelagem dos animais.

E a herança de caracteres adquiridos, capacidade de organismos se adaptarem a diferentes ambientes e transmitirem suas características genéticas aos descendentes.

2009.

5.10 Meses depois de deixar o convés do Beagle, Darwin estabeleceu-se em Londres, o coração da Inglaterra. Ansioso para se juntar aos "verdadeiros naturalistas", Darwin mergulhou no trabalho de redigir a sua pesquisa, realizada durante a viagem no Beagle. Enquanto isso, uma grande ideia estava tomando forma em sua mente. Será que suas reflexões iniciais a bordo do navio estavam certas? Era possível que novas espécies pudessem surgir de velhas espécies? Se fosse possível, como isso poderia ter acontecido?

Fragmento extraído do Material Educativo da Exposição. **Darwin – Descubra o Homem e a Teoria Revolucionária que Mudou o Mundo**. Instituto Sangari, s/d.

Vários anos após o término de sua viagem ao redor do mundo a bordo do Beagle, Charles Darwin publicou sua revolucionária teoria da evolução das espécies por meio da seleção natural. Graças às reflexões do cientista durante a viagem mencionada no texto, hoje se sabe que

A as mutações são o único fator responsável pela variabilidade genética nos seres vivos.

B a seleção natural é o único mecanismo conhecido responsável pelas mudanças evolutivas nos seres vivos.

C os indivíduos de uma população natural são todos iguais entre si, apresentando forma e comportamento imutáveis.

D o uso frequente de determinado órgão ou parte do corpo conduz à sua hipertrofia, característica mantida na prole.

E algumas características podem contribuir para a sobrevivência e reprodução de certos indivíduos em determinado ambiente.

2009 (2ª aplicação).

5.11 A reprodução é uma característica atribuída a todos os seres vivos, unicelulares ou pluricelulares, de qualquer espécie.

Em condições naturais, a importância dessa característica reside no fato de permitir o(a)

A transferência de características básicas entre indivíduos de espécies diferentes.

B duplicação da quantidade de DNA nas células da espécie ao longo das gerações.

C cruzamento entre indivíduos de espécies diferentes, gerando descendentes férteis.

D aumento da quantidade de células dos seres vivos, para que se tornem pluricelulares.

E perpetuação da espécie e conservação de suas características ao longo das gerações.

2014 (3ª aplicação).

5.12 Os anfíbios são animais que apresentam dependência de um ambiente úmido ou aquático. Nos anfíbios, a pele é de fundamental importância para a maioria das atividades vitais, apresenta glândulas de muco para conservar-se úmida, favorecendo as trocas gasosas e, também, pode apresentar glândulas de veneno contra microrganismos e predadores.

Segundo a Teoria Evolutiva de Darwin, essas características dos anfíbios representam a

A lei do uso e desuso.

B atrofia do pulmão devido ao uso contínuo da pele.

C transmissão de caracteres adquiridos aos descendentes.

D futura extinção desses organismos, pois estão mal adaptados.

E seleção de adaptações em função do meio ambiente em que vivem.

2009 (prova anulada).

5.13 Experimentos realizados no século XX demonstraram que hormônios femininos e mediadores químicos atuam no comportamento materno de determinados animais, como cachorros, gatos e ratos, reduzindo o medo e a ansiedade, o que proporciona maior habilidade de orientação espacial. Por essa razão, as fêmeas desses animais abandonam a prole momentaneamente, a fim de encontrar alimentos, o que ocorre com facilidade e rapidez. Ainda, são capazes de encontrar rapidamente o caminho de volta para proteger os filhotes.

VARELLA, D. **Borboletas da alma**: escritos sobre ciência e saúde. Companhia das Letras, 2006 (adaptado).

Considerando a situação descrita sob o ponto de vista da hereditariedade e da evolução biológica, o comportamento materno decorrente da ação das substâncias citadas é

A transmitido de geração a geração, sendo que indivíduos portadores dessas características terão mais chance de sobreviver e deixar descendentes com as mesmas características.

B transmitido em intervalos de gerações, alternando descendentes machos e fêmeas, ou seja, em uma geração recebem a característica apenas os machos e, na outra geração, apenas as fêmeas.

C determinado pela ação direta do ambiente sobre a fêmea quando ela está no período gestacional, portanto todos os descendentes receberão as características.

D determinado pelas fêmeas, na medida em que elas transmitem o material genético necessário à produção de hormônios e dos mediadores químicos para sua prole de fêmeas, durante o período gestacional.

E determinado após a fecundação, pois os espermatozoides dos machos transmitem as características para a prole e, ao nascerem, os indivíduos são selecionados pela ação do ambiente.

2010 (2ª aplicação).

5.14 Charles R. Darwin (1809-1882) apresentou em 1859, no livro *A origem das espécies*, suas ideias a respeito dos mecanismos de evolução pelo processo da seleção natural. Ao elaborar a Teoria da Evolução, Darwin não conseguiu obter algumas respostas aos seus questionamentos.

O que esse autor não conseguiu demonstrar em sua teoria?

A A sobrevivência dos mais aptos.

B A origem das variações entre os indivíduos.

C O crescimento exponencial das populações.

D A herança das características dos pais pelos filhos.

E A existência de características diversas nos seres da mesma espécie.

2012 (2ª aplicação).

5.15 As cobras estão entre os animais peçonhentos que mais causam acidentes no Brasil, principalmente na área rural. As cascavéis (*Crotalus*), apesar de extremamente venenosas, são cobras que, em relação a outras espécies, causam poucos acidentes a humanos. Isso se deve ao ruído de seu "chocalho", que faz com que suas vítimas percebam sua presença e as evitem. Esses animais só atacam os seres humanos para sua defesa e se alimentam de pequenos roedores e aves. Apesar disso, elas têm sido caçadas continuamente, por serem facilmente detectadas.

Ultimamente os cientistas observaram que essas cobras têm ficado mais silenciosas, o que passa a ser um problema, pois, se as pessoas não as percebem, aumentam os riscos de acidentes.

A explicação darwinista para o fato de a cascavel estar ficando mais silenciosa é que

A a necessidade de não ser descoberta e morta mudou seu comportamento.

B as alterações no seu código genético surgiram para aperfeiçoá-la.

C as mutações sucessivas foram acontecendo para que ela pudesse adaptar-se.

D as variedades mais silenciosas foram selecionadas positivamente.

E as variedades sofreram mutações para se adaptarem à presença de seres humanos.

5.16 Recentemente, foi descoberta uma nova espécie de inseto flebotomídeo, batizado de *Lutzomya maruaga*. O novo inseto possui apenas fêmeas que se reproduzem a partir da produção de ovos sem a intervenção de machos, em um processo conhecido como partenogênese. A espécie está restrita a uma caverna na região amazônica, não sendo encontrada em outros lugares. O inseto não se alimenta de sangue nem transmite doenças, como o fazem outros mosquitos de seu mesmo gênero. Os adultos não se alimentam e as larvas parecem se alimentar apenas de fezes de morcego (guano) existente no fundo da caverna. Essa dieta larval acumularia reservas a serem usadas na fase adulta.

Ciência Hoje, Rio de Janeiro, v. 42, n° 252, set. 2008 (adaptado).

Em relação a essa descoberta, vê-se que a nova espécie de flebotomídeo

A deve apresentar maior variabilidade genética que seus congêneres.

B deve ter uma fase adulta longa se comparado com seus congêneres.

C é mais vulnerável a desequilíbrios em seu ambiente que seus congêneres.

D está livre de hábitos hematófagos e de transmissão de doenças devido à ausência de machos.

E tem grandes chances de se dispersar para outros ambientes, tornando-se potencialmente invasora.

2009 (prova anulada).

5.17 Darwin, em viagem às Ilhas Galápagos, observou que os tentilhões apresentavam bicos com formatos diferentes em cada ilha, de acordo com o tipo de alimentação disponível. Lamarck, ao explicar que o pescoço da girafa teria esticado para colher folhas e frutos no alto das árvores, elaborou ideias importantes sobre a evolução dos seres vivos.

O texto aponta que uma ideia comum às teorias da evolução, propostas por Darwin e por Lamarck, refere-se à interação entre os organismos e seus ambientes, que é denominada de

A mutação.

B adaptação.

C seleção natural.

D recombinação gênica.

E variabilidade genética.

2016 (2ª aplicação).

5.18 O mimetismo é uma característica adaptativa que pode influenciar positivamente nas chances de sobrevivência. Nessa condição, uma espécie apresenta uma característica de outra espécie que é não comestível e/ou não palatável.

Como exemplo de seres que se utilizam dessa estratégia de sobrevivência, há

A o inseto cuja forma e coloração assemelham-se a folhas de árvores em estado de decomposição.

B a raposa-do-ártico, que apresenta pelagens diferentes para a estação do inverno e estação do verão.

C o cavalo-marinho, que apresenta projeções no corpo que lembram as algas entre as quais eles vivem.

D a falsa-coral, que apresenta a coloração similar à da coral-verdadeira apesar de ser pouco peçonhenta.

E o camaleão, que muda a sua coloração assumindo as cores predominantes do local onde se encontra.

2014 (3ª aplicação).

5.19 O processo de formação de novas espécies é lento e repleto de nuances e estágios intermediários, havendo uma diminuição da viabilidade entre cruzamentos. Assim, plantas originalmente de uma mesma espécie que não cruzam mais entre si podem ser consideradas como uma espécie se diferenciando. Um pesquisador realizou cruzamentos entre nove populações – denominadas de acordo com a localização onde são encontradas – de uma espécie de orquídea (*Epidendrum denticulatum*). No diagrama estão os resultados dos cruzamentos entre as populações. Considere que o doador fornece o pólen para o receptor.

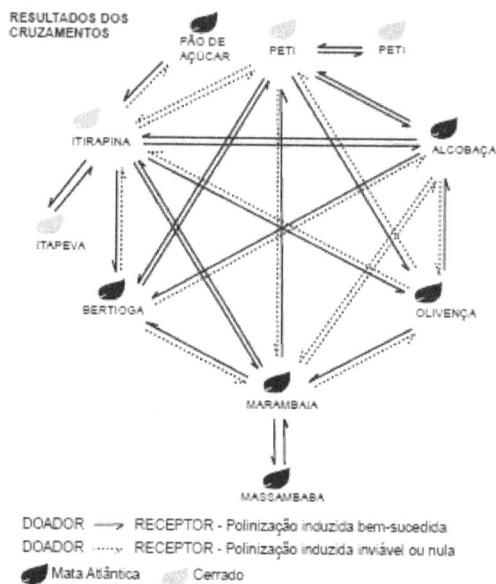

RESULTADOS DOS CRUZAMENTOS

DOADOR → RECEPTOR - Polinização induzida bem-sucedida
DOADOR ····› RECEPTOR - Polinização induzida inviável ou nula
▸ Mata Atlântica   ▸ Cerrado

FIORAVANTI, C. Os primeiros passos de novas espécies: plantas e animais se diferenciam por maio de mecanismos surpreendentes. **Pesquisa FAPESP**, out. 2013 (adaptado).

Em populações de quais localidades se observa um processo de especiação evidente?

A Bertioga e Marambaia; Alcobaça e Olivença.

B Itirapina e Itapeva; Marambaia e Massambaba.

C Itirapina e Marambaia; Alcobaça e Itirapina.

D Itirapina e Marambaia; Alcobaça e Marambaia.

E Itirapina e Olivença; Marambaia e Peti.

2018.

5.20 Algumas raças de cães domésticos não conseguem copular entre si devido à grande diferença em seus tamanhos corporais. Ainda assim, tal dificuldade reprodutiva não ocasiona a formação de novas espécies (especiação). Essa especiação não ocorre devido ao(à):

A oscilação genética das raças.

B convergência adaptativa das raças.

C isolamento geográfico entre as raças.

D seleção natural que ocorre entre as raças.

E manutenção do fluxo gênico entre as raças.

5.21 Lobos da espécie *Canis lycaon*, do leste dos Estados Unidos, estão intercruzando com coiotes (*Canis latrans*). Além disso, indivíduos presentes na borda oeste da área de distribuição de *C. lycaon* estão se acasalando também com lobos cinzentos (*Canis lupus*). Todos esses cruzamentos têm gerado descendentes férteis.

Scientific American Brasil, Rio de Janeiro, ano II, 2011 (adaptado).

Os animais descritos foram classificados como espécies distintas no século XVIII. No entanto, aplicando-se o conceito biológico de espécie, proposto por Ernst Mayr em 1942, e ainda muito usado hoje em dia, esse fato não se confirma, porque

A esses animais são morfologicamente muito semelhantes.

B o fluxo gênico entre as três populações é mantido.

C apresentam nichos ecológicos muito parecidos.

D todos têm o mesmo ancestral comum.

E pertencem ao mesmo gênero.

2013 (2ª aplicação).

5.22 As mudanças evolutivas dos organismos resultam de alguns processos comuns à maioria dos seres vivos. É um processo evolutivo comum a plantas e animais vertebrados:

A movimento de indivíduos ou de material genético entre populações, o que reduz a diversidade de genes e cromossomos.

B sobrevivência de indivíduos portadores de determinadas características genéticas em ambientes específicos.

C aparecimento, por geração espontânea, de novos indivíduos adaptados ao ambiente.

D aquisição de características genéticas transmitidas aos descendentes em resposta a mudanças ambientais.

E recombinação de genes presentes em cromossomos do mesmo tipo durante a fase da esporulação.

2007.

5.23

BANZÉ NA ARCA DE NOÉ   De Sá

Revista Mad. Nº 66.1980

O ser humano é responsável pela seleção de características, por exemplo, tipo e cor da pelagem dos animais domésticos, muitas das quais não eram observadas nos indivíduos selvagens das espécies. Cientistas das universidades de Uppsala (Suécia) e Durham (Reino Unido) explicam que o homem selecionou de forma ativa e proposital os animais domésticos com pelagens curiosas.

Disponível em: http://www1.folha.uol.com.br. Acesso em: 7 abr. 2010 (adaptado).

A partir de suportes diferentes, os quadrinhos e o texto apresentado abordam o mesmo tema, que se refere à seleção

A natural.

B direcional.

C artificial.

D estabilizadora.

E cromatográfica.

2011 (2ª aplicação)

5.24 Não é de hoje que o homem cria, artificialmente, variedades de peixes por meio da hibridação. Esta é uma técnica muito usada pelos cientistas e pelos piscicultores porque os híbridos resultantes, em geral, apresentam maior valor comercial do que a média de ambas as espécies parentais, além de reduzir a sobrepesca no ambiente natural.

Terra da Gente, ano 4, n. 47, mar. 2008 (adaptado).

Sem controle, esses animais podem invadir rios e lagos naturais, se reproduzir e

A originar uma nova espécie poliploide.

B substituir geneticamente a espécie natural.

C ocupar o primeiro nível trófico no hábitat aquático.

D impedir a interação biológica entre as espécies parentais.

E produzir descendentes com o código genético modificado.

2012.

5.25 Quando adquirimos frutas no comércio, observamos com mais frequência frutas sem ou com poucas sementes. Essas frutas têm grande apelo comercial e são preferidas por uma parcela cada vez maior da população. Em plantas que normalmente são diploides, isto é, apresentam dois cromossomos de cada par, uma das maneiras de produzir frutas sem sementes é gerar plantas com uma ploidia diferente de dois, geralmente triploide. Uma das técnicas de produção dessas plantas triploides é a geração de uma planta tetraploide (com 4 conjuntos de cromossomos), que produz gametas diploides e promove a reprodução dessa planta com uma planta diploide normal.

A planta triploide oriunda desse cruzamento apresentará uma grande dificuldade de gerar gametas viáveis, pois como a segregação dos cromossomos homólogos na meiose I é aleatória e independente, espera-se que

A os gametas gerados sejam diploides.

B as cromátides irmãs sejam separadas ao final desse evento.

C o número de cromossomos encontrados no gameta seja 23.

D um cromossomo de cada par seja direcionado para uma célula-filha.

E um gameta raramente terá o número correto de cromossomos da espécie.

2009 (Prova anulada).

5.26 A maior parte dos mamíferos – especialmente os grandes – não pode viver sem água doce. Para os mamíferos marinhos, água doce é ainda mais difícil de ser obtida. Focas e leões-marinhos captam água dos peixes que consomem e alguns comem neve para obtê-la. Os peixes-boi procuram regularmente água doce nos rios. As baleias e outros cetáceos obtêm água de seu alimento e de goladas de água do mar. Para tanto, os cetáceos desenvolveram um sistema capaz de lidar com o excesso de sal associado à ingestão de água marinha.

WONG, K. Os mamíferos que conquistaram os oceanos. In: Scientific American Brasil.
Edição Especial N° 5: Dinossauros e Outros Monstros (adaptado).

A grande quantidade de sal na água do mar

A torna impossível a vida de animais vertebrados nos oceanos.

B faz com que a diversidade biológica no ambiente marinho seja muito reduzida.

C faz com que apenas os mamíferos adaptados à ingestão direta de água salgada possam viver nos oceanos.

D faz com que seja inapropriado seu consumo direto como fonte de água doce por mamíferos marinhos, por exemplo, as baleias.

E exige de mamíferos que habitam o ambiente marinho adaptações fisiológicas, morfológicas ou comportamentais que lhes permitam obter água doce.

2009 (prova anulada).

ORIGEM DE NOVAS ESPÉCIES E DOS GRANDES GRUPOS DE SERES VIVOS

5.27 Para o registro de processos naturais e sociais devem ser utilizadas diferentes escalas de tempo. Por exemplo, para a datação do sistema solar é necessária uma escala de bilhões de anos, enquanto, para a história do Brasil, basta uma escala de centenas de anos.

Assim, para os estudos relativos ao surgimento da vida no Planeta e para os estudos relativos ao surgimento da escrita, seria adequado utilizar, respectivamente, escalas de

	Vida no Planeta	Escrita
A	Milhares de anos	Centenas de anos
B	Milhões de anos	Centenas de anos
C	Milhões de anos	Milhares de anos
D	Bilhões de anos	Milhões de anos
E	Bilhões de anos	Milhares de anos

2003.

5.28 Os cientistas conseguem determinar a idade de um fóssil com menos de 40.000 anos de idade utilizando o método do carbono-14 (14C) ou carbono radioativo. Isso é feito a partir da relação existente entre a quantidade de 14C restante no fóssil e a quantidade de 14C em uma espécie semelhante atual. Apesar de sofrer decaimento radioativo, a quantidade de carbono-14 na atmosfera, em particular em moléculas de CO_2, é praticamente constante devido à incidência dos raios cósmicos, que atingem a Terra a todo instante. Assim, por fazerem parte do ciclo do carbono, animais e vegetais mantêm uma quantidade praticamente constante de carbono-14 em sua constituição enquanto estão vivos. Porém, quando morrem, cessa a entrada de carbono no organismo e esse número vai diminuindo à medida que o carbono-14 vai decaindo radioativamente. A meia-vida do carbono-14, isto é, o tempo necessário para que metade dos átomos radioativos de uma amostra decaia, é constante e de aproximadamente 5.730 anos.

Disponível em: http://noticias.terra.com.br/ciencia/interna/0,,OI109680-EI1426,00.html.

Acesso em: 15 mar. 2009 (adaptado).

De acordo com o texto, para se descobrir a idade de um fóssil que não poderia ter mais de 40.000 anos, é relevante determinar

A a meia-vida do carbono-14.

B se o fóssil é animal ou vegetal.

C se o fóssil tem mais de 5.730 anos.

D a quantidade de carbono-14 presente no fóssil.

E a relação entre as quantidades de carbono-14 em uma parte do fóssil e no fóssil todo.

2009 (2ª aplicação).

5.29 Pesquisadores recuperaram DNA de ossos de mamute (*Mammuthus primigenius*) encontrados na Sibéria, que tiveram sua idade de cerca de 28 mil anos confirmada pela técnica do carbono-14.

FAPESP. DNA de mamute é revelado. Disponível em: http://agencia.fapesp.br. Acesso em:

13 ago. 2012 (adaptado).

A técnica de datação apresentada no texto só é possível devido à

A proporção conhecida entre carbono-14 e carbono-12 na atmosfera ao longo dos anos.

B decomposição de todo o carbono-12 presente no organismo após a morte.

C fixação maior do carbono-14 nos tecidos de organismos após a morte.

D emissão de carbono-12 pelos tecidos de organismos após a morte.

E transformação do carbono-12 em carbono-14 ao longo dos anos.

2016 (1ª aplicação).

5.30 Fenômenos biológicos podem ocorrer em diferentes escalas de tempo. Assinale a opção que ordena exemplos de fenômenos biológicos, do mais lento para o mais rápido.

A germinação de uma semente, crescimento de uma árvore, fossilização de uma samambaia.

B fossilização de uma samambaia, crescimento de uma árvore, germinação de uma semente.

C crescimento de uma árvore, germinação de uma semente, fossilização de uma samambaia.

D fossilização de uma samambaia, germinação de uma semente, crescimento de uma árvore.

E germinação de uma semente, fossilização de uma samambaia, crescimento de uma árvore.

2007.

5.31 Se compararmos a idade do planeta Terra, avaliada em quatro e meio bilhões de anos ($4,5 \times 10^9$ anos), com a de uma pessoa de 45 anos, então, quando começaram a florescer os primeiros vegetais, a Terra já teria 42 anos. Ela só conviveu com o homem moderno nas últimas quatro horas e, há cerca de uma hora, viu-o começar a plantar e a colher. Há menos de um minuto percebeu o ruído de máquinas e de indústrias e, como denuncia uma ONG de defesa do meio ambiente, foi nesses últimos sessenta segundos que se produziu todo o lixo do planeta!

O texto acima, ao estabelecer um paralelo entre a idade da Terra e a de uma pessoa, pretende mostrar que

A a agricultura surgiu logo em seguida aos vegetais, perturbando desde então seu desenvolvimento.

B o ser humano só se tornou moderno ao dominar a agricultura e a indústria, em suma, ao poluir.

C desde o surgimento da Terra, são devidas ao ser humano todas as transformações e perturbações.

D o surgimento do ser humano e da poluição é cerca de dez vezes mais recente que o do nosso planeta.

E a industrialização tem sido um processo vertiginoso, sem precedentes em termos de dano ambiental.

1999.

5.32 Se compararmos a idade do planeta Terra, avaliada em quatro e meio bilhões de anos ($4,5 \times 10^9$ anos), com a de uma pessoa de 45 anos, então, quando começaram a florescer os primeiros vegetais, a Terra já teria 42 anos. Ela só conviveu com o homem moderno nas últimas quatro horas e, há cerca de uma hora, viu-o começar a plantar e a colher. Há menos de um minuto percebeu o ruído de máquinas e de indústrias e, como denuncia uma ONG de defesa do meio ambiente, foi nesses últimos sessenta segundos que se produziu todo o lixo do planeta!

O texto permite concluir que a agricultura começou a ser praticada há cerca de

A 365 anos.

B 460 anos.

C 900 anos.

D 10 000 anos.

E 460 000 anos.

1999.

5.33 Se compararmos a idade do planeta Terra, avaliada em quatro e meio bilhões de anos ($4,5 \times 10^9$ anos), com a de uma pessoa de 45 anos, então, quando começaram a florescer os primeiros vegetais, a Terra já teria 42 anos. Ela só conviveu com o homem moderno nas últimas quatro horas e, há cerca de uma hora, viu-o começar a plantar e a colher. Há menos de um minuto percebeu o ruído de máquinas e de indústrias e, como denuncia uma ONG de defesa do meio ambiente, foi nesses últimos sessenta segundos que se produziu todo o lixo do planeta!

Na teoria do Big Bang, o Universo surgiu há cerca de 15 bilhões de anos, a partir da explosão e expansão de uma densíssima gota. De acordo com a escala proposta no texto, essa teoria situaria o início do Universo há cerca de

A 100 anos.

B 150 anos.

C 1 000 anos.

D 1 500 anos.

E 2 000 anos.

1999.

5.34 Para responder à questão seguinte, analise o quadro a seguir, que esquematiza a história da Terra.

ERA	PERÍODO	MILHÕES DE ANOS	EVOLUÇÃO BIOLÓGICA	PALEOGEOGRAFIA
CENOZÓICA	QUATERNÁRIO	0.01	Faunas e floras atuais Primeiras manifestações de arte Sepulturas mais antigas Extinção dos mastodontes e dinotérios	
		1.8	Aparecimento dos bois, cavalos e veados	
	NEOGÉNICO	5.3	Primeiros utensílios de pedra	Elevação dos Himalaias Ligação das duas Américas Fecho e dessecação do Mediterrâneo
		23.8	Aparecimento dos hominídeos	
		34.6		
	PALEOGÉNICO	56	Primeiros roedores	Elevação dos Pirineus Conclusão da abertura do Atlântico Norte Constituição do continente Norte-Atlântico
		65	Primeiros primatas	
MESOZÓICA	CRETÁCEO		Últimos dinossauros Primeiras angiospermas	Abertura do Atlântico Sul
	JURÁSSICO	145		
	TRIÁSSICO	208	Primeiras aves Primeiros dinossauros	Início da fragmentação da Pangéia Constituição da Pangéia
PALEOZÓICA	PERMIANO	245		
		290		
	CARBONÍFERO		Aparecimento dos répteis	
	DEVONIANO	363	Aparecimento dos anfíbios Primeiras gimnospermas	
	SILURIANO	409	Primeiras plantas e primeiros animais terrestres Primeiros peixes	
	ORDOVICIANO	439		Fecho do oceano Lapetus
	CAMBRIANO	510		Abertura dos oceanos Lapetus e Rheio
		544		Constituição da Avelónia
	PRÉ-CAMBRIANO	1.000	Reprodução sexuada	Constituição do continente Rodinia
		1.400	Primeiros depósitos de carvão (algas)	
		1.800	Oxigénio livre na atmosfera	
		2.000	Aparecimento de organismos eucariontes	
		3.100	Primeiros microrganismos procariontes	
		3.500	Primeiros vestígios de vida	
		4.600	Formação da Terra	

Entre as opções a seguir, assinale a que melhor representa a história da Terra em uma escala de 0 a 100, com comprimentos iguais para intervalos de tempo de mesma duração.

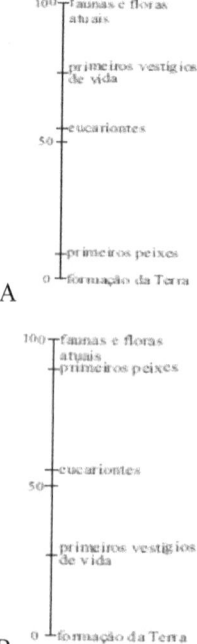

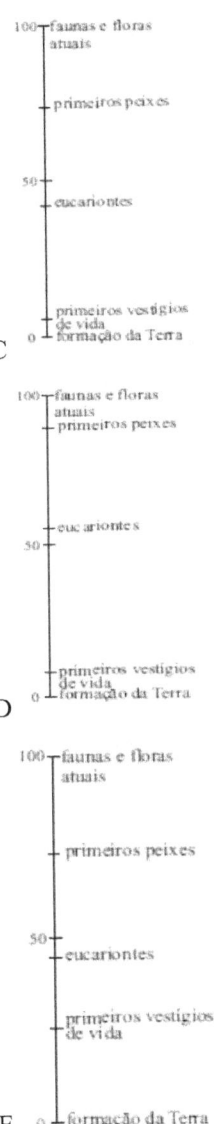

C

D

E

2006.

5.35 Pesquisas recentes estimam o seguinte perfil da concentração de oxigênio (O2) atmosférico ao longo da história evolutiva da Terra: No período Carbonífero entre aproximadamente 350 e 300 milhões de anos, houve uma ampla ocorrência de animais gigantes, como, por exemplo, insetos voadores de 45 centímetros e anfíbios de até 2 metros de comprimento. No entanto, grande parte da vida na Terra foi extinta há cerca de 250 milhões de anos, durante o período Permiano. Sabendo-se que o O2 é um gás extremamente importante para os processos de obtenção de energia em sistemas biológicos, conclui-se que

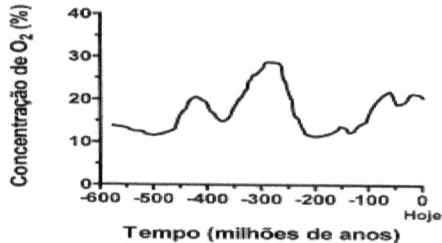

A a concentração de nitrogênio atmosférico se manteve constante nos últimos 400 milhões de anos, possibilitando o surgimento de animais gigantes.

B a produção de energia dos organismos fotossintéticos causou a extinção em massa no período Permiano por aumentar a concentração de oxigênio atmosférico.

C o surgimento de animais gigantes pode ser explicado pelo aumento de concentração de oxigênio atmosférico, o que possibilitou uma maior absorção de oxigênio por esses animais.

D o aumento da concentração de gás carbônico (CO_2) atmosférico no período Carbonífero causou mutações que permitiram o aparecimento de animais gigantes.

E a redução da concentração de oxigênio atmosférico no período Permiano permitiu um aumento da biodiversidade terrestre por meio da indução de processos de obtenção de energia.

2005.

5.36 O gráfico abaixo representa a evolução da quantidade de oxigênio na atmosfera no curso dos tempos geológicos. O número 100 sugere a quantidade atual de oxigênio na atmosfera, e os demais valores indicam diferentes porcentagens dessa quantidade.

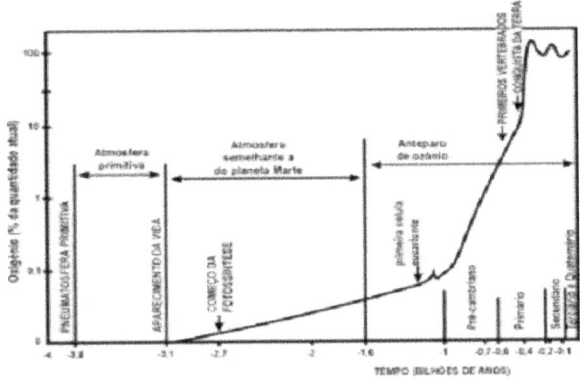

De acordo com o gráfico é correto afirmar que:

A as primeiras formas de vida surgiram na ausência de O^2.

B a atmosfera primitiva apresentava 1% de teor de oxigênio.

C após o início da fotossíntese, o teor de oxigênio na atmosfera mantém- se estável.

D desde o Pré-cambriano, a atmosfera mantém os mesmos níveis de teor de oxigênio.

E na escala evolutiva da vida, quando surgiram os anfíbios, o teor de oxigênio atmosférico já se havia estabilizado.

2000.

5.37 As áreas numeradas no gráfico mostram a composição em volume, aproximada, dos gases na atmosfera terrestre, desde a sua formação até os dias atuais.

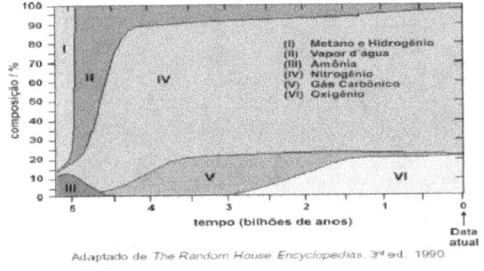

Considerando apenas a composição atmosférica, isolando outros fatores, pode-se afirmar que:

I. não podem ser detectados fósseis de seres aeróbicos anteriores a 2,9 bilhões de anos.

II. as grandes florestas poderiam ter existido há aproximadamente 3,5 bilhões de anos.

III. o ser humano poderia existir há aproximadamente 2,5 bilhões de anos.

É correto o que se afirma em

A I, apenas.

B II, apenas.

C I e II, apenas.

D II e III, apenas.

E I, II e III.

2002.

5.38 Na solução aquosa das substâncias orgânicas prebióticas (antes da vida), a catálise produziu a síntese de moléculas complexas de toda classe, inclusive proteínas e ácidos nucleicos. A natureza dos catalisadores primitivos que agiam antes não é conhecida. É quase certo que as argilas desempenharam papel importante: cadeias de aminoácidos podem ser produzidas no tubo de ensaio mediante a presença de certos tipos de argila. (…) Mas o avanço verdadeiramente criativo "que pode, na realidade, ter ocorrido apenas uma vez" ocorreu quando uma molécula de ácido nucleico "aprendeu" a orientar a reunião de uma proteína, que, por sua vez, ajudou a copiar o próprio ácido nucleico. Em outros termos, um ácido nucleico serviu como modelo para a reunião de uma enzima que poderia então auxiliar na produção de mais ácido nucleico. Com este desenvolvimento apareceu o primeiro mecanismo potente de realização. A vida tinha começado.

Adaptado de: LURIA, S.E. Vida: experiência inacabada. Belo Horizonte: Editora Itatiaia;

São Paulo: EDUSP, 1979.

Considere o esquema abaixo:

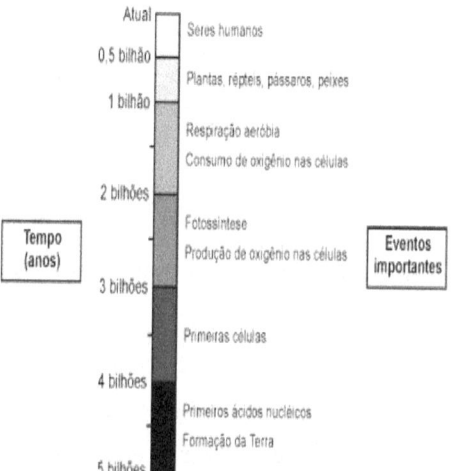

O "avanço verdadeiramente criativo" citado no texto deve ter ocorrido no período (em bilhões de anos) compreendido aproximadamente entre

A 5,0 e 4,5.

B 4,5 e 3,5.

C 3,5 e 2,0.

D 2,0 e 1,5.

E 1,0 e 0,5.

2002.

5.39 Uma expedição de paleontólogos descobre em um determinado extrato geológico marinho uma nova espécie de animal fossilizado. No mesmo extrato, foram encontrados artrópodes xifosuras e trilobitas, braquiópodos e peixes ostracodermos e placodermos. O esquema ao lado representa os períodos geológicos em que esses grupos viveram.

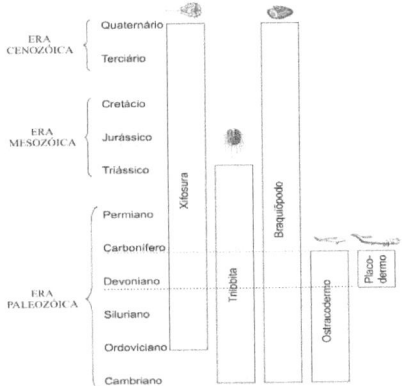

Observando esse esquema os paleontólogos concluíram que o período geológico em que haviam encontrado essa nova espécie era o Devoniano, tendo ela uma idade estimada entre 405 milhões e 345 milhões de anos. Destes cinco grupos de animais que estavam associados à nova espécie, aquele que foi determinante para a definição do período geológico em que ela foi encontrada é

A xifosura, grupo muito antigo, associado a outros animais.

B trilobita, grupo típico da era Paleozoica.

C braquiópodo, grupo de maior distribuição geológica.

D ostracodermo, grupo de peixes que só aparece até o Devoniano.

E placodermo, grupo que só existiu no Devoniano.

2005.

5.40 Considerando o esquema abaixo, assinale a opção correta.

A Quando os primeiros hominídeos apareceram na Terra, os répteis já existiam há mais de 500 milhões de anos.

B Quando a espécie *Homo sapiens* surgiu no planeta, América do Sul e África estavam fisicamente unidas.

C No Pré-cambriano, surgiram, em meio líquido, os primeiros vestígios de vida no planeta.

D A fragmentação da Pangeia ocasionou o desaparecimento dos dinossauros.

E A Era Mesozoica durou menos que a Cenozoica.

2006.

5.41 No período Permiano, cerca de 250 milhões de anos atrás (250 m.a.a.), os continentes formavam uma única massa de terra conhecida como Pangeia. O lento e contínuo movimento das placas tectônicas resultou na separação das placas, de maneira que já no início do Período Terciário (cerca de 60 m.a.a.), diversos continentes se encontravam separados uns dos outros. Uma das consequências dessa separação foi a formação de diferentes regiões biogeográficas, chamadas biomas. Devido ao isolamento reprodutivo, as espécies em cada bioma se diferenciaram por processos evolutivos distintos, novas espécies surgiram, outras se extinguiram, resultando na atual diversidade biológica do nosso planeta. A figura ilustra a deriva dos continentes e as suas posições durante um período de 250 milhões de anos.

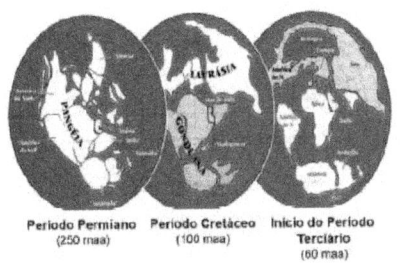

Período Permiano   Período Cretáceo   Início do Período
(250 maa)   (100 maa)   Terciário
                                       (60 maa)

RICKLEFS, R. E. A econonia da natureza. Rio de Janeiro, Guanabara Koogan, 2003. (adaptado).

De acordo com o texto, a atual diversidade biológica do planeta é resultado

A da similaridade biológica dos biomas de diferentes continentes.

B do cruzamento entre espécies de continentes que foram separados.

C do isolamento reprodutivo das espécies resultante da separação dos continentes.

D da interação entre indivíduos de uma mesma espécie antes da separação dos continentes.

E da taxa de extinções ter sido maior que a de especiações nos últimos 250 milhões de anos.

2009 (prova anulada).

5.42 No mapa, é apresentada a distribuição geográfica de aves de grande porte e que não voam.

Há evidências mostrando que essas aves, que podem ser originárias de um mesmo ancestral, sejam, portanto, parentes. Considerando que, de fato, tal parentesco ocorra, uma explicação possível para a separação geográfica dessas aves, como mostrada no mapa, poderia ser:

A a grande atividade vulcânica, ocorrida há milhões de anos, eliminou essas aves do Hemisfério Norte.

B na origem da vida, essas aves eram capazes de voar, o que permitiu que atravessassem as águas oceânicas, ocupando vários continentes.

C o ser humano, em seus deslocamentos, transportou essas aves, assim que elas surgiram na Terra, distribuindo-as pelos diferentes continentes.

D o afastamento das massas continentais, formadas pela ruptura de um continente único, dispersou essas aves que habitavam ambientes adjacentes.

E a existência de períodos glaciais muito rigorosos, no Hemisfério Norte, provocou um gradativo deslocamento dessas aves para o Sul, mais quente.

2000.

5.43 As mudanças climáticas e da vegetação ocorridas nos trópicos da América do Sul têm sido bem documentadas por diversos autores, existindo um grande acúmulo de evidências geológicas ou paleoclimatológicas que evidenciam essas mudanças ocorridas durante o Quaternário nessa região. Essas mudanças resultaram em restrição da distribuição das florestas pluviais, com expansões concomitantes de habitats não-florestais durante períodos áridos (glaciais), seguido da expansão das florestas pluviais e restrição das áreas não-florestais durante períodos úmidos (interglaciais).

Disponível em: http://zoo.bio.ufpr.br. Acesso em: 1 maio 2009.

Durante os períodos glaciais,

A as áreas não-florestais ficam restritas a refúgios ecológicos devido à baixa adaptabilidade de espécies não-florestais a ambientes áridos.

B grande parte da diversidade de espécies vegetais é reduzida, uma vez que necessitam de condições semelhantes à dos períodos interglaciais.

C a vegetação comum ao cerrado deve ter se limitado a uma pequena região do centro do Brasil, da qual se expandiu até atingir a atual distribuição.

D plantas com adaptações ao clima árido, como o desenvolvimento de estruturas que reduzem a perda de água, devem apresentar maior área de distribuição.

E florestas tropicais como a amazônica apresentam distribuição geográfica mais ampla, uma vez que são densas e diminuem a ação da radiação solar sobre o solo e reduzem os efeitos da aridez.

2009.

MÓDULO 6 - CLASSIFICAÇÃO BIOLÓGICA E DIVERSIDADE DOS SERES VIVOS

SISTEMÁTICA E CLASSIFICAÇÃO BIOLÓGICA

6.1 A classificação biológica proposta por Whittaker permite distinguir cinco grandes linhas evolutivas utilizando, como critérios de classificação, a organização celular e o modo de nutrição. Woese e seus colaboradores, com base na comparação das sequências que codificam o RNA ribossômico dos seres vivos, estabeleceram relações de ancestralidade entre os grupos e concluíram que os procariontes do reino Monera não eram um grupo coeso do ponto de vista evolutivo.

Whittaker (1969) Cinco reinos	Woese (1990) Três domínios
Monera	Archaea
	Eubacteria
Protista	Eukarya
Fungi	
Plantae	
Animalia	

A diferença básica nas classificações citadas é que a mais recente se baseia fundamentalmente em

A tipos de células.

B aspectos ecológicos.

C relações filogenéticas.

D propriedades fisiológicas.

E características morfológicas.

2017 (1ª aplicação).

6.2

Os Bichinhos e O Homem

Arca de Noé

Toquinho & Vinicius de Moraes

Nossa irmã, a mosca

É feia e tosca

Enquanto o mosquito

É mais bonito

Nosso irmão besouro

Que é feito de couro

Mal sabe voar

Nossa irmã, a barata

Bichinha mais chata

É prima da borboleta

Que é uma careta

Nosso irmão, o grilo

Que vive dando estrilo

Só pra chatear

MORAES, V. **A arca de Noé: poemas infantis**. São Paulo: Companhia das Letrinhas, 1991.

O poema acima sugere a existência de relações de afinidade entre os animais citados e nós, seres humanos. Respeitando a liberdade poética dos autores, a unidade taxonômica que expressa a afinidade existente entre nós e estes animais é

A o filo.

B o reino.

C a classe.

D a família.

E a espécie.

2011.

6.3 A classificação dos seres vivos permite a compreensão das relações evolutivas entre eles. O esquema representa a história evolutiva de um grupo.

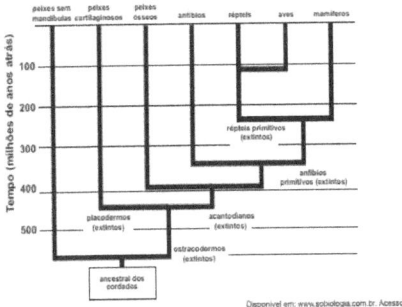

Disponível em: www.sobiologia.com.br. Acesso em: 22 jan. 2012 (adaptado).

Os animais representados nesse esquema pertencem ao filo dos cordados, porque

A possuem ancestrais que já foram extintos.

B surgiram há mais de 500 milhões de anos.

C evoluíram a partir de um ancestral comum.

D deram origem aos grupos de mamíferos atuais.

E vivem no ambiente aquático em alguma fase da vida.

2014 (2ª aplicação).

6.4 O cladograma representa, de forma simplificada, o processo evolutivo de diferentes grupos de vertebrados. Nesses organismos, o desenvolvimento de ovos protegidos por casca rígida (pergaminácea ou calcária) possibilitou a conquista do ambiente terrestre.

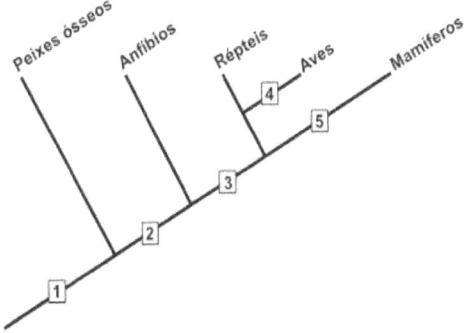

O surgimento da característica mencionada está representado, no cladograma, pelo número

A 1.

B 2.

C 3.

D 4.

E 5.

2015 (2ª aplicação).

115

6.5 O cladograma representa relações filogenéticas entre os vertebrados.

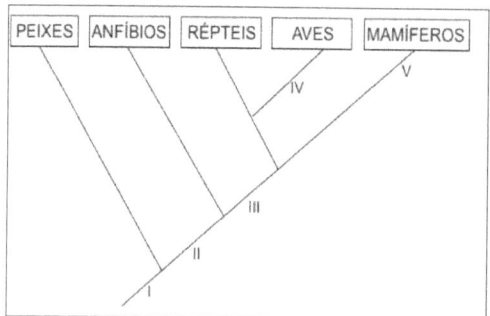

A correspondência correta entre as indicações numéricas no cladograma e a característica evolutiva é:

A I – endotermia.

B II – coluna vertebral.

C III – ovo amniótico.

D IV – respiração pulmonar.

E V – membros locomotores.

2016 (3ª aplicação).

6.6 Em 1861 foi anunciada a existência de um fóssil denominado *Arqueopterix*, que revolucionou o debate acerca da evolução dos animais. Tratava-se de um dinossauro que possuía penas em seu corpo. A partir dessa descoberta, a árvore filogenética dos animais acabou sofrendo transformações quanto ao ancestral direto das aves.

Nessa nova árvore filogenética, de qual grupo as aves se originaram?

A Peixes ósseos.

B Répteis.

C Mamíferos.

D Peixes cartilaginosos.

E Anfíbios.

2013 (2ª aplicação).

6.7 Foi proposto um novo modelo de evolução dos primatas elaborado por matemáticos e biólogos.

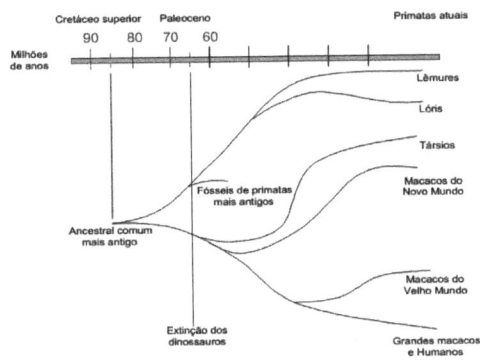

(Fonte: Raquel Aguiar. *Ciência Hoje on-line* 13/05/02.)

Nesse modelo o grupo de primatas pode ter tido origem quando os dinossauros ainda habitavam a Terra, e não há 65 milhões de anos, como é comumente aceito. Examinando esta árvore evolutiva podemos dizer que a divergência entre os macacos do Velho Mundo e o grupo dos grandes macacos e de humanos ocorreu há aproximadamente

A 10 milhões de anos.

B 40 milhões de anos.

C 55 milhões de anos.

D 65 milhões de anos.

E 85 milhões de anos.

2005.

6.8

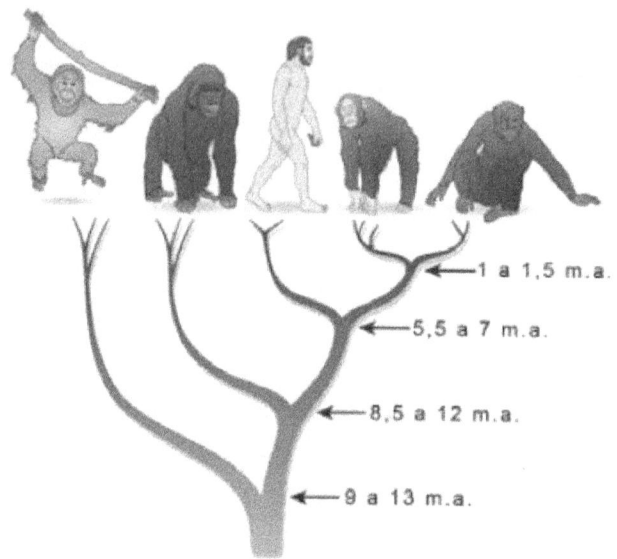

A árvore filogenética representa uma hipótese evolutiva para a família Hominidae, na qual a sigla "m.a." significa "milhões de anos atrás". As ilustrações representam, da esquerda para a direita, o orangotango, o gorila, o ser humano, o chimpanzé e o bonobo.

Disponível em: www.nature.com. Acesso em: 6 dez. 2012 (adaptado).

Considerando a filogenia representada, a maior similaridade genética será encontrada entre os seres humanos é:

A Gorila e bonobo.

B Gorila e chimpanzé.

C Gorila e orangotango.

D Chimpanzé e bonobo.

E Bonobo e orangotango.

2017 (2ª aplicação).

6.9 O assunto na aula de Biologia era a evolução do Homem. Foi apresentada aos alunos uma árvore filogenética, igual à mostrada na ilustração, que relacionava primatas atuais e seus ancestrais.

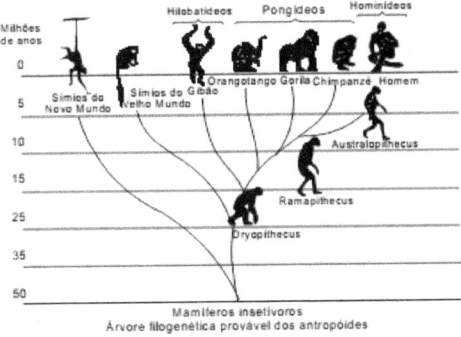

Árvore filogenética provável dos antropóides

Após observar o material fornecido pelo professor, os alunos emitiram várias opiniões, a saber:

I os macacos antropoides (orangotango, gorila e chimpanzé e gibão) surgiram na Terra mais ou menos contemporaneamente ao Homem.

II alguns homens primitivos, hoje extintos, descendem dos macacos antropoides.

III na história evolutiva, os homens e os macacos antropoides tiveram um ancestral comum.

IV não existe relação de parentesco genético entre macacos antropoides e homens.

Analisando a árvore filogenética, você pode concluir que:

A todas as afirmativas estão corretas.

B apenas as afirmativas I e III estão corretas.

C apenas as afirmativas II e IV estão corretas.

D apenas a afirmativa II está correta.

E apenas a afirmativa IV está correta.

1998.

6.10 O assunto na aula de Biologia era a evolução do Homem. Foi apresentada aos alunos uma árvore filogenética, igual à mostrada na ilustração, que relacionava primatas atuais e seus ancestrais.

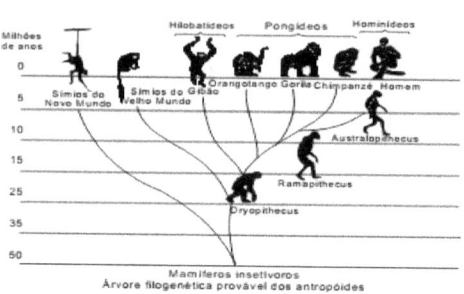

Árvore filogenética provável dos antropóides

Foram feitas comparações entre DNA e proteínas da espécie humana com DNA e proteínas de diversos primatas. Observando a árvore filogenética, você espera que os dados bioquímicos tenham apontado, entre os primatas atuais, como nosso parente mais próximo o:

A Australopithecus.

B Chimpanzé.

C Ramapithecus.

D Gorila.

E Orangotango.

1998.

6.11 O assunto na aula de Biologia era a evolução do Homem. Foi apresentada aos alunos uma árvore filogenética, igual à mostrada na ilustração, que relacionava primatas atuais e seus ancestrais.

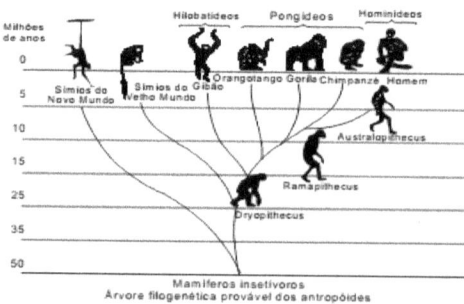

Árvore filogenética provável dos antropóides

Se fosse possível a uma máquina do tempo percorrer a evolução dos primatas em sentido contrário, aproximadamente quantos milhões de anos precisaríamos retroceder, de acordo com a árvore filogenética apresentada, para encontrar o ancestral comum do homem e dos macacos antropoides (gibão, orangotango, gorila e chimpanzé)?

A 5

B 10

C 15

D 30

E 60

1998.

6.12 A imagem representa o processo de evolução das plantas e algumas de suas estruturas. Para o sucesso desse processo, a partir de um ancestral simples, os diferentes grupos vegetais desenvolveram estruturas adaptativas que lhes permitiram sobreviver em diferentes ambientes.

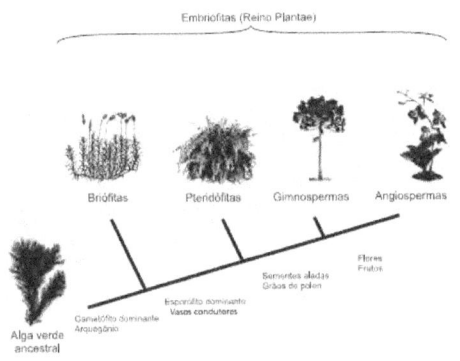

Disponível em: http://biopibidufsj.blogspot.com. Acesso em: 29 fev. 2012 (adaptado).

Qual das estruturas adaptativas apresentadas contribuiu para uma maior diversidade genética?

A As sementes aladas, que favorecem a dispersão aérea.

B Os arquegônios, que protegem o embrião multicelular.

C Os grãos de pólen, que garantem a polinização cruzada.

D Os frutos, que promovem uma maior eficiência reprodutiva.

E Os vasos condutores, que possibilitam o transporte da seiva bruta.

2012.

VÍRUS

6.13 Em vez de se preocuparem com a questão de serem os vírus seres vivos ou não, os biólogos moleculares se interessam em observar o modo pelo qual eles desvirtuam, em seu próprio benefício, o funcionamento de uma célula, desencadeando doenças. Ao infectar uma célula, o vírus perde seu invólucro e leva o sistema de duplicação do material genético da célula a reproduzir seu próprio ácido nucléico e a produzir proteínas virais.

VILLARREAL, L. Afinal os vírus são seres vivos? **Scientific American Brasil**, n. 28 p.

21-24, 2008 (adaptado).

Considerando-se as caraterísticas fisiológicas do vírus, infere-se que

A o organismo por ele infectado é um animal.

B o material genético do vírus é DNA.

C o hospedeiro morrerá logo após a infecção.

D o vírus pode existir, também, na forma de vida livre.

E seu material genético altera o metabolismo da célula hospedeira.

2009 (2ª aplicação).

6.14 Tanto a febre amarela quanto a dengue são doenças causadas por vírus do grupo dos arbovírus, pertencentes ao gênero *Flavivirus*, existindo quatro sorotipos para o vírus causador da dengue. A transmissão de ambas acontece por meio da picada de mosquitos, como o *Aedes aegypti*. Entretanto, embora compartilhem essas características, hoje somente existe vacina, no Brasil, para a febre amarela e nenhuma vacina efetiva para a dengue.

MINISTÉRIO DA SAÚDE. Fundação Nacional de Saúde. **Dengue**: Instruções para pessoal de combate ao vetor. Manual de Normas Técnicas. Disponível em: http://portal.saude.gov.br. Acesso em: 7 ago. 2012 (adaptado).

Esse fato pode ser atribuído à

A maior taxa de mutação do vírus da febre amarela do que do vírus da dengue.

B alta variabilidade antigênica do vírus da dengue em relação ao vírus da febre amarela.

C menor adaptação do vírus da dengue à população humana do que do vírus da febre amarela.

D presença de dois tipos de ácidos nucleicos no vírus da dengue e somente um tipo no vírus da febre amarela.

E baixa capacidade de indução da resposta imunológica pelo vírus da dengue em relação ao da febre amarela.

2015.

6.15 No primeiro semestre de 2006, o Movimento Global pela Criança, em parceria com o

UNICEF, divulgou o relatório Salvando vidas: o direito das crianças ao tratamento de HIV e AIDS. Nesse relatório, conclui-se que o aumento da prevenção primária ao vírus deverá reduzir o número de novos casos de infecção entre jovens de 15 a 24 anos de idade, como mostra o gráfico a seguir.

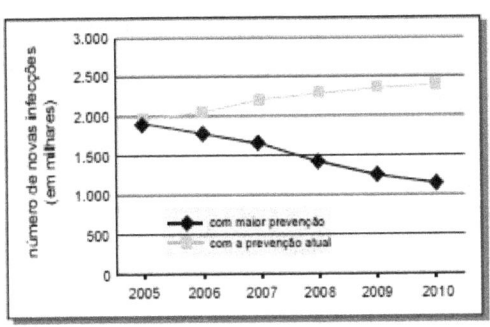

Com base nesses dados, analise as seguintes afirmações.

I Ações educativas de prevenção da transmissão do vírus HIV poderão contribuir para a redução, em 2008, de mais de 20% dos novos casos de infecção entre os jovens, em relação ao ano de 2005.

II Ações educativas relativas à utilização de preservativos nas relações sexuais reduzirão em 25% ao ano os novos casos de AIDS entre os jovens.

III Sem o aumento de medidas de prevenção primária, estima-se que, em 2010, o aumento de novos casos de infecção por HIV entre os jovens será, em relação ao ano de 2005, 50% maior.

É correto apenas o que se afirma em

A I

B II.

C III.

D I e II.

E II e III.

2006.

6.16 A Síndrome da Imunodeficiência Adquirida (AIDS) é a manifestação clínica da infecção pelo vírus HIV, que leva, em média, oito anos para se manifestar. No Brasil, desde a identificação do primeiro caso de AIDS em 1980 até junho de 2007, já foram identificados cerca de 474 mil casos da doença. O país acumulou, aproximadamente, 192 mil óbitos devido à AIDS até junho de 2006, sendo as taxas de mortalidade crescentes até meados da década de 1990 e estabilizando-se em cerca de 11 mil óbitos anuais desde 1998. [...] A partir do ano 2000, essa taxa se estabilizou em cerca de 6,4 óbitos por 100 mil habitantes, sendo esta estabilização mais evidente em São Paulo e no Distrito Federal.

Disponível em: http://www.aids.gov.br. Acesso em: 01 maio 2009 (adaptado).

A redução nas taxas de mortalidade devido à AIDS a partir da década de 1990 é decorrente

A do aumento do uso de preservativos nas relações sexuais, que torna o vírus HIV menos letal.

B da melhoria das condições alimentares dos soropositivos, a qual fortalece o sistema imunológico deles.

C do desenvolvimento de drogas que permitem diferentes formas de ação contra o vírus HIV.

D das melhorias sanitárias implementadas nos últimos 30 anos, principalmente nas grandes capitais.

E das campanhas que estimulam a vacinação contra o vírus e a busca pelos serviços de saúde.

2010 (2ª aplicação).

6.17 Uma nova preocupação atinge os profissionais que trabalham na prevenção da AIDS no Brasil. Tem-se observado um aumento crescente, principalmente entre os jovens, de novos casos de AIDS, questionando-se, inclusive, se a prevenção vem sendo ou não relaxada. Essa temática vem sendo abordada pela mídia: "Medicamentos já não fazem efeito em 20% dos infectados pelo vírus HIV. Análises revelam que um quinto das pessoas recém-infectadas não haviam sido submetidas a nenhum tratamento e, mesmo assim, não responderam às duas principais drogas antiaids. Dos pacientes estudados, 50% apresentavam o vírus FB, uma combinação dos dois subtipos mais prevalentes no país, F e B".

Adaptado do Jornal do Brasil, 02/10/2001.

Dadas as afirmações acima, considerando o enfoque da prevenção, e devido ao aumento de casos da doença em adolescentes, afirma-se que

I. O sucesso inicial dos coquetéis anti-HIV talvez tenha levado a população a se descuidar e não utilizar medidas de proteção, pois se criou a ideia de que estes remédios sempre funcionam.

II. Os vários tipos de vírus estão tão resistentes que não há nenhum tipo de tratamento eficaz e nem mesmo qualquer medida de prevenção adequada.

III. Os vírus estão cada vez mais resistentes e, para evitar sua disseminação, os infectados também devem usar camisinhas e não apenas administrar coquetéis.

Está correto o que se afirma em

A I, apenas.

B II, apenas.

C I e III, apenas.

D II e III, apenas.

E I, II e III.

2002.

6.18 O vírus do papiloma humano (HPV, na sigla em inglês) causa o aparecimento de verrugas e infecção persistente, sendo o principal fator ambiental do câncer de colo de útero nas mulheres. O vírus pode entrar pela pele ou por mucosas do corpo, o qual desenvolve anticorpos contra a ameaça, embora em alguns casos a defesa natural do organismo não seja suficiente. Foi desenvolvida uma vacina contra o HPV, que reduz em até 90% as verrugas e 85,6% dos casos de infecção persistente em comparação com pessoas não vacinadas.

Disponível em: http://g1.globo.com. Acesso em: 12 jun. 2011.

O benefício da utilização dessa vacina é que pessoas vacinadas, em comparação com as não vacinadas, apresentam diferentes respostas ao vírus HPV em decorrência da

A alta concentração de macrófagos.

B elevada taxa de anticorpos específicos anti-HPV circulante.

C aumento na produção de hemácias após a infecção por vírus HPV.

D rapidez na produção de altas concentrações de linfócitos matadores.

E presença de células de memória que atuam na resposta secundária.

2011.

6.19 A contaminação pelo vírus da rubéola é especialmente preocupante em grávidas, devido à síndrome da rubéola congênita (SRC), que pode levar ao risco de aborto e malformações congênitas. Devido a campanhas de vacinação específicas, nas últimas décadas houve uma grande diminuição de casos de rubéola entre as mulheres, e, a partir de 2008, as campanhas se intensificaram e têm dado maior enfoque à vacinação de homens jovens.

BRASIL. **Brasil livre da rubéola**: campanha nacional de vacinação para eliminação da rubéola. Brasília: Ministério da Saúde, 2009 (adaptado).

Considerando a preocupação com a ocorrência da SRC, as campanhas passaram a dar enfoque à vacinação dos homens, porque eles

A ficam mais expostos a esse vírus.

B transmitem o vírus a mulheres gestantes.

C passam a infecção diretamente para o feto.

D transferem imunidade às parceiras grávidas.

E são mais suscetíveis a esse vírus que as mulheres.

2013.

6.20 No ano de 2009, registrou-se um surto global de gripe causada por um variante do vírus *Influenza A*, designada H1N1. A organização Mundial de Saúde (OMS) solicitou que os países intensificassem seus programas de prevenção para que não houvesse uma propagação da doença. Uma das ações mais importantes recomendadas pela OMS era a higienização adequada das mãos, especialmente após tossir e espirrar.

A ação recomendada pela OMS tinha como objetivo

A reduzir a reprodução viral.

B impedir a penetração do vírus pela pele.

C reduzir o processo de autoinfecção viral.

D reduzir a transmissão do vírus no ambiente.

E impedir a seleção natural de vírus resistentes.

2014 (2ª aplicação).

6.21 Na charge, o autor refere-se de forma bem-humorada a uma preocupação da população e das autoridades de saúde em relação à contaminação de humanos pelo vírus da gripe H1N1, também conhecida como gripe suína.

Disponível em: http://jorgebragahumor.blogspot.com. Acesso em: 28 out. 2010.

O autor sugere uma reflexão sobre as crenças acerca das formas de contaminação pelo vírus da gripe H1N1. Trata-se de um mito a concepção de que a Influenza H1N1 é transmitida

A pela ingestão de carne contaminada, principalmente a de suínos.

B pelo contato direto entre os fluidos de indivíduos sadios e portadores do vírus.

C pelo contato com objetos compartilhados entre indivíduos sadios e contaminados.

D pelo ar juntamente com partículas de poeira em suspensão, gotas de saliva e secreção nasobucal.

E por meio da ingestão de alimento contaminado pelas mãos de portadores do vírus durante a preparação ou o manuseio.

2011 (2ª aplicação).

6.22 No mapa a seguir, descreve-se a disseminação do vírus da gripe no Brasil, em 2007

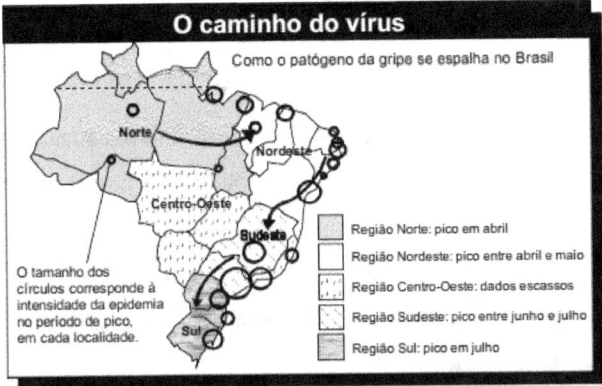

Folha de S. Paulo, Caderno Ciência, 9/6/2007 (com adaptações).

No mapa, a unidade da escala de tempo que descreve o movimento do vírus da gripe da região Norte para a região Sul do Brasil é

A ano.

B mês.

C hora.

D minuto.

E segundo.

2007.

6.23 A partir do primeiro semestre de 2000, a ocorrência de casos humanos de febre amarela silvestre extrapolou as áreas endêmicas, com registro de casos em São Paulo e na Bahia, onde os últimos casos tinham ocorrido em 1953 e 1948. Para controlar a febre amarela silvestre e prevenir o risco de uma reurbanização da doença, foram propostas as seguintes ações:

I. Exterminar os animais que servem de reservatório do vírus causador da doença.

II. Combater a proliferação do mosquito transmissor.

III. Intensificar a vacinação nas áreas onde a febre amarela é endêmica e em suas regiões limítrofes.

É efetiva e possível de ser implementada uma estratégia envolvendo

A a ação II, apenas.

B as ações I e II, apenas.

C as ações I e III, apenas.

D as ações II e III, apenas.

E as ações I, II e III.

2001.

6.24 Durante as estações chuvosas, aumentam no Brasil as campanhas de prevenção à dengue, que têm como objetivo a redução da proliferação do mosquito *Aedes aegypt*, transmissor do vírus da dengue.

Que proposta preventiva poderia ser efetivada para diminuir a reprodução desse mosquito?

A colocação de telas nas portas e janelas, pois o mosquito necessita de ambientes cobertos e fechados para a sua reprodução.

B substituição das casas de barro por casas de alvenaria, haja vista que o mosquito se reproduz nas paredes das casas de barro.

C remoção dos recipientes que possam acumular água, porque as larvas do mosquito se desenvolvem nesse meio.

D higienização adequada de alimentos, visto que as larvas do mosquito se desenvolvem nesse tipo de substrato.

E colocação de filtros de água nas casas, visto que a reprodução do mosquito acontece em águas contaminadas.

2011.

6.25 Tanto a febre amarela quanto a dengue são doenças causadas por vírus do grupo dos arbovírus, pertencentes ao gênero *Flavivirus*, existindo quatro sorotipos para o vírus causador da dengue. A transmissão de ambas acontece por meio da picada de mosquitos, como o *Aedes aegypti*. Entretanto, embora compartilhem essas características, hoje somente existe vacina, no Brasil, para a febre amarela e nenhuma vacina efetiva para a dengue.

MINISTÉRIO DA SAÚDE. Fundação Nacional de Saúde. Dengue: Instruções para pessoal de combate ao vetor. **Manual de Normas Técnicas**. Disponível em: http://portal.saude.gov.br. Acesso em: 7 ago. 2012 (adaptado).

Esse fato pode ser atribuído à

A maior taxa de mutação do vírus da febre amarela do que do vírus da dengue.

B alta variabilidade antigênica do vírus da dengue em relação ao vírus da febre amarela.

C menor adaptação do vírus da dengue à população humana do que do vírus da febre amarela.

D presença de dois tipos de ácidos nucleicos no vírus da dengue e somente um tipo no vírus da febre amarela.

E baixa capacidade de indução da resposta imunológica pelo vírus da dengue em relação ao da febre amarela.

2015.

6.26 Investigadores das Universidades de Oxford e da Califórnia desenvolveram uma variedade de *Aedes aegypti* geneticamente modificada que é candidata para uso na busca de redução na transmissão do vírus da dengue. Nessa nova variedade do mosquito, as fêmeas não conseguem voar devido à interrupção do desenvolvimento do músculo das asas.

A modificação genética introduzida é um gene dominante condicional, isso é, o gene tem expressão dominante (basta apenas uma cópia do seu alelo) e este só atua nas fêmeas.

FU. G. et al. Female-especific flightless phonotype for mosquito control. **PNAS** 107 (10): 4550-4554, 2010.

Prevê-se, porém, que a utilização dessa variedade de *Aedes aegypt* demore ainda anos para ser implementada, pois há demanda de muitos estudos com relação ao impacto ambiental.

A liberação de machos de *Aedes aegypt* dessa variedade geneticamente modificada reduziria o número de casos de dengue em uma determinada região porque

A diminuiria o sucesso reprodutivo desses machos transgênicos.

B restringiria a área geográfica de voo dessa espécie de mosquito.

C dificultaria a contaminação e reprodução do vetor natural da doença.

D tornaria o mosquito menos resistente ao agente etiológico da doença.

E dificultaria a obtenção de alimentos pelos machos geneticamente modificados.

2010.

PROCARIONTES

6.27 Os medicamentos são rotineiramente utilizados pelo ser humano com o intuito de diminuir ou, por muitas vezes, curar possíveis transtornos de saúde; Os antibióticos são grupos de fármacos inseridos no tratamento de doenças causadas por bactérias.

Na terapêutica das doenças mencionadas, alguns desses fármacos atuam

A ativando o sistema imunológico do hospedeiro.

B interferindo na cascata bioquímica da inflamação.

C removendo as toxinas sintetizadas pelas bactérias.

D combatendo as células hospedeiras das bactérias.

E danificando estruturas específicas da célula bacteriana.

2017 (1ª aplicação).

6.28 Suponha que uma doença desconhecida esteja dizimando um rebanho bovino de uma cidade e alguns veterinários tenham conseguido isolar o agente causador da doença, verificando que se trata de um ser unicelular e procarionte. Para combater a doença, os veterinários devem administrar, nos bovinos contaminados,

A vacinas.

B antivirais.

C fungicidas.

D vermífugos.

E antibióticos.

2016 (2ª aplicação).

6.29 Na embalagem de um antibiótico, encontra-se uma bula que, entre outras informações, explica a ação do remédio do seguinte modo:

O medicamento atua por inibição da síntese proteica bacteriana.

Essa afirmação permite concluir que o antibiótico

A impede a fotossíntese realizada pelas bactérias causadoras da doença e, assim, elas não se alimentam e morrem.

B altera as informações genéticas das bactérias causadoras da doença, o que impede manutenção e reprodução desses organismos.

C dissolve as membranas das bactérias responsáveis pela doença, o que dificulta o transporte de nutrientes e provoca a morte delas.

D elimina os vírus causadores da doença, pois não conseguem obter as proteínas que seriam produzidas pelas bactérias que parasitam.

E interrompe a produção de proteína das bactérias causadoras da doença, o que impede sua multiplicação pelo bloqueio de funções vitais.

2003.

6.30

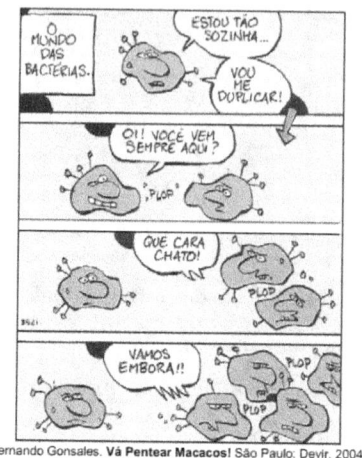

Fernando Gonsales. **Vá Pentear Macacos!** São Paulo: Devir, 2004.

São características do tipo de reprodução representado na tirinha:

A simplicidade, permuta de material gênico e variabilidade genética.

B rapidez, simplicidade e semelhança genética.

C variabilidade genética, mutação e evolução lenta.

D gametogênese, troca de material gênico e complexidade.

E clonagem, gemulação e partenogênese.

2007.

6.31 A deterioração de um alimento é resultado de transformações químicas que decorrem, na maioria dos casos, da interação do alimento com microrganismos ou, ainda, da interação com o oxigênio do ar, como é o caso da rancificação de gorduras. Para conservar por mais tempo um alimento deve-se, portanto, procurar impedir ou retardar ao máximo a ocorrência dessas transformações.

Os processos comumente utilizados para conservar alimentos levam em conta os seguintes fatores:

I. microrganismos dependem da água líquida para sua sobrevivência.

II. microrganismos necessitam de temperaturas adequadas para crescerem e se multiplicarem. A multiplicação de microrganismos, em geral, é mais rápida entre 25° C e 45° C, aproximadamente.

III. transformações químicas têm maior rapidez quanto maior for a temperatura e a superfície de contato das substâncias que interagem.

IV. há substâncias que acrescentadas ao alimento dificultam a sobrevivência ou a multiplicação de microrganismos.

V.	no ar há microrganismos que encontrando alimento, água líquida e temperaturas adequadas crescem e se multiplicam.

Em uma embalagem de leite "longa-vida", lê-se:

"Após aberto é preciso guardá-lo em geladeira"

Caso uma pessoa não siga tal instrução, principalmente no verão tropical, o leite se deteriorará rapidamente, devido a razões relacionadas com

A o fator I, apenas.

B o fator II, apenas.

C os fatores II ,III e V , apenas.

D os fatores I,II e III, apenas.

E os fatores I, II ,III , IV e V.

1999.

6.32 O uso prolongado de lentes de contato, sobretudo durante a noite, aliado a condições precárias de higiene representam fatores de risco para o aparecimento de uma infecção denominada ceratite microbiana, que causa ulceração inflamatória na córnea. Para interromper o processo da doença, é necessário tratamento antibiótico. De modo geral, os fatores de risco provocam a diminuição da oxigenação corneana e determinam mudanças no seu metabolismo, de um estado aeróbico para anaeróbico. Como decorrência, observa-se a diminuição no número e na velocidade de mitoses do epitélio, o que predispõe ao aparecimento de defeitos epiteliais e à invasão bacteriana.

CRESTA, F. Lente de contato e infecção ocular. **Revista Sinopse de Oftalmologia.** São Paulo: Moreira Jr., v.04, n.04, 2002 (adaptado).

A instalação das bactérias e o avanço do processo infeccioso na córnea estão relacionados a algumas características gerais desses micro-organismos, tais como:

A A grande capacidade de adaptação, considerando as constantes mudanças no ambiente em que se reproduzem e o processo aeróbico como a melhor opção desses micro-organismos para a obtenção de energia.

B A grande capacidade de sofrer mutações, aumentando a probabilidade do aparecimento de formas resistentes e o processo anaeróbico da fermentação como a principal via de obtenção de energia.

C A diversidade morfológica entre as bactérias, aumentando a variedade de tipos de agentes infecciosos e a nutrição heterotrófica, como forma de esses micro-organismos obterem matéria-prima e energia.

D O alto poder de reprodução, aumentando a variabilidade genética dos milhares de indivíduos e a nutrição heterotrófica, como única forma de obtenção de matéria-prima e energia desses micro-organismos.

E O alto poder de reprodução, originando milhares de descendentes geneticamente idênticos entre si e a diversidade metabólica, considerando processos aeróbicos e anaeróbicos para a obtenção de energia.

2010.

6.33 A tabela apresenta dados comparados de respostas de brasileiros, norte-americanos e europeus a perguntas relacionadas à compreensão de fatos científicos pelo público leigo. Após cada afirmativa, entre parênteses, aparece se a afirmativa é Falsa ou Verdadeira. Nas três colunas da direita aparecem os respectivos percentuais de acertos dos três grupos sobre essas afirmativas.

Pesquisa	% respostas certas		
	Brasileiros	Norte-americanos	Europeus
Os antibióticos matam tanto vírus quanto bactérias. (Falsa)	41,8	51,0	39,7
Os continentes têm mudado sua posição no decorrer dos milênios. (Verdadeira)	78,1	79,0	81,8
O *Homo sapiens* originou-se a partir de uma espécie animal anterior. (Verdadeira)	56,4	53,0	68,6
Os elétrons são menores que os átomos. (Verdadeira)	53,6	48,0	41,3
Os primeiros homens viveram no mesmo período que os dinossauros. (Falsa)	61,2	48,0	59,4

Percepção pública de ciência: uma revisão metodológica e resultados para São Paulo.
Indicadores de ciência, tecnologia e inovação em São Paulo. São Paulo: Fapesp, 2004 (adaptado)

De acordo com os dados apresentados na tabela, os norte-americanos, em relação aos europeus e aos brasileiros, demonstram melhor compreender o fato científico sobre

A a ação dos antibióticos.

B a origem do ser humano.

C os períodos da pré-história.

D o deslocamento dos continentes.

E o tamanho das partículas atômicas.

2010 (2ª aplicação).

6.34 As superbactérias respondem por um número crescente de infecções e mortes em todo o mundo. O termo superbactérias é atribuído às bactérias que apresentam resistência a praticamente todos os antibióticos. Dessa forma, no organismo de um paciente, a população de uma espécie bacteriana patogênica pode ser constituída principalmente por bactérias sensíveis a antibióticos usuais e por um número reduzido de superbactérias que, por mutação ou intercâmbio de material genético, tornaram-se resistentes aos antibióticos existentes.

FERREIRA, F. A.; CRUZ, R. S.; FIGUEIREDO, A. M. S. Superbactérias: o problema mundial da resistência a antibióticos. **Ciência Hoje**, n. 287, nov. 2011 (adaptado).

Qual figura representa o comportamento populacional das bactérias ao longo de uma semana de tratamento com um antibiótico comum?

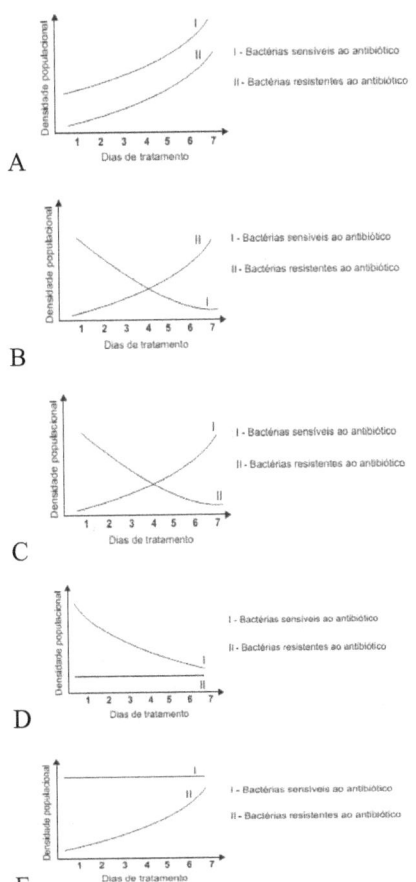

2015 (2ª aplicação).

6.35 O que têm em comum Noel Rosa, Castro Alves, Franz Kafka, Álvares de Azevedo, José de Alencar e Frédéric Chopin? Todos eles morreram de tuberculose, doença que ao longo dos séculos fez mais de 100 milhões de vítimas. Aparentemente controlada durante algumas décadas, a tuberculose voltou a matar. O principal obstáculo para seu controle é o aumento do número de linhagens de bactérias resistentes aos antibióticos usados para combatê-la. Esse aumento do número de linhagens resistentes se deve a

A modificações no metabolismo das bactérias, para neutralizar o efeito dos antibióticos e incorporá-los à sua nutrição.

B mutações selecionadas pelos antibióticos, que eliminam as bactérias sensíveis a eles, mas permitem que as resistentes se multipliquem.

C mutações causadas pelos antibióticos, para que as bactérias se adaptem e transmitam essa adaptação a seus descendentes.

D modificações fisiológicas nas bactérias, para torná-las cada vez mais fortes e mais agressivas no desenvolvimento da doença.

E modificações na sensibilidade das bactérias, ocorridas depois de passarem um longo tempo sem contato com antibióticos.

2004.

6.36 Medidas de saneamento básico são fundamentais no processo de promoção de saúde e qualidade de vida da população. Muitas vezes, a falta de saneamento está relacionada com o aparecimento de várias doenças. Nesse contexto, um paciente dá entrada em um pronto atendimento relatando que há 30 dias teve contato com águas de enchente. Ainda informa que nesta localidade não há rede de esgoto e drenagem de águas pluviais e que a coleta de lixo é inadequada. Ele apresenta os seguintes sintomas: febre, dor de cabeça e dores musculares.

Disponível em: http://portal.saude.gov.br. Acesso em: 27 fev. 2012 (adaptado).

Relacionando os sintomas apresentados com as condições sanitárias da localidade, há indicações de que o paciente apresenta um caso de

A difteria.

B botulismo.

C tuberculose.

D leptospirose.

E meningite meningocócica.

6.37

Casos de leptospirose crescem na região

M.P.S. tem 12 anos e está desde janeiro em tratamento de leptospirose. Ela perdeu a tranquilidade e encontrou nos ratos, (...), os vilões de sua infância. "Se eu não os matar, eles me matam", diz. Seu medo reflete um dos maiores problemas do bairro: a falta de saneamento básico e o acúmulo de lixo...

(O Estado de S. Paulo, 31/07/1997).

Oito suspeitos de leptospirose

A cidade ficou sob as águas na madrugada de anteontem e, além de 120 desabrigados, as inundações estão fazendo outro tipo de vítimas: já há oito suspeitas de casos de leptospirose (...) transmitida pela urina de ratos contaminados.

(Folha de S. Paulo, 12/02/1999).

As notícias dos jornais sobre casos de leptospirose estão associadas aos fatos:

I. Quando ocorre uma enchente, as águas espalham, além do lixo acumulado, todos os dejetos dos animais que ali vivem.

II. O acúmulo de lixo cria ambiente propício para a proliferação dos ratos.

III. O lixo acumulado nos terrenos baldios e nas margens de rios entope os bueiros e compromete o escoamento das águas

em dias de chuva.

IV. As pessoas que vivem na região assolada pela enchente, entrando em contato com a água contaminada, têm grande chance de contrair a leptospirose.

A sequência de fatos que relaciona corretamente a leptospirose, o lixo, as enchentes e os roedores é:

A I, II, III e IV

B I, III, IV e II

C IV, III, II e I

D II, IV, I e III

E II, III, I e IV

1999.

6.38 O botulismo, intoxicação alimentar que pode levar à morte, é causado por toxinas produzidas por certas bactérias, cuja reprodução ocorre nas seguintes condições: é inibida por pH inferior a 4,5 (meio ácido), temperaturas próximas a 100^0 C, concentrações de sal superiores a 10% e presença de nitritos e nitratos como aditivos.

Levando-se em conta os fatores que favorecem a reprodução das bactérias responsáveis pelo botulismo, conclui-se que as toxinas que o causam têm maior chance de ser encontradas

A em conservas com concentração de 2g de sal em 100 g de água.

B nas linguiças fabricadas com nitrito e nitrato de sódio.

C nos alimentos logo após terem sido fervidos.

D no suco de limão, cujo pH varia de 2,5 a 3,6.

E no charque (carne salgada e seca ao sol).

2003.

PROTISTAS (ALGAS E PROTOZOÁRIOS)

6.39 As algas são uma opção sustentável na produção de biocombustível, pois possuem estrutura simples e se reproduzem mais rapidamente que os vegetais, além da grande capacidade de absorverem dióxido de carbono. Esses organismos não são constituídos por tecidos heterogêneos, entretanto, assim como os vegetais, possuem parede celular.

Algas podem substituir metade do petróleo e inaugurar química verde (Agência Fapesp, 16/08/2010). Disponível em: www.inovacaotecnologica.com.br. Acesso em: 1 ago. 2012

(adaptado).

Para obtenção de biocombustível a partir de algas e vegetais, é necessário utilizar no processo a enzima

A amilase.

B maltase.

C celulase.

D fosfatase.

E quitinase.

2019 (2ª aplicação).

6.40 Em uma aula de Biologia, o seguinte texto é apresentado:

LAGOA AZUL ESTÁ DOENTE

Os vereadores da pequena cidade de Lagoa Azul estavam discutindo a situação da Saúde no Município. A situação era mais grave com relação a três doenças: Doença de Chagas, Esquistossomose e Ascaridíase (lombriga). Na tentativa de prevenir novos casos, foram apresentadas várias propostas:

Proposta 1:	*Promover uma campanha de vacinação.*
Proposta 2:	*Promover uma campanha de educação da população com relação a noções básicas de higiene, incluindo fervura de água.*
Proposta 3:	*Construir rede de saneamento básico.*
Proposta 4:	*Melhorar as condições de edificação das moradias e estimular o uso de telas nas portas e janelas e mosquiteiros de filó.*
Proposta 5:	*Realizar campanha de esclarecimento sobre os perigos de banhos nas lagoas.*
Proposta 6:	*Aconselhar o uso controlado de inseticidas.*
Proposta 7:	*Drenar e aterrar as lagoas do município.*

Você sabe que a Doença de Chagas é causada por um protozoário (*Trypanosoma cruzi*) transmitido por meio da picada de insetos hematófagos (barbeiros). Das medidas propostas no texto "A Lagoa Azul Está Doente", as mais efetivas na prevenção dessa doença são:

A 1 e 2

B 3 e 5

C 4 e 6

D 1 e 3

E 2 e 3.

1998.

6.41 Após um aumento de 80% nos casos de doença de Chagas na cidade de Belém (PA), a Vigilância Sanitária do município interditou cinco pontos de venda de açaí. Os locais interditados desobedeciam às regras de higiene na manipulação do fruto e, por isso, apresentavam risco de contaminação. Um dos problemas encontrados foi a estrutura de madeira de um desses locais, propícia para a proliferação do barbeiro, inseto transmissor da doença de Chagas, que é causada pelo *Tripanosoma cruzi*, protozoário encontrado nas fezes destes insetos.

Folha de São Paulo. Disponível em: http://www1.folha.uol.com.br. Acesso em: 25 out.

201 (adaptado).

Que medida poderia ser tomada durante o preparo do alimento para evitar a contaminação dos consumidores da polpa do açaí?

A Adição de açúcar.

B Secagem dos frutos.

C Pasteurização do produto.

D Diluição da polpa em água.

E Adição de corantes naturais.

2014 (3ª aplicação).

6.42 Analise a seguinte história em quadrinhos.

Turma da Mônica Maurício de Sousa

A doença de Chagas é uma parasitose causada por um protozoário, o *Trypanosoma cruzi*, transmitido por um inseto, o barbeiro (*Triatoma infestans*), citado pelo Chico Bento na história em quadrinhos acima. Atualmente, as autoridades sanitárias brasileiras estão preocupadas porque, além da forma tradicionalmente conhecida de transmissão, em casas de barro da zona rural, surgiram focos isolados associados ao consumo de alimentos, como o açaí e a cana-de-açúcar, em 2007 e 2008. Nesses casos, a transmissão para o homem se deu pela ingestão do próprio inseto contaminado.

O Estado de São Paulo, 30/12/2008 (adaptado).

Na forma endêmica tradicional do Mal de Chagas, o *T. cruzi* é transmitido quando o barbeiro

A penetra na pele do homem e põe ovos.

B coloca o protozoário nas vias respiratórias do ser humano.

C pica o homem e transmite o protozoário de suas fezes para a área picada.

D infecta o homem por meio de lesões na pele durante o banho em lagoas de água parada.

E entra em contato com seres humanos a partir das fezes de animais diversos, onde geralmente é encontrado.

2009 (2ª aplicação).

6.43 O movimento pelo saneamento do Brasil desencadeado durante a Primeira República, colocou em evidência as precárias condições de saúde das populações rurais. A origem e trajetória desse movimento estiveram diretamente relacionadas à história da doença de Chagas.

KROPF, S. P.; LIMA, N. T. Disponível em: www.fiogruz.br. Acesso em: 1 ago. 2012

(adaptado).

A intervenção ambiental considerada fundamental para a prevenção dessa doença é a

A limpeza de terrenos baldios, com a retirada de matéria orgânica em decomposição.

B construção de unidade de saúde, com atendimento mais eficiente aos indivíduos infectados.

C melhoria das condições de habitação, com redução de insetos no ambiente domiciliar e peridomiciliar.

D construção de estradas e rodovias, com garantias de melhor acesso da população rural ao sistema de saúde.

E limpeza do ambiente domiciliar e peridomiciliar, com retirada de entulhos e recipientes que possam acumular água.

2014 (2ª aplicação).

6.44 Os mapas abaixo apresentam informações acerca dos índices de infecção por leishmaniose tegumentar americana (LTA) em 1985 e 1999.

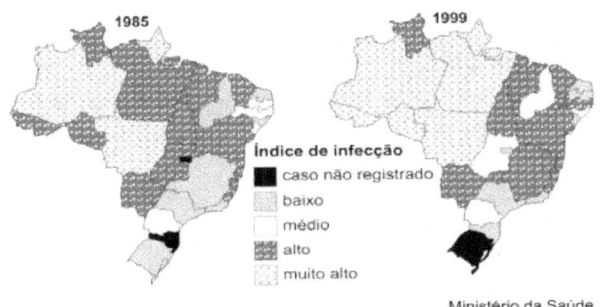

Ministério da Saúde.

A partir da leitura dos mapas acima, conclui-se que

A o índice de infecção por LTA em Minas Gerais elevou-se muito nesse período.

B o estado de Mato Grosso apresentou diminuição do índice de infecção por LTA devido às intensas campanhas de saúde.

C a expansão geográfica da LTA ocorreu no sentido norte-sul como resultado do processo predatório de colonização.

D o índice de infecção por LTA no Maranhão diminuiu em virtude das fortes secas que assolaram o estado nesse período.

E o aumento da infecção por LTA no Rio Grande do Sul resultou da proliferação do roedor que transmite essa enfermidade.

2007.

6.45 A utilização de extratos de origem natural tem recebido a atenção de pesquisadores em todo o mundo, principalmente nos países em desenvolvimento que são altamente acometidos por doenças infecciosas e parasitárias. Um bom exemplo dessa utilização são os produtos de origem botânica que combatem insetos.

O uso desses produtos pode auxiliar no controle da

A esquistossomose.

B leptospirose.

C leishmaniose.

D hanseníase.

E aids.

2018 (1ª aplicação).

6.46 A sombra do cedro vem se encostar no cocho. Primo Ribeiro levantou os ombros; começa a tremer. Com muito atraso. Mas ele tem no baço duas colmeias de bichinhos maldosos, que não se misturam, soltando enxames no sangue em dias alternados. E assim nunca precisa de passar um dia sem tremer.

ROSA, J. G. **Sagarana**. Rio de Janeiro: Nova Fronteira, 1984.

O texto de João Guimarães Rosa descreve as manifestações das crises paroxísticas da malária em seu personagem. Essas se caracterizam por febre alta, calafrios, sudorese intensa e tremores, com intervalos de 48 h ou 72 h, dependendo da espécie de Plasmodium. Essas crises periódicas ocorrem em razão da

A lise das hemácias, liberando merozoítos e substâncias denominadas hemozoínas.

B invasão das hemácias por merozoítos com maturação até a forma esquizonte.

C reprodução assexuada dos esporozoítos no fígado do indivíduo infectado.

D liberação de merozoítos dos hepatócitos para a corrente sanguínea.

E formação de gametócitos dentro das hemácias.

2016 (2ª aplicação).

6.47 A malária é uma doença típica de regiões tropicais. De acordo com dados do Ministério da Saúde, no final do século XX, foram registrados mais de 600 mil casos de malária no Brasil, 99% dos quais na região amazônica.

Os altos índices de malária nessa região podem ser explicados por várias razões, entre as quais:

A as características genéticas das populações locais facilitam a transmissão e dificultam o tratamento da doença.

B a falta de saneamento básico propicia o desenvolvimento do mosquito transmissor da malária nos esgotos não tratados.

C a inexistência de predadores capazes de eliminar o causador e o transmissor em seus focos impede o controle da doença.

D a temperatura elevada e os altos índices de chuva na floresta equatorial favorecem a proliferação do mosquito transmissor.

E o Brasil é o único país do mundo que não implementou medidas concretas para interromper sua transmissão em núcleos urbanos.

2003.

6.48 A reportagem "primo pobre das doenças" publicada na revista *Ciência Hoje* em 2005, relatava a ação de uma organização não governamental norte americana em busca do desenvolvimento de uma vacina contra o *Plasmodium*. O *Plasmodium* é um parasita que, ao penetrar no corpo humano, pode causar uma série de sintomas, sendo clássico o estado febril grave que pode levar o indivíduo ao óbito.

Disponível em: http://cienciahoje.uol.com.br. Acesso em: 01 mar. 2012.

Essa vacina tem como objetivo controlar a ocorrência da

A doença de Chagas.

B toxoplasmose.

C leishmaniose.

D elefantíase.

E malária.

2014 (3ª aplicação).

6.49 Houve uma grande elevação do número de casos de malária na Amazônia que, de 30 mil casos na década de 1970, chegou a cerca de 600 mil na década de1990. Esse aumento pode ser relacionado a mudanças na região, como

A as transformações no clima da região decorrentes do efeito estufa e da diminuição da camada de ozônio.

B o empobrecimento da classe média e a consequente falta de recursos para custear o caro tratamento da doença.

C o aumento na migração humana para fazendas, grandes obras, assentamentos e garimpos, instalados nas áreas de floresta.

D as modificações radicais nos costumes dos povos indígenas, que perderam a imunidade natural ao mosquito transmissor.

E a destruição completa do ambiente natural de reprodução do agente causador, que o levou a migrar para os grandes centros urbanos.

2003.

6.50 Foram publicados recentemente trabalhos relatando o uso de fungos como controle biológico de mosquitos transmissores da malária. Observou-se o percentual de sobrevivência dos mosquitos *Anopheles* sp. após exposição ou não a superfícies cobertas com fungos sabidamente pesticidas, ao longo de duas semanas. Os dados obtidos estão presentes no gráfico abaixo.

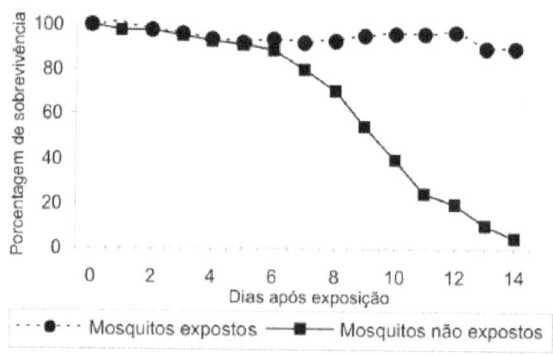

No grupo exposto aos fungos, o período em que houve 50% de sobrevivência ocorreu entre os dias

A 2 e 4.

B 4 e 6.

C 6 e 8.

D 8 e 10.

E 10 e 12.

2005.

FUNGOS

6.51 Pesquisadores descobriram que uma espécie de abelha sem ferrão nativa do Brasil —

a mandaguari (*Scaptotrigona depilis*) — cultiva um fungo nos ninhos dentro da colmeia. Após observações, verificaram que a sobrevivência das larvas da abelha depende da ingestão de filamentos do fungo, que produz metabólitos secundários com ação antimicrobiana, antitumoral e imunológica, além da alimentação convencional. Por sua vez, o fungo depende da abelha para se reproduzir e garante a sua multiplicação ao longo das gerações.

MIURA, J. **Pequenas agricultoras**: abelhas Mandaguari cultivam fungos para alimentar suas larvas. Disponível em: www.embrapa.br. Acesso em: 3 maio 2019 (adaptado).

O uso de fungicida ocasionaria à colmeia dessa espécie o(a)

A controle de pragas.

B acúmulo de resíduos.

C ampliação de espaço.

D redução da população.

E incremento de alimento.

2019 (2ª aplicação).

PLANTAS

6.52 Durante sua evolução, as plantas apresentaram grande diversidade de características, as quais permitiram sua sobrevivência em diferentes ambientes. Na imagem, cinco dessas características estão indicadas por números.

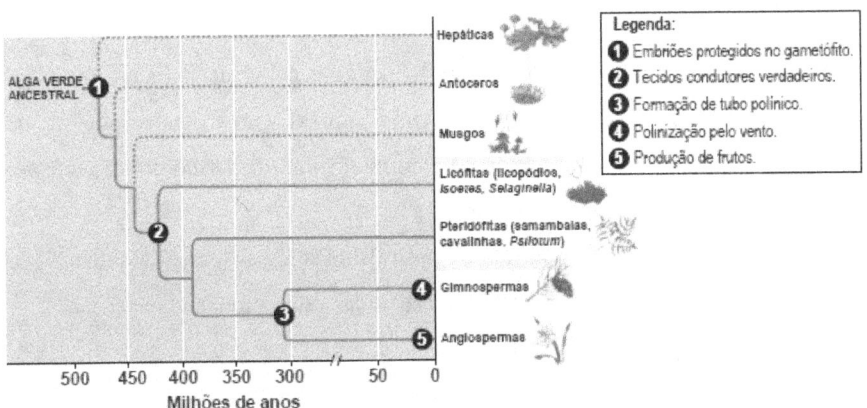

CAMPBELL, N. et al. **Biologia**. São Paulo: Artmed, 2010 (adaptado).

A aquisição evolutiva que permitiu a conquista definitiva do ambiente terrestre pelas plantas está indicada pelo número

A 1.

B 2.

C 3.

D 4.

E 5.

2019 (1ª aplicação).

6.53 Caso os cientistas descobrissem alguma substância que impedisse a reprodução de todos os insetos, certamente nos livraríamos de várias doenças em que esses animais são vetores. Em compensação teríamos grandes problemas como a diminuição drástica de plantas que dependem dos insetos para polinização, que é o caso das

A algas.

B briófitas como os musgos.

C pteridófitas como as samambaias.

D gimnospermas como os pinheiros.

E angiospermas como as árvores frutíferas.

2005.

6.54 Os frutos são exclusivos das angiospermas, e a dispersão das sementes dessas plantas é muito importante para garantir seu sucesso reprodutivo, pois permite a conquista de novos territórios. A dispersão é favorecida por certas características dos frutos (ex.: cores fortes e vibrantes, gosto e odor agradáveis, polpa suculenta) e das sementes (ex.: presença de ganchos e outras estruturas que se aderem às penas e pelos de animais, tamanho reduzido, leveza e presença de expansões semelhantes a asas). Nas matas brasileiras, os animais da fauna silvestre têm uma importante contribuição na dispersão de sementes e, portanto, na manutenção da diversidade da flora.

CHIARADIA, A. **Mini manual de pesquisa**. Biologia. Jun. 2004 (adaptado).

Das características de frutos e sementes apresentadas, quais estão diretamente associadas a um mecanismo de atração de aves e mamíferos?

A Ganchos que permitem a adesão aos pelos e penas.

B expansões semelhantes a asas que favoreçam a flutuação.

C estruturas fixadores que se aderem às asas das aves.

D frutos com polpa suculenta que fornecem energia aos dispersores.

E Leveza e tamanho reduzido das sementes, que favoreçam a flutuação.

6.55 A polinização, que viabiliza o transporte do grão de pólen de uma planta até o estigma de outra, pode ser realizada biótica ou abioticamente. Nos processos abióticos, as plantas dependem de fatores como o vento e a água.

A estratégia evolutiva que resulta em polinização mais eficiente quando esta depende do vento é o(a)

A diminuição do cálice.

B alongamento do ovário.

C disponibilização do néctar.

D intensificação da cor das pétalas.

E aumento do número de estames.

2018 (1ª aplicação).

6.56 Muitas espécies de plantas lenhosas são encontradas no cerrado brasileiro. Para a sobrevivência nas condições de longos períodos de seca e queimadas periódicas, próprias desse ecossistema, essas plantas desenvolveram estruturas muito peculiares. As estruturas adaptativas mais apropriadas para a sobrevivência desse grupo de plantas nas condições ambientais do referido ecossistema são:

A Cascas finas e sem sulcos ou fendas.

B Caules estreitos e retilíneos.

C Folhas estreitas e membranosas.

D Gemas apicais com densa pilosidade.

E Raízes superficiais, em geral, aéreas

2012.

6.57 Alunos de uma escola no Rio de Janeiro são convidados a participar de uma excursão ao Parque Nacional de Jurubatiba. Antes do passeio, eles leem o trecho de uma reportagem publicada em uma revista:

"Jurubatiba será o primeiro parque nacional em área de restinga, num braço de areia com 31 quilômetros de extensão, formado entre o mar e dezoito lagoas. Numa área de 14.000 hectares, ali vivem jacarés, capivaras, lontras, tamanduás-mirins, além de milhares de aves e de peixes de água doce e salgada. Os peixes de água salgada, na época das cheias, passam para as lagoas, onde encontram abrigo, voltando ao mar na cheia seguinte. Nos terrenos mais baixos, próximos aos lençóis freáticos, as plantas têm água suficiente para aguentar longas secas. Já nas áreas planas, os cactos são um dos poucos vegetais que proliferam, pintando o areal com um verde pálido."

Depois de ler o texto, os alunos podem supor que, em Jurubatiba, os vegetais que sobrevivem nas áreas planas têm características tais como:

A quantidade considerável de folhas, para aumentar a área de contato com a umidade do ar nos dias chuvosos.

B redução na velocidade da fotossíntese e realização ininterrupta desse processo, durante as 24 horas.

C caules e folhas cobertos por espessas cutículas que impedem o ressecamento e a consequente perda de água.

D redução do calibre dos vasos que conduzem a água e os sais minerais da raiz aos centros produtores do vegetal, para evitar perdas.

E crescimento sob a copa de árvores frondosas, que impede o ressecamento e consequente perda de água

1998.

6.58 Na transpiração, as plantas perdem água na forma de vapor através dos estômatos. Quando os estômatos estão fechados, a transpiração torna-se desprezível. Por essa razão, a abertura dos estômatos pode funcionar como indicador do tipo de ecossistema e da estação do ano em que as plantas estão sendo observadas. A tabela a seguir mostra como se comportam os estômatos de uma planta da caatinga em diferentes condições climáticas e horas do dia.

condição climática	horas do dia					
	8 h	10 h	12 h	14 h	16 h	17 h
tempo chuvoso	2	2	2	0	2	2
seca	1	1	0	0	0	0
seca intensa	0	0	0	0	0	0

Legenda: 0 = estômatos completamente fechados
1 = estômatos parcialmente abertos
2 = estômatos completamente abertos

Considerando a mesma legenda dessa tabela, assinale a opção que melhor representa o comportamento dos estômatos de uma planta típica da Mata Atlântica.

A

condição climática	horas do dia					
	8 h	10 h	12 h	14 h	16 h	17 h
tempo chuvoso	2	2	2	0	2	2
seca	1	1	0	0	1	1
seca intensa	1	1	0	0	0	0

B

condição climática	horas do dia					
	8 h	10 h	12 h	14 h	16 h	17 h
tempo chuvoso	1	1	1	1	1	1
seca	1	1	0	0	1	1
seca intensa	0	0	0	0	0	0

C

condição climática	horas do dia					
	8 h	10 h	12 h	14 h	16 h	17 h
tempo chuvoso	1	1	0	0	0	0
seca	1	1	0	0	0	0

D

condição climática	horas do dia					
	8 h	10 h	12 h	14 h	16 h	17 h
seca	1	1	0	0	0	0
seca intensa	0	0	0	0	0	0

E

condição climática	horas do dia					
	8 h	10 h	12 h	14 h	16 h	17 h
tempo chuvoso	2	2	2	0	2	2
seca	2	2	2	0	2	2

2006.

6.59 Dentre outras características, uma determinada vegetação apresenta folhas durante três a quatro meses ao ano, com limbo reduzido, mecanismo rápido de abertura e fechamento dos estômatos e caule suculento. Essas são algumas características adaptativas das plantas ao bioma onde se encontram.

Que fator ambiental é o responsável pela ocorrência dessas características adaptativas?

A Escassez de nutrientes no solo.

B Estratificação da vegetação.

C Elevada insolação.

D Baixo pH do solo.

E Escassez de água.

2015 (2ª aplicação).

6.60 A lavoura arrozeira na planície costeira da região sul do Brasil comumente sofre perdas elevadas devido a salinização da água de irrigação, que ocasiona prejuízos diretos, como a redução de produção da lavoura. Solos com processo de salinização avançado não são indicados, por exemplo, para o cultivo de arroz. As plantas retiram a água do solo quando as forças de embebição dos tecidos das raízes são superiores às forças com que a água é retida no solo.

WINKEL, H.L.; TSCHIEDEL, M. **Cultura do arroz: salinização de solos em cultivo do arroz.** Disponível em: http://agropage.tripod.com/saliniza.hml. Acesso em: 25 jun. 2010 (adaptado).

A presença de sais na solução do solo faz com que seja dificultada a absorção de água pelas plantas, o que provoca o fenômeno conhecido por seca fisiológica, caracterizado pelo(a)

A aumento da salinidade, em que a água do solo atinge uma concentração de sais maior que a das células das raízes das plantas, impedindo, assim, que a água seja absorvida.

B aumento da salinidade, em que o solo atinge um nível muito baixo de água, e as plantas não têm força de sucção para absorver a água.

C diminuição da salinidade, que atinge um nível em que as plantas não têm força de sucção, fazendo com que a água não seja absorvida.

D aumento da salinidade, que atinge um nível em que as plantas têm muita sudação, não tendo força de sucção para superá-la.

E diminuição da salinidade, que atinge um nível em que as plantas ficam túrgidas e não têm força de sudação para superá-la.

2010.

6.61 A produção de hormônios vegetais (como a auxina, ligada ao crescimento vegetal) e sua distribuição pelo organismo são fortemente influenciadas por fatores ambientais. Diversos são os estudos que buscam compreender melhor essas influências. O experimento seguinte integra um desses estudos.

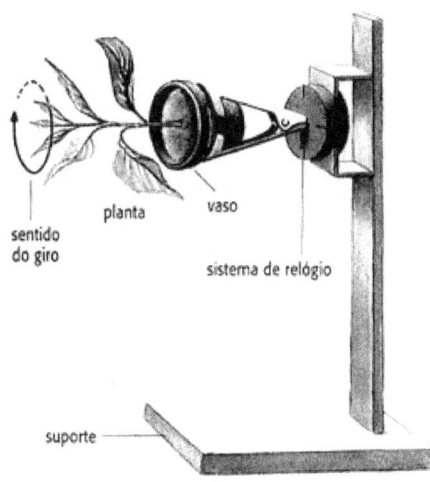

sentido
do giro

planta   vaso

sistema de relógio

suporte

O fato de a planta do experimento crescer na direção horizontal, e não na vertical, pode ser explicado pelo argumento de que o giro faz com que a auxina se

A distribua uniformemente nas faces do caule, estimulando o crescimento de todas elas de forma igual.

B acumule na face inferior do caule e, por isso, determine um crescimento maior dessa parte.

C concentre na extremidade do caule e, por isso, iniba o crescimento nessa parte.

D distribua uniformemente nas faces do caule e, por isso, iniba o crescimento de todas elas.

E concentre na face inferior do caule e, por isso, iniba a atividade das gemas laterais.

2010 (2ª aplicação).

6.62 O Brasil tem investido em inovações tecnológicas para a produção e comercialização de maçãs. Um exemplo é a aplicação do composto volátil 1-metilciclopropeno, que compete pelos sítios de ligação do hormônio vegetal etileno nas células desse fruto.

Disponível em: http://revistaseletrônicas.pucrs.br. Acesso em: 16 ago. 2012 (adaptado).

Com base nos conhecimentos sobre o efeito desse hormônio, o 1-metilciclopropeno age retardando o(a)

A formação do fruto.

B crescimento do fruto.

C amadurecimento do fruto.

D germinação das sementes.

E formação de sementes no fruto.

6.63 No século XVII, um cientista alemão chamado Jan Baptista van Helmont fez a seguinte experiência para tentar entender como as plantas se nutriam: plantou uma muda de salgueiro, que pesava 2,5 kg, em um vaso contendo 100 kg de terra seca. Tampou o vaso com uma placa de ferro perfurada para deixar passar água. Molhou diariamente a planta com água da chuva. Após 5 anos, pesou novamente a terra seca e encontrou os mesmos 100 kg, enquanto a planta de salgueiro pesava 80 kg.

BAKER, J. J. W.; ALLEN, G. E. **Estudo da Biología**. São Paulo: Edgar Blucher, 1975 (adaptado).

Os resultados desse experimento permitem confrontar a interpretação equivocada do senso comum de que as plantas

A absorvem gás carbônico do ar

B usam a luz como fonte de energia.

C absorvem matéria orgânica do solo.

D usam a água para constituir seu corpo.

E produzem oxigênio na presença de luz.

ANIMAIS

6.64 Alunos de uma escola no Rio de Janeiro são convidados a participar de uma excursão ao Parque Nacional de Jurubatiba. Antes do passeio, eles leem o trecho de uma reportagem publicada em uma revista:

"Jurubatiba será o primeiro parque nacional em área de restinga, num braço de areia com 31 quilômetros de extensão, formado entre o mar e dezoito lagoas. Numa área de 14.000 hectares, ali vivem jacarés, capivaras, lontras, tamanduás-mirins, além de milhares de aves e de peixes de água doce e salgada. Os peixes de água salgada, na época das cheias, passam para as lagoas, onde encontram abrigo, voltando ao mar na cheia seguinte. Nos terrenos mais baixos, próximos aos lençóis freáticos, as plantas têm água suficiente para aguentar longas secas. Já nas áreas planas, os cactos são um dos poucos vegetais que proliferam, pintando o areal com um verde pálido."

O texto anterior cita alguns exemplos de animais que vivem em Jurubatiba e podem ser classificados como:

A mamíferos, peixes e aves, apenas.

B mamíferos, peixes, aves e anfíbios.

C répteis, aves e anfíbios apenas.

D mamíferos, répteis, peixes e aves.

E animais pertencentes a uma só classe.

1998.

6.65

O rótulo do produto descreve características de uma doença que pode ser prevenida com o(a)

A uso de calçados.

B aplicação de inseticida.

C utilização de mosquiteiros.

D eliminação de água parada.

E substituição de casas de barro por de alvenaria.

2016 (3ª aplicação).

6.66 Em uma aula de Biologia, o seguinte texto é apresentado:

LAGOA AZUL ESTÁ DOENTE
Os vereadores da pequena cidade de Lagoa Azul estavam discutindo a situação da Saúde no Município. A situação era mais grave com relação a três doenças: Doença de Chagas, Esquistossomose e Ascaridíase (lombriga). Na tentativa de prevenir novos casos, foram apresentadas várias propostas :
Proposta 1: Promover uma campanha de vacinação.
Proposta 2: Promover uma campanha de educação da população com relação a noções básicas de higiene, incluindo fervura de água.
Proposta 3: Construir rede de saneamento básico.
Proposta 4: Melhorar as condições de edificação das moradias e estimular o uso de telas nas portas e janelas e mosquiteiros de filó.
Proposta 5: Realizar campanha de esclarecimento sobre os perigos de banhos nas lagoas.
Proposta 6: Aconselhar o uso controlado de inseticidas.
Proposta 7: Drenar e aterrar as lagoas do município.

Para o combate da Ascaridíase, a proposta que trará maior benefício social, se implementada pela Prefeitura, será:

A 1

B 3

C 4

D 5

E 6.

1998.

6.67 Uma idosa residente em uma cidade do interior do país foi levada a um hospital por sua neta. Ao examiná-la, o médico verificou que a senhora apresentava um quadro crônico de edema linfático nos membros inferiores e nos seios, concluindo ser um caso de elefantíase ou filariose linfática. Preocupada com a possibilidade de adquirir a mesma doença, a neta perguntou ao médico como era possível se prevenir.

Qual foi a orientação dada à jovem pelo médico?

A Usar repelentes e telas em janelas, já que a doença é transmitida por mosquito.

B Evitar nadar em rios, lagos e lagoas da região, já que a doença é transmitida pela água contaminada.

C Evitar contato com animais de zoológicos, uma vez que se trata de uma zoonose veiculada por grandes mamíferos.

D Realizar exames médicos periódicos para detectar precocemente a doença, já que se trata de uma enfermidade hereditária.

E Manter uma dieta balanceada e prática regular de atividades físicas, uma vez que a doença está associada ao sedentarismo.

2018 (2ª aplicação).

6.68 Conhecer o mecanismo de transmissão e disseminação de uma dada enfermidade é de muita importância para fundamentar medidas mais efetivas para o controle da doença. A esquistossomose mansônica, uma doença infecciosa parasitária, é um problema de saúde pública no Brasil. Sua apresentação clínica varia desde a forma assintomática até aquelas extremamente graves. O diagnóstico e o tratamento são relativamente simples, mas a erradicação só é possível com medidas que interrompam o ciclo de vida do parasita.

Minas faz Ciência. Minas Gerais, set./nov. 2009 (adaptado).

Com base nas informações do texto, avalie qual das propostas seguintes será eficaz no controle da esquistossomose mansônica e na manutenção da saúde geral da população local:

A Eliminar os caramujos de regiões afetadas pela esquistossomose, aplicando substâncias tóxicas na água das lagoas.

B Evitar a contaminação de corpos de águas por ovos de esquistossomo, com a construção de instalações sanitárias.

C Evitar utilizar água de lagoa de regiões afetadas pela esquistossomose para beber ou para o preparo de alimentos.

D Impedir o consumo de carne crua ou mal cozida em regiões afetadas pela esquistossomose.

E Impedir o consumo humano de hortaliças regadas com água contaminada por esquistossomo.

2011 (2ª aplicação).

6.69 Em uma aula de Biologia, o seguinte texto é apresentado:

LAGOA AZUL ESTÁ DOENTE
Os vereadores da pequena cidade de Lagoa Azul estavam discutindo a situação da Saúde no Município. A situação era mais grave com relação a três doenças: Doença de Chagas, Esquistossomose e Ascaridíase (lombriga). Na tentativa de prevenir novos casos, foram apresentadas várias propostas :

Proposta 1:	Promover uma campanha de vacinação.
Proposta 2:	Promover uma campanha de educação da população com relação a noções básicas de higiene, incluindo fervura de água.
Proposta 3:	Construir rede de saneamento básico.
Proposta 4:	Melhorar as condições de edificação das moradias e estimular o uso de telas nas portas e janelas e mosquiteiros de filó.
Proposta 5:	Realizar campanha de esclarecimento sobre os perigos de banhos nas lagoas.
Proposta 6:	Aconselhar o uso controlado de inseticidas.
Proposta 7:	Drenar e aterrar as lagoas do município.

Em relação à Esquistossomose, a situação é complexa, pois o ciclo de vida do verme que causa a doença tem vários estágios, incluindo a existência de um hospedeiro intermediário, um caramujo aquático que é contaminado pelas fezes das pessoas doentes. Analisando as medidas propostas, o combate à doença terá sucesso se forem implementadas:

A 1 e 6, pois envolvem a eliminação do agente causador da doença e de seu hospedeiro intermediário.

B 1 e 4, pois além de eliminarem o agente causador da doença, também previnem o contato do transmissor com as pessoas sãs.

C 4 e 6, pois envolvem o extermínio do transmissor da doença.

D 1, 4 e 6, pois atingirão todas as fases do ciclo de vida do agente causador da doença, incluindo o seu hospedeiro intermediário.

E 3 e 5, pois prevenirão a contaminação do hospedeiro intermediário pelas fezes das pessoas doentes e a contaminação de pessoas sãs por águas contaminadas.

1998.

6.70 Cândido Portinari (1903-1962), um dos mais importantes artistas brasileiros do século XX, tratou de diferentes aspectos da nossa realidade em seus quadros.
Sobre a temática dos "Retirantes", Portinari também escreveu o seguinte poema:

(....)

Os retirantes vêm vindo com trouxas e embrulhos

Vêm das terras secas e escuras; pedregulhos

Doloridos como fagulhas de carvão aceso

Corpos disformes, uns panos sujos,

Rasgados e sem cor, dependurados

Homens de enorme ventre bojudo

Mulheres com trouxas caídas para o lado

Pançudas, carregando ao colo um garoto

Choramingando, remelento

(....)

(Cândido Portinari. Poemas. Rio de Janeiro: J. Olympio, 1964.)

No texto de Portinari, algumas das pessoas descritas provavelmente estão infectadas com o verme *Schistosoma mansoni*. Os "homens de enorme ventre bojudo" corresponderiam aos doentes da chamada "barriga d'água". O ciclo de vida do *Schistosoma mansoni* e as condições socioambientais de um local são fatores determinantes para maior ou menor incidência dessa doença. O aumento da incidência da esquistossomose deve-se à presença de

A roedores, ao alto índice pluvial e à inexistência de programas de vacinação.

B insetos hospedeiros e indivíduos infectados, à inexistência de programas de vacinação.

C indivíduos infectados e de hospedeiros intermediários e à ausência de saneamento básico.

D mosquitos, a inexistência de programas de vacinação e à ausência de controle de águas paradas.

E gatos e de alimentos contaminados, e à ausência de precauções higiênicas.

2005.

6.71 *Euphorbia miliié* uma planta ornamental amplamente disseminada no Brasil e

156

conhecida como coroa-de-cristo. O estudo químico do látex dessa espécie forneceu o mais potente produto natural moluscicida, a miliamina L.

MOREIRA, C. P. S.; ZANI, C. L.; ALVES, T. M. A. Atividade moluscicida do látex de *Synadenium carinatum* boiss. (Euphorbiaceae) sobre Biomphalaria glabrata e isolamento do constituinte majoritário. **Revista Eletrônica de Farmácia**, n. 3, 2010 (adaptado).

O uso desse látex em água infestada por hospedeiros intermediários tem potencial para atuar no controle da

A dengue.

B malária.

C elefantíase.

D ascaridíase.

E esquistossomose.

2015.

6.72 Atualmente, o medicamento de escolha para o tratamento da esquistossomose causada por todas as espécies do verme *Schistossoma* é o praquizentel (PQZ). Apesar de ser eficaz e seguro, seu uso em larga escala e tratamentos repetitivos em áreas endêmicas têm provocado a seleção de linhagens resistentes.

LAGE, R, C, G, Disponível em: www.repositorio.ufpb.br. Acesso em: 17 dez. 2012

(adaptado).

Qual é o mecanismo de seleção dos vermes resistentes citados?

A Os vermes tornam-se resistentes ao entrarem em contato com o medicamento quando invadem muitos hospedeiros.

B Os vermes resistentes absorvem o medicamento, passando-o para seus descendentes, que também se tornam resistentes.

C Os vermes resistentes transmitem resistência ao medicamento quando entram em contato com outros vermes dentro do hospedeiro.

D Os vermes resistentes tendem a sobreviver e produzir mais descendentes do que os vermes sobre os quais o medicamento faz efeito.

E Os vermes resistentes ao medicamento tendem a eliminar os vermes que não são resistentes, fazendo com que apenas os mais fortes sobrevivam.

2017 (2ª aplicação).

6.73 A esquistossomose (barriga d'água) caracteriza-se pela inflamação do fígado e do baço causada pelo verme *Schistosoma mansoni* (esquistossomo). O contágio ocorre depois que larvas do verme são liberadas na água pelo caramujo *Biomphalaria*, seu hospedeiro intermediário, e penetram na pele humana. Após o diagnóstico, o tratamento tradicional utiliza medicamentos por via oral para matar o parasita dentro do corpo. Uma nova estratégia terapêutica baseia-se na utilização de uma vacina, feita a partir de uma proteína extraída do verme, que induz o organismo humano a produzir anticorpos para combater e prevenir a doença.

Instituto Oswaldo Cruz/Fundação Oswaldo Cruz (IOC/Fiocruz). **Fiocruz anuncia nova fase de vacina para esquistossomose**. Disponível em: http://agencia.fiocruz.br. Acesso em: 3 maio 2019 (adaptado).

Uma vantagem da vacina em relação ao tratamento tradicional é que ela poderá

A impedir a penetração do parasita pela pele.

B eliminar o caramujo para que não haja contágio.

C impedir o acesso do esquistossomo especificamente para o fígado.

D eliminar o esquistossomo antes que ocorra o contato com o organismo.

E eliminar o esquistossomo dentro do organismo antes da manifestação de sintomas.

2019 (1ª aplicação).

6.74 Dupla humilhação destas lombrigas, humilhação de confessá-las a Dr. Alexandre, sério, perante irmãos que se divertem com tua fauna intestinal em perversas indagações: "Você vai ao circo assim mesmo? Vai levando suas lombrigas? Elas também pagam entrada, se não podem ver o espetáculo? E se, ouvindo lá de dentro, as gabarolas do palhaço, vão querer sair para fora, hem? Como é que você se arranja?" O que é pior: mínimo verme, quinze centímetros modestos, não mais — vermezinho idiota — enquanto Zé, rival na escola, na queda de braço, em tudo, se gabando mostra no vidro o novelo comprovador de seu justo gabo orgulhoso: ele expeliu, entre ohs! e ahs! de agudo pasmo familiar, formidável tênia porcina: a solitária de três metros.

ANDRADE, C. D. **Boitempo**. Rio de Janeiro: Aguiar, 1988.

O texto de Carlos Drummond de Andrade aborda duas parasitoses intestinais que podem afetar a saúde humana. Com relação às tênias, mais especificamente, a *Taenia solium*, considera-se que elas podem parasitar o homem na ocasião em que ele come carne de

A peixe mal assada.

B frango mal assada.

C porco mal assada.

D boi mal assada.

E carneiro mal assada.

2013 (2ª aplicação).

6.75 O desenvolvimento da maior parte das espécies de insetos passa por vários estágios até chegar à fase adulta, quando finalmente estão aptos à reprodução. Esse desenvolvimento é um jogo complexo de hormônios. A ecdisona promove as mudas (ecdises), mas o hormônio juvenil impede que o inseto perca suas características de larva. Com o tempo, a quantidade desse hormônio diminui e o inseto chega à fase adulta. Cientistas descobriram que algumas árvores produzem um composto químico muito semelhante ao hormônio juvenil dos insetos. A vantagem de uma árvore que produz uma substância que funcione como hormônio juvenil é que a larva do inseto, ao se alimentar da planta, ingere esse hormônio e

A vive sem se reproduzir, pois nunca chega à fase adulta.

B vive menos tempo, pois seu ciclo de vida encurta.

C vive mais tempo, pois ocorrem poucas mudas.

D morre, pois chega muito rápido à fase adulta.

E morre, pois não sofrerá mais mudas.

2005.

6.76 Diferente do que o senso comum acredita, as lagartas de borboletas não possuem voracidade generalizada. Um estudo mostrou que as borboletas de asas transparentes da família *Ithomiinae*, comuns na Floresta Amazônica e na Mata Atlântica, consomem, sobretudo, plantas da família *Solanaceae*, a mesma do tomate. Contudo, os ancestrais dessas borboletas consumiam espécies vegetais da família *Apocinaceae*, mas a quantidade dessas plantas parece não ter sido suficiente para garantir o suprimento alimentar dessas borboletas. Dessa forma, as solanáceas tornaram-se uma opção de alimento, pois são abundantes na Mata Atlântica e na Floresta Amazônica.

Cores ao vento. Genes e fósseis revelam origem e diversidade de borboletas sul-americanas. **Revista Pesquisa FAPESP**. Nº 170, 2010 (adaptado).

Nesse texto, a ideia do senso comum é confrontada com os conhecimentos científicos, ao se entender que as larvas das borboletas *Ithomiinae* encontradas atualmente na Mata Atlântica e na Floresta Amazônica, apresentam

A facilidade em digerir todas as plantas desses locais.

B interação com as plantas hospedeiras da família *Apocinaceae*.

C adaptação para se alimentar de todas as plantas desses locais.

D voracidade indiscriminada por todas as plantas existentes nesses locais.

E especificidade pelas plantas da família **Solanaceae** existentes nesses locais.

2011.

6.77

Na tirinha, o processo mencionado pelo molusco está relacionado a um mecanismo de

A defesa

B excreção

C circulação

D locomoção

E reprodução

2016 (3ª aplicação).

6.78 As estrelas-do-mar comem ostras, o que resulta em efeitos econômicos negativos para criadores e pescadores. Por isso, ao se depararem com esses predadores em suas dragas, costumavam pegar as estrelas-do-mar, parti-las ao meio e atirá-las de novo à água. Mas o resultado disso não era a eliminação das estrelas-do-mar, e sim o aumento do seu número.

DONAVE, D. **A bela é uma fera. Super Interessante**. Disponível em: http://super.abril.com.br. Acesso em: 30 abr. 2010 (adaptado)

A partir do texto e do seu conhecimento a respeito desses organismos, a explicação para o aumento da população de estrelas-do-mar, baseia-se no fato de elas possuírem

A papilas respiratórias que facilitaram sua reprodução e respiração por mais tempo no ambiente.

B pés ambulacrários que facilitaram a reprodução e a locomoção do equinodermo pelo ambiente aquático.

C espinhos na superfície do corpo que facilitaram sua proteção e reprodução, contribuindo para a sua sobrevivência.

D um sistema de canais que contribuíam na distribuição de água pelo seu corpo e ajudaram bastante em sua reprodução.

E alta capacidade regenerativa e reprodutiva, sendo cada parte seccionada capaz de dar origem a um novo indivíduo.

2010 (2ª aplicação).

6.79 Em uma área observa-se o seguinte regime pluviométrico:

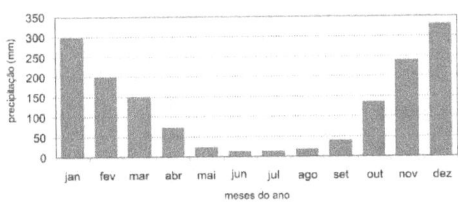

Os anfíbios são seres que podem ocupar tanto ambientes aquáticos quanto terrestres. Entretanto, há espécies de anfíbios que passam todo o tempo na terra ou então na água. Apesar disso, a maioria das espécies terrestres depende de água para se reproduzir e o faz quando essa existe em abundância. Os meses do ano em que, nessa área, esses anfíbios terrestres poderiam se reproduzir mais eficientemente são de

A setembro a dezembro.

B novembro a fevereiro.

C janeiro a abril.

D março a julho.

E maio a agosto.

2005.

6.80 Os anfíbios representam o primeiro grupo de vertebrados que, evolutivamente, conquistou o ambiente terrestre. Apesar disso, a sobrevivência do grupo ainda permanece restrita a ambientes úmidos ou aquáticos, devido à manutenção de algumas características fisiológicas relacionadas à água. Uma das características a que o texto se refere é a

A reprodução por viviparidade.

B respiração pulmonar nos adultos.

C regulação térmica por endotermia.

D cobertura corporal delgada e altamente permeável.

E locomoção por membros anteriores e posteriores desenvolvidos.

2015.

6.81 O sucesso adaptativo dos répteis relaciona-se, dentre outros fatores, ao surgimento de um revestimento epidérmico de queratina para economia de água metabólica.

Essa característica seria prejudicial em anfíbios, pois acarretaria problemas

A circulatório, em razão da limitação na força contrátil do coração tricavitário.

B excretórios, em razão de incapacidade renal de processar níveis elevados de urina.

C digestivos, em razão da limitação do intestino em absorver alimentos muito diluídos.

D locomotores, em razão de incapacidade óssea de sustentar um animal mais pesado.

E respiratório, em razão da pequena capacidade dos pulmões de realizar trocas gasosas.

2018 (2ª aplicação).

ALIMENTAÇÃO E NUTRIENTES

7.1 Atualmente, uma série de dietas alimentares têm sido divulgadas com os mais diferentes propósitos: para emagrecer, para melhorar a produtividade no trabalho e até mesmo dietas que rejuvenescem o cérebro. No entanto, poucas têm embasamento científico, e o consenso dos nutricionistas é que deve ser priorizada uma dieta balanceada, constituída de frutas e vegetais, uma fonte de carboidrato, uma de ácido graxo insaturado e uma de proteína. O quadro apresenta cinco dietas com supostas fontes de nutrientes.

Supostas fontes de nutrientes de cinco dietas

Dieta	Carboidrato	Ácido graxo insaturado	Proteína
1	Azeite de oliva	Peixes	Carne de aves
2	Carne de aves	Mel	Nozes
3	Nozes	Peixes	Mel
4	Mel	Azeite de oliva	Carne de aves
5	Mel	Carne de boi	Azeite de oliva

A dieta que relaciona adequadamente as fontes de carboidrato, ácido graxo insaturado e proteína é a

A 1.

B 2.

C 3.

D 4.

E 5.

2019 (2ª aplicação).

7.2 Os efeitos do exercício físico na redução de doenças cardiovasculares são bem conhecidos, aumentando, por exemplo, a tolerância a infartos em comparação com indivíduos sedentários. Visando ganho de força, de massa muscular e perda de gordura, verifica-se o uso de anabolizantes por alguns esportistas, Em uma pesquisa com ratos, confirmou-se a melhora da condição cardíaca em resposta ao exercício, mas verificou-se que os efeitos benéficos do exercício físico são prejudicados pelo uso de anabolizantes, como o decanoato de nandrolona, aumentando a área cardíaca afetada pelo infarto.

CHAVES, E. A. et al. Cardioproteção induzida pelo exercício é prejudicada pelo tratamento com anabolizante decanoato de nandrolona. Brazilian Journal of Biomotricity, v.

1, n. 3, 2007 (adaptado).

Qual gráfico representa os resultados desse estudo?

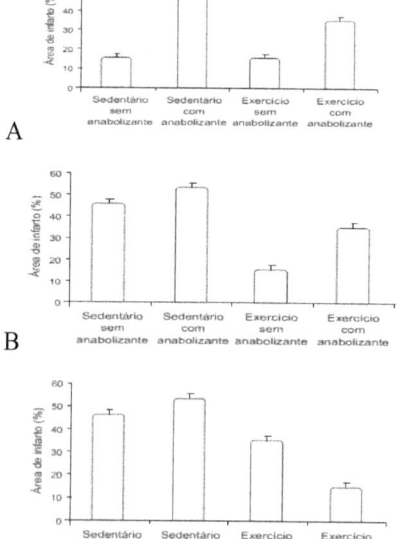

A

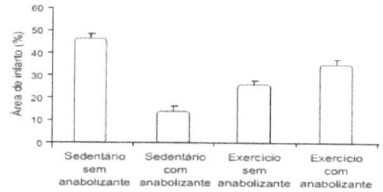

B

C

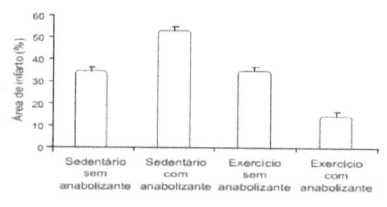

D

E

2014 (2ª aplicação).

7.3

DAVIS, J. Garfield está de dieta. Porto Alegre: L&PM, 2006.

A condição física apresentada pelo personagem da tirinha é um fator de risco que pode desencadear doenças como

A anemia.

B beribéri.

C diabetes.

D escorbuto.

E fenilcetonúria.

2012.

7.4 Defende-se que a inclusão da carne bovina na dieta é importante, por ser uma excelente fonte de proteínas. Por outro lado, pesquisas apontam efeitos prejudiciais que a carne bovina traz à saúde, como o risco de doenças cardiovasculares. Devido aos teores de colesterol e de gordura, há quem decida substituí-la por outros tipos de carne, como a de frango e a suína. O quadro abaixo apresenta a quantidade de colesterol em diversos tipos de carne crua e cozida.

alimento	colesterol (mg/100 g)	
	cru	cozido
carne de frango (branca) sem pele	58	75
carne de frango (escura) sem pele	80	124
pele de frango	104	139
carne suína (bisteca)	49	97
carne suína (toucinho)	54	56
carne bovina (contrafilé)	51	66
carne bovina (músculo)	52	67

Revista PRO TESTE, n.º 54, dez./2006 (com adaptações).

Com base nessas informações, avalie as afirmativas a seguir.

I O risco de ocorrerem doenças cardiovasculares por ingestões habituais da mesma quantidade de carne é menor se esta for carne branca de frango do que se for toucinho.

165

II Uma porção de contrafilé cru possui, aproximadamente, 50% de sua massa constituída de colesterol.

III A retirada da pele de uma porção cozida de carne escura de frango altera a quantidade de colesterol a ser ingerida.

IV A pequena diferença entre os teores de colesterol encontrados no toucinho cru e no cozido indica que esse tipo de alimento é pobre em água.

É correto apenas o que se afirma em

A I e II.

B I e III.

C II e III.

D II e IV.

E III e IV.

2008.

7.5 Durante a aula, um professor apresentou uma pesquisa nacional que mostrava que o consumo de sódio pelos adolescentes brasileiros é superior ao determinado pela Organização Mundial da Saúde. O professor, então, destacou que esse hábito deve ser evitado.

A doença associada a esse hábito é a

A obesidade.

B osteoporose.

C diabetes tipo II.

D hipertensão arterial.

E hipercolesterolemia.

2015 (2ª aplicação).

7.6

DIETA DE ENGORDA			
Em 30 anos, a alimentação piorou muito			
AUMENTO NO CONSUMO - POR FAMÍLIA			
biscoitos	refrigerantes	salsichas e linguiças	refeições prontas
400%	400%	300%	80%
DIMINUIÇÃO NO CONSUMO - POR FAMÍLIA			
ovos	peixes	feijão e leguminosas	arroz
84%	50%	30%	23%

Época, 8/5/2006 (com adaptações).

A partir desses dados, foram feitas as afirmações abaixo.

I As famílias brasileiras, em 30 anos, aumentaram muito o consumo de proteínas e grãos, que, por seu alto valor calórico, não são recomendáveis.

II O aumento do consumo de alimentos muito calóricos deve ser considerado indicador de alerta para a saúde, já que a obesidade pode reduzir a expectativa de vida humana.

III Doenças cardiovasculares podem ser desencadeadas pela obesidade decorrente das novas dietas alimentares.

É correto apenas o que se afirma em

A I.

B II.

C III.

D I e II.

E II e III.

2006.

7.7 A cárie dental resulta da atividade de bactérias que degradam os açúcares e os transformam em ácidos que corroem a porção mineralizada dos dentes. O flúor, juntamente com o cálcio e um açúcar chamado xilitol, agem inibindo esse processo. Quando não se escovam os dentes corretamente e neles acumulam-se restos de alimentos, as bactérias que vivem na boca aderem aos dentes, formando a placa bacteriana ou biofilme. Na placa, elas transformam o açúcar dos restos de alimentos em ácidos, que corroem o esmalte do dente formando uma cavidade, que é a cárie. Vale lembrar que a placa bacteriana se forma mesmo na ausência de ingestão de carboidratos fermentáveis, pois as bactérias possuem polissacarídeos intracelulares de reserva.

Disponível em: http://www.diariodasaude.com.br. Acesso em: 11 ago. 2010 (adaptado).

Cárie 1. destruição de um osso por corrosão progressiva.

* cárie dentária: efeito da destruição da estrutura dentária por bactérias.

HOUAISS, Antônio. Dicionário eletrônico. Versão 1.0. Editora Objetiva, 2001 (adaptado).

A partir da leitura do texto, que discute as causas do aparecimento de cáries, e da sua relação com as informações do dicionário, conclui-se que a cárie dental resulta, principalmente, de

A falta de flúor e de cálcio na alimentação diária da população brasileira.

B consumo exagerado do xilitol, um açúcar, na dieta alimentar diária do indivíduo.

C redução na proliferação bacteriana quando a saliva é desbalanceada pela má alimentação.

D uso exagerado do flúor, um agente que em alta quantidade torna-se tóxico à formação dos dentes.

E consumo excessivo de açúcares na alimentação e má higienização bucal, que contribuem para a proliferação de bactérias.

2010.

DIGESTÃO

7.8 Para serem absorvidos pelas células do intestino humano, os lipídios ingeridos precisam ser primeiramente emulsificados. Nessa etapa da digestão, torna-se necessária a ação dos ácidos biliares, visto que os lipídios apresentam uma natureza apolar e são insolúveis em água.

Esses ácidos atuam no processo de modo a

A hidrolisar os lipídios.

B agir como detergentes.

C tornar os lipídios anfifílicos.

D promover a secreção das lipases.

E estimular o trânsito intestinal dos lipídios.

2018 (1ª aplicação).

7.9 Em uma atividade prática, um professor propôs o seguinte experimento:

Materiais: copo plástico pequeno, leite e suco de limão.

Procedimento: coloque leite até a metade do copo plástico e, em seguida, adicione lentamente 20 gotas de limão.

Levando-se em consideração a faixa de pH do suco de limão, a composição biomolecular do leite e os resultados que os alunos observariam na realização do experimento, qual processo digestório estaria sendo simulado?

A Ação da bile sobre as gorduras no duodeno.

B Ação do suco pancreático sobre as gorduras.

C Ação da saliva sobre os carboidratos na boca.

D Ação do suco entérico sobre as proteínas no íleo.

E Ação do suco gástrico sobre as proteínas no estômago.

2019 (2ª aplicação).

7.10 A vesícula biliar é um órgão muscular onde a bile é armazenada. Os cálculos biliares que algumas vezes se formam neste órgão devem ser removidos cirurgicamente, dependendo da avaliação da gravidade das complicações decorrentes da presença desses cálculos no indivíduo. Entretanto, apesar de algum prejuízo causado pela remoção da vesícula biliar, o indivíduo pode ter uma vida relativamente normal.

A remoção cirúrgica desse órgão retardará a

A síntese de glicogênio.

B produção de bile.

C secreção de suco gástrico.

D produção de enzimas digestivas.

E digestão das gorduras.

2012 (2ª aplicação).

7.11 Uma enzima foi retirada de um dos órgãos do sistema digestório de um cachorro e, após ser purificada, foi diluída em solução fisiológica e distribuída em três tubos de ensaio com os seguintes conteúdos:

Tubo 1: carne

Tubo 2: macarrão

Tubo 3: banha

Em todos os tubos foi adicionado ácido clorídrico (HCl), e o pH da solução baixou para um valor próximo a 2. Além disso, os tubos foram mantidos por duas horas a uma temperatura de 37 °C. A digestão do alimento ocorreu somente no tubo 1.

De qual órgão do cachorro a enzima foi retirada?

A Fígado.

B Pâncreas.

C Estômago.

D Vesícula biliar.

E Intestino delgado.

2015 (2ª aplicação).

7.12 Para explicar a absorção de nutrientes, bem como a função das microvilosidades das membranas das células que revestem as paredes internas do intestino delgado, um estudante realizou o seguinte experimento: Colocou 200 mℓ de água em dois recipientes. No primeiro recipiente, mergulhou, por 5 segundos, um pedaço de papel liso, como na FIGURA 1; no segundo recipiente, fez o mesmo com um pedaço de papel com dobras simulando as microvilosidades, conforme FIGURA 2. Os dados obtidos foram: a quantidade de água absorvida pelo papel liso foi de 8 mℓ, enquanto pelo papel dobrado foi de 12 mℓ.

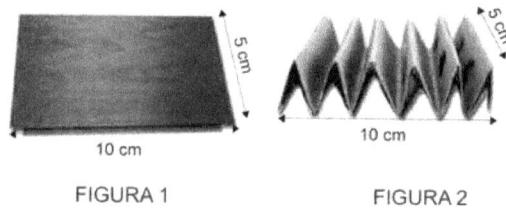

FIGURA 1   FIGURA 2

Com base nos dados obtidos, infere-se que a função das microvilosidades intestinais com relação à absorção de nutrientes pelas células das paredes internas do intestino é a de

A manter o volume de absorção.

B aumentar a superfície de absorção.

C diminuir a velocidade de absorção.

D aumentar o tempo de absorção.

E manter a seletividade na absorção.

2010.

7.13 As serpentes que habitam regiões de seca podem ficar em jejum por um longo período de tempo devido à escassez de alimento. Assim, a sobrevivência desses predadores está relacionada ao aproveitamento máximo dos nutrientes obtidos com a presa capturada. De acordo com essa situação, essas serpentes apresentam alterações morfológicas e fisiológicas, como o aumento das vilosidades intestinais e a intensificação da irrigação sanguínea na porção interna dessas estruturas.

A função do aumento das vilosidades intestinais para essas serpentes é maximizar o(a)

A comprimento do trato gastrointestinal para caber mais alimento.

B área de contato com o conteúdo intestinal para absorção dos nutrientes.

C liberação de calor via irrigação sanguínea para controle térmico do sistema digestório.

D secreção de enzimas digestivas para aumentar a degradação proteica no estômago.

E processo de digestão para diminuir o tempo de permanência do alimento no intestino.

2013.

7.14 Em um experimento, um grupo de voluntários recebeu, inicialmente, alimento comum e depois uma dieta de especificação rigorosa. As suas necessidades proteicas foram satisfeitas por aminoácidos; a necessidade de massa, por gorduras essenciais; e a necessidade de carboidrato, por glicose ou uma mistura de glicose e sacarose (açúcar comum). As fases do experimento são descritas a seguir.

1. Nas primeiras quatro semanas, os indivíduos comeram alimentos comuns.

2. Da 4ª à 8ª semana, o suprimento de carboidrato foi apenas glicose.

3. Da 8ª à 12ª semana, a fonte de carboidrato foi mista; com 75% de glicose e 25% de sacarose.

4. Após a 12ª semana, a fonte de carboidrato voltou a ser glicose (como na fase 2).

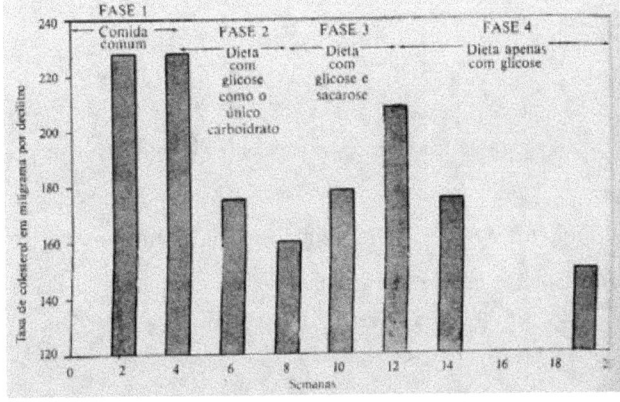

O gráfico acima mostra os resultados obtidos nesse experimento, em termos de taxa de colesterol no sangue (em mg/dL) ao longo de 19 semanas.

PAULING, L. Como viver mais e melhor. 8Ed. Cristiane Perez Ribeiro (Trad.). São Paulo: Best Seller, 1988, p. 72 (adaptado).

Do experimento descrito, é correto concluir que o nível de colesterol no sangue pode ser diminuído com a redução da ingestão de

A glicose.

B carboidratos.

C aminoácidos.

D açúcar comum.

E gorduras essenciais.

2009 (2ª aplicação).

EXCREÇÃO

7.15 O "The Kidney Project" é um projeto realizado por cientistas que pretendem desenvolver um rim biônico que executará a maioria das funções biológicas do órgão. O rim biônico possuirá duas partes que incorporam recentes avanços de nanotecnologia, filtração de membrana e biologia celular. Esse projeto significará uma grande melhoria na qualidade de vida para aquelas pessoas que dependem da hemodiálise para sobrevivência.

Disponível em: https://pharm.ucsf.edu. Acesso em: 26 abr. 2019 (adaptado).

O dispositivo criado promoverá diretamente a

A remoção de ureia.

B excreção de lipídios.

C síntese de vasopressina.

D transformação de amônia.

E fabricação de aldosterona.

2019 (1ª aplicação)

7.16 Recentemente um grupo de biólogos descobriu um animal que vive em uma região extremamente árida no território brasileiro. Fizeram a coleta do sangue e da urina desse animal e observaram que sua urina apresenta uma concentração hipertônica em relação ao sangue.

Que adaptação desse animal lhe permite viver na região citada?

A Diminuição da transpiração.

B Eliminação de fezes hidratadas.

C Predominância de hábitos diurnos.

D Eliminação de muita água na urina.

E Excreção de amônia como produto nitrogenado.

2019 (2ª aplicação).

7.17 Durante uma expedição, um grupo de estudantes perdeu-se de seu guia. Ao longo do dia em que esse grupo estava perdido, sem água e debaixo de sol, os estudantes passaram a sentir cada vez mais sede. Consequentemente, o sistema excretor desses indivíduos teve um acréscimo em um dos seus processos funcionais. Nessa situação o sistema excretor dos estudantes:

A aumentou a filtração glomerular

B produziu maior volume de urina.

C produziu urina com menos ureia.

D produziu urina com maior concentração de sais.

E reduziu a reabsorção de glicose e aminoácidos.

2015.

RESPIRAÇÃO

7.18 A figura mostra a curva de saturação da hemoglobina e da mioglobina em função da pressão parcial de oxigênio e reflete a afinidade de cada proteína pelo oxigênio. Embora ambas sejam hemoproteínas ligantes de oxigênio, a hemoglobina transporta oxigênio dos pulmões para os tecidos pela corrente sanguínea, e a mioglobina se liga ao oxigênio dentro das células musculares.

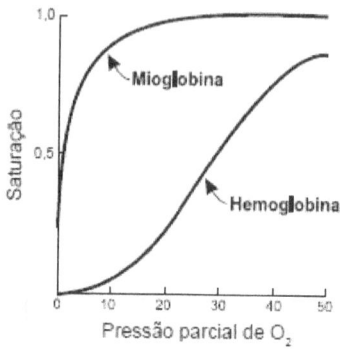

Disponível em: http://divingphysiology.files.wordpress.com. Acesso em: 28 fev. 2012 (adaptado).

De que forma a oxigenação dos tecidos será afetada em indivíduos sem o gene da mioglobina?

A A concentração de oxigênio no sangue diminuirá.

B A capacidade de produção de hemoglobina diminuirá.

C A distribuição do oxigênio por todo o organismo será homogênea.

D A transferência do oxigênio do sangue para o tecido muscular será prejudicada.

E A hemoglobina do tecido muscular apresentará maior afinidade que a presente no sangue.

2019 (2ª aplicação).

CIRCULAÇÃO SANGUÍNEA E LINFÁTICA

7.19 A produção de soro antiofídico é feita por meio da extração da peçonha de serpentes que, após tratamento é introduzida em um cavalo. Em seguida são feitas sangrias para avaliar a concentração de anticorpos produzidos pelo cavalo. Quando essa concentração atinge o valor desejado, é realizada a sangria final para obtenção do soro. As hemácias são devolvidas ao animal, por meio de uma técnica denominada plasmaferese, a fim de reduzir os efeitos colaterais provocados pela sangria.

Disponível em: http://www.infobibos.com. Acesso em: 28 abr. 2010 (adaptado).

A plasmaferese é importante, pois, se o animal ficar com uma baixa quantidade de hemácias, poderá apresentar

A febre alta e constante.

B redução de imunidade.

C aumento da pressão arterial.

D quadro de leucemia profunda

E problemas no transporte de oxigênio.

2011.

7.20 Hipóxia ou mal das alturas consiste na diminuição de oxigênio (O_2) no sangue arterial do organismo. Por essa razão, muitos atletas apresentam mal-estar (dores de cabeça, tontura, falta de ar etc.) ao praticarem atividade física em altitudes elevadas. Nessas condições, ocorrerá uma diminuição na concentração de hemoglobina oxigenada (HbO_2) em equilíbrio no sangue, conforme a relação: Hb (aq) + O_2 (aq) $<=>$ HbO_2 (aq).

Mal da montanha. Disponível em: www.feng.pucrs.br. Acesso em: 11 fev. 2015 (adaptado).

A alteração da concentração de hemoglobina oxigenada no sangue ocorre por causa do(a)

A elevação da pressão arterial.

B aumento da temperatura corporal.

C redução da temperatura do ambiente.

D queda da pressão parcial de oxigênio.

E diminuição da quantidade de hemácias.

2015.

7.21 A imagem representa uma ilustração retirada do livro *De Motu Cordis*, de autoria do médico inglês Willian Harvey, que fez importantes contribuições para o entendimento do processo de circulação do sangue no corpo humano. No experimento ilustrado, Harvey, após aplicar um torniquete (A) no braço de um voluntário e esperar alguns vasos incharem, pressionava-os em um ponto (H). Mantendo o ponto pressionado, deslocava o conteúdo de sangue em direção ao cotovelo, percebendo que um trecho do vaso sanguíneo permanecia vazio após esse processo (H-O).

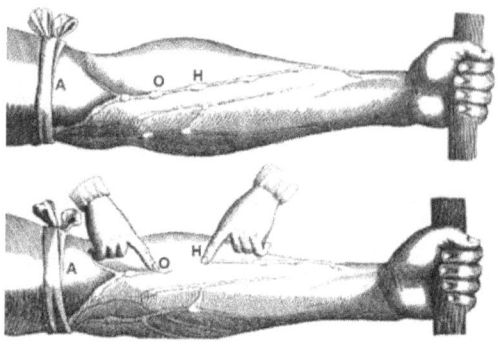

Disponível em: www.answers.com. Acesso em: 18 dez. 2012 (adaptado).

A demonstração de Harvey permite estabelecer a relação entre circulação sanguínea e

A pressão arterial.

B válvulas venosas.

C circulação linfática.

D contração cardíaca.

E transporte de gases.

2013.

7.22 O hemograma é um exame laboratorial que informa o número de hemácias, glóbulos brancos e plaquetas presentes no sangue. A tabela apresenta os valores considerados normais para adultos. Os gráficos mostram os resultados do hemograma de 5 estudantes adultos. Todos os resultados são expressos em número de elementos por mm³ de sangue.

	Valores normais para adultos
Hemácias	4,5 a 5,9 milhões/mm³
G. brancos	5 a 10 mil/mm³
Plaquetas	200 a 400 mil/mm³

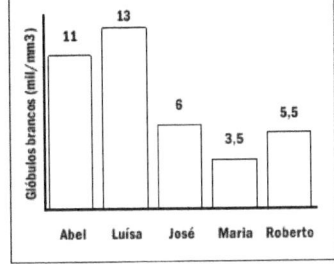

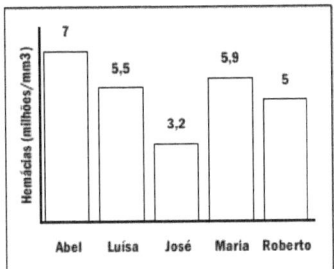

Podem estar ocorrendo deficiência no sistema de defesa do organismo, prejuízos no transporte de gases respiratórios e alterações no processo de coagulação sanguínea, respectivamente, com os estudantes

A Maria, José e Roberto.

B Roberto, José e Abel.

C Maria, Luísa e Roberto.

D Roberto, Maria e Luísa.

E Luísa, Roberto e Abel.

2001.

7.23 A radioterapia é um método capaz de destruir células tumorais, empregando feixe de radiações ionizantes. Uma dose pré-calculada de radiação é aplicada, buscando destruir as células tumorais, com o menor dano possível às células normais circunvizinhas. A resposta dos tecidos às radiações depende de diversos fatores, entre eles a oxigenação. Em termos práticos isto quer dizer que, para um mesmo efeito, em condições de hipóxia (baixa oxigenação) é necessária uma dose de irradiação 2,5 a 3,5 vezes superior à que seria indicada em condições de oxigenação normais, o que seria letal.

Disponível em: www.inca.gov.br. Acesso em: 6 ago. 2012.

Considerando essas informações, pode-se deduzir que a aplicação desse procedimento está contraindicada na situação de

A Anemia.

B basofilia.

C eosinofilia.

D linfocitose.

E leucopenia.

2014 (3ª aplicação).

7.24 Um paciente deu entrada em um pronto-socorro apresentando os seguintes sintomas: cansaço, dificuldade em respirar e sangramento nasal. O médico solicitou um hemograma ao paciente para definir um diagnóstico. Os resultados estão dispostos na tabela:

Constituinte	Número normal	Paciente
Glóbulos vermelhos	4,8 milhões/mm³	4 milhões/mm³
Glóbulos brancos	(5 000 – 10 000)/mm³	9 000/mm³
Plaquetas	(250 000 – 400 000)/mm³	200 000/mm³

TORTORA, G. J. Corpo Humano: fundamentos de anatomia e fisiologia. Porto Alegre: Artmed, 2000 (adaptado).

Relacionando os sintomas apresentados pelo paciente com os resultados de seu hemograma, constata-se que

A o sangramento nasal é devido à baixa quantidade de plaquetas, que são responsáveis pela coagulação sanguínea.

B o cansaço ocorreu em função da quantidade de glóbulos brancos, que são responsáveis pela coagulação sanguínea.

C a dificuldade respiratória decorreu da baixa quantidade de glóbulos vermelhos, que são responsáveis pela defesa imunológica.

D o sangramento nasal é decorrente da baixa quantidade de glóbulos brancos, que são responsáveis pelo transporte de gases no sangue.

E a dificuldade respiratória ocorreu pela quantidade de plaquetas, que são responsáveis pelo transporte de oxigênio no sangue.

2011.

7.25 De acordo com estatísticas do Ministério da Saúde, cerca de 5% das pessoas com dengue hemorrágica morrem. A dengue hemorrágica tem como base fisiopatológica uma resposta imune anômala, causando aumento da permeabilidade de vasos sanguíneos, queda da pressão arterial e manifestações hemorrágicas, podendo ocorrer manchas vermelhas na pele e sangramento pelo nariz, boca e gengivas. O hemograma do paciente pode apresentar como resultado leucopenia (diminuição do número de glóbulos brancos), linfocitose (aumento do número de linfócitos), aumento do hematócrito e trombocitopenia (contagem de plaquetas abaixo de 100 000/mm3).

Disponível em: www.ciencianews.com.br. Acesso em: 28 fev. 2012 (adaptado).

Relacionando os sintomas apresentados pelo paciente com dengue hemorrágica e os possíveis achados do hemograma, constata-se que

A as manifestações febris ocorrem em função da diminuição dos glóbulos brancos, uma vez que estes controlam a temperatura do corpo.

B a queda na pressão arterial é ocasionada pelo aumento do número de linfócitos, que têm como função principal a produção de anticorpos.

C o sangramento pelo nariz, pela boca e gengiva é ocasionado pela quantidade reduzida de plaquetas, que são responsáveis pelo transporte de oxigênio.

D as manifestações hemorrágicas estão associadas à trombocitopenia, uma vez que as plaquetas estão envolvidas na cascata de coagulação sanguínea.

E os sangramentos observados ocorrem em função da linfocitose, uma vez que os linfócitos são responsáveis pela manutenção da integridade dos vasos sanguíneos.

2015 (2ª aplicação).

7.26 Pesquisadores criaram um tipo de plaqueta artificial, feita com um polímero gelatinoso coberto de anticorpos que promete agilizar o processo de coagulação quando injetada no corpo. Se houver sangramento, esses anticorpos fazem com que a plaqueta mude sua forma e se transforme em uma espécie de rede que gruda nas lesões dos vasos sanguíneos e da pele.

MOUTINHO, S. Coagulação acelerada. Disponível em: http://cieciahoje.uol.com.br. Acesso em: 19 fev. 2013 (adaptado).

Qual a doença cujos pacientes teriam melhora de seu estado de saúde com o uso desse material?

A Filariose.

B Hemofilia.

C Aterosclerose.

D Doença de Chagas.

E Síndrome da imunodeficiência adquirida.

2017 (1ª aplicação).

SISTEMA ENDÓCRINO

7.27 A pílula anticoncepcional é um dos métodos contraceptivos de maior segurança, sendo constituída basicamente de dois hormônios sintéticos semelhantes aos hormônios produzidos pelo organismo feminino, o estrogênio (E) e a progesterona (P). Em um experimento médico, foi analisado o sangue de uma mulher que ingeriu ininterruptamente um comprimido desse medicamento por dia durante seis meses. Qual gráfico representa a concentração sanguínea desses hormônios durante o período do experimento?

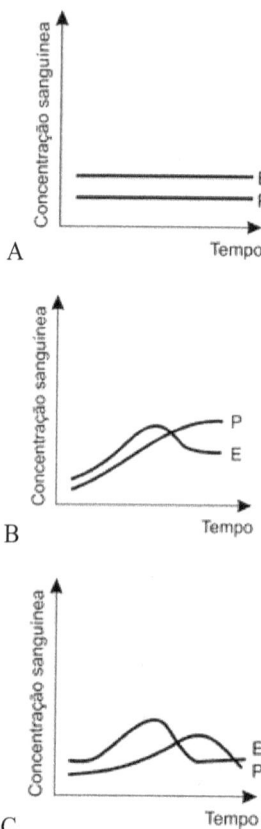

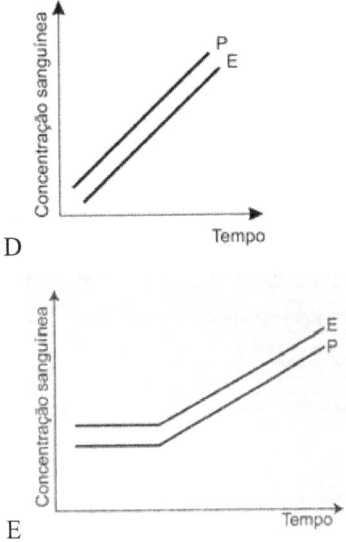

D

E

2013.

7.28 Em média, a cada 28 dias ocorrem mudanças no corpo da mulher devido ao seu ciclo reprodutivo. Em cada ciclo, observam-se modificações morfológicas nas glândulas mamárias, ovários e útero, em função da liberação de inúmeros hormônios. No início do ciclo observa-se que o hormônio liberador de gonadotrofinas (GnRH) estimula também a liberação de um outro hormônio (X), que proporciona o crescimento e diferenciação de um ovócito primário, a proliferação das células foliculares, a formação da zona pelúcida e o desenvolvimento de uma cápsula de tecido conjuntivo (denominada teca folicular).

O hormônio X ao qual o texto se refere é o(a)

A estrogênio

B progesterona

C luteinizante (LH)

D folículo estimulante (FSH)

E gonadotrófico coriônico humano (HCG).

2014 (3ª aplicação).

7.29 O metabolismo dos carboidratos é fundamental para o ser humano, pois a partir desses compostos orgânicos obtém-se grande parte da energia para as funções vitais. Por outro lado, desequilíbrios nesse processo podem provocar hiperglicemia ou diabetes. O caminho do açúcar no organismo inicia-se com a ingestão de carboidratos que, chegando ao intestino, sofrem a ação de enzimas, "quebrando-se" em moléculas menores (glicose, por exemplo) que serão absorvidas. A insulina, hormônio produzido no pâncreas, é responsável por facilitar a entrada da glicose nas células. Se uma pessoa produz pouca insulina, ou se sua ação está diminuída, dificilmente a glicose pode entrar na célula e ser consumida. Com base nessas informações, pode-se concluir que:

A o papel realizado pelas enzimas pode ser diretamente substituído pelo hormônio insulina.

B a insulina produzida pelo pâncreas tem um papel enzimático sobre as moléculas de açúcar.

C o acúmulo de glicose no sangue é provocado pelo aumento da ação da insulina, levando o indivíduo a um quadro clínico de hiperglicemia.

D a diminuição da insulina circulante provoca um acúmulo de glicose no sangue.

E o principal papel da insulina é manter o nível de glicose suficientemente alto, evitando, assim, um quadro clínico de diabetes.

2000.

7.30 Anabolismo e catabolismo são processo celulares antagônicos, que são controlados principalmente pela ação hormonal. Por exemplo, no fígado a insulina atua como um hormônio com ação anabólica, enquanto o glucagon tem ação catabólica e ambos são secretados em resposta ao nível de glicose sanguínea.

Em caso de um indivíduo com hipoglicemia, o hormônio citado que atua no catabolismo induzirá o organismo a

A realizar a fermentação lática.

B metabolizar aerobicamente a glicose.

C produzir aminoácidos a partir de ácidos graxos.

D transformar ácidos graxos em glicogênio.

E estimular a utilização do glicogênio.

2018 (1ª aplicação).

7.31 A eritropoetina (EPO) é um hormônio endógeno secretado pelos rins que influencia a maturação dos eritrócitos. Suas formas recombinantes, sintetizadas em laboratório, têm sido usadas por alguns atletas em esportes de resistência na busca por melhores resultados. No entanto, a administração da EPO recombinante no esporte foi proibida pelo Comitê

Olímpico Internacional e seu uso considerado doping.

MARTELLI, A. Eritropoetina: síntese e liberação fisiológica e o uso de sua forma recombinante no esporte. Perspectivas Online: biológicas & saúde, v. 10, n. 3, 2013 (adaptado).

Uma influência que esse doping poderá exercer na melhoria da capacidade física desses atletas está relacionada ao transporte de

A lipídios, para aumento do gasto calórico.

B ATP, para aumento da síntese hormonal.

C oxigênio, para aumento da produção de ATP.

D proteínas, para aumento da massa muscular.

E vitamina C, para aumento da integridade dos vasos sanguíneos.

2019 (1ª aplicação)

SISTEMA IMUNITÁRIO E IMUNIZAÇÃO

7.32 A vacina, o soro e os antibióticos submetem os organismos a processos biológicos diferentes. Pessoas que viajam para regiões em que ocorrem altas incidências de febre amarela, de picadas de cobras peçonhentas e de leptospirose e querem evitar ou tratar problemas de saúde relacionados a essas ocorrências devem seguir determinadas orientações.

Ao procurar um posto de saúde, um viajante deveria ser orientado por um médico a tomar preventivamente ou como medida de tratamento

A antibiótico contra o vírus da febre amarela, soro antiofídico caso seja picado por uma cobra e vacina contra a leptospirose.

B vacina contra o vírus da febre amarela, soro antiofídico caso seja picado por uma cobra e antibiótico caso entre em contato com a *Leptospira* sp.

C soro contra o vírus da febre amarela, antibiótico caso seja picado por uma cobra e soro contra toxinas bacterianas.

D antibiótico ou soro, tanto contra o vírus da febre amarela como para veneno de cobras, e vacina contra a leptospirose.

E soro antiofídico e antibiótico contra a *Leptospira* sp e vacina contra a febre amarela caso entre em contra o com o vírus causador da doença.

2010.

7.33 Milhares de pessoas estavam morrendo de varíola humana no final do século XVIII. Em 1796, o médico Edward Jenner (1749-1823) inoculou em um menino de 8 anos o pus extraído de feridas de vacas contaminadas com o vírus da varíola bovina, que causa uma doença branda em humanos. O garoto contraiu uma infecção benigna e, dez dias depois, estava recuperado. Meses depois, Jenner inoculou, no mesmo menino, o pus varioloso humano, que causava muitas mortes. O menino não adoeceu.

Disponível em: www.bbc.co.uk. Acesso em: 5 dez. 2012 (adaptado).

Considerando o resultado do experimento, qual a contribuição desse médico para a saúde humana?

A A prevenção de diversas doenças infectocontagiosas em todo o mundo.

B A compreensão de que vírus podem se multiplicar em matéria orgânica.

C O tratamento para muitas enfermidades que acometem milhões de pessoas.

D O estabelecimento da ética na utilização de crianças em modelos experimentais.

E A explicação de que alguns vírus de animais podem ser transmitidos para os humanos.

2013.

7.34 Pesquisador do Instituto Pasteur, Louis Calmette desenvolveu um soro contra picada de cobras najas do sudeste asiático, fabricado na França, desde 1894. Pouco depois, o mineiro Vital Brasil pesquisou soros específicos para jararaca e cascavel junto à equipe do recém-criado Instituto Butantã. O valor científico de suas descobertas difundiu-se apenas em 1915, quando o soro antiveneno da *Crotalus terrificus* foi aplicado em um funcionário do zoológico de Nova Iorque, picado por *Crotalus atrox* do Texas. O fato foi noticiado e comentado nos jornais da época. Pelo relato de Vital Brasil, ficamos sabendo que o permanganato de potássio e o soro Calmette já haviam sido empregados, sem que o estado do doente se modificasse para melhor. A ação do soro específico não se fez esperar: seis horas após a sua aplicação, o doente começou a melhorar, e, 12 horas depois, era considerado livre do perigo.

REZENDE, J. Caminhos da medicina: providencial coincidência na história do ofidismo. Disponível em: http://www.usuarios.cultura.com.br/jmrezende/vitalbrazil.html. Acesso em:

30 abr. 2008.

Como o soro antiveneno de Calmette não funcionou, a surpresa dos cientistas e do público em relação à cura do funcionário deveu-se ao fato de, naquela época, conhecer-se pouco

A o efeito da vacina no processo de cura, ao se combaterem invasores e toxinas.

B a biotecnologia, que teria permitido a identificação das proteínas correspondentes aos genes.

C o uso de antissépticos e calmantes como parte da profilaxia e do tratamento de picada de cobra.

D a atuação dos soros no organismo, que forneceriam anticorpos apropriados para se neutralizar antígenos.

E a taxonomia de Lineu, que era pouco valorizada porque apresentava cascavéis brasileiras e texanas em uma mesma família de serpentes.

2009 (2ª. Aplicação).

7.35

Imunobiológicos:
diferentes formas de produção, diferentes aplicações

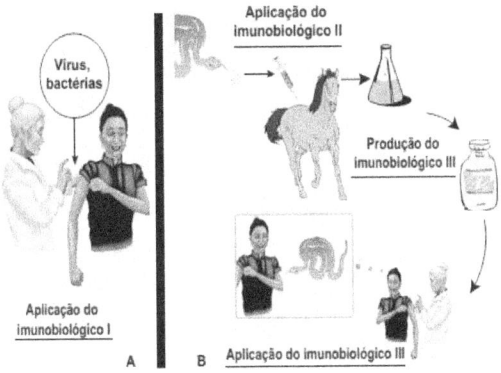

Embora sejam produzidos e utilizados em situações distintas, os imunobiológicos I e II atuam de forma semelhante nos humanos e equinos, pois

A conferem imunidade passiva.

B transferem células de defesa.

C suprimem a resposta imunológica.

D estimulam a produção de anticorpos.

E desencadeiam a produção de antígenos.

2014.

7.36 Quando o corpo humano é invadido por elementos estranhos, o sistema imunológico reage. No entanto, muitas vezes o ataque é tão rápido que pode levar a pessoa à morte. A vacinação permite ao organismo preparar sua defesa com antecedência. Mas, se existe suspeita de mal já instalado, é recomendável o uso do soro, que combate de imediato os elementos estranhos, enquanto o sistema imunológico se mobiliza para entrar em ação.

Considerando essas informações, o soro específico deve ser usado quando

A um idoso deseja se proteger contra gripe.

B uma criança for picada por cobra peçonhenta.

C um bebê deve ser imunizado contra poliomielite.

D uma cidade quer prevenir uma epidemia de sarampo.

E uma pessoa vai viajar para região onde existe febre amarela.

2003.

7.37 Os sintomas mais sérios da gripe A, causada pelo vírus H1N1, foram apresentados por pessoas mais idosas e por gestantes. O motivo aparente é a menor imunidade desses grupos contra o vírus. Para aumentar a imunidade populacional relativa ao vírus da gripe A, o governo brasileiro distribuiu vacinas para os grupos mais suscetíveis.

A vacina contra o H1N1, assim como qualquer outra vacina contra agentes causadores de doenças infectocontagiosas, aumenta a imunidade das pessoas porque

A possui anticorpos contra o agente causador da doença.

B possui proteínas que eliminam o agente causador da doença.

C estimula a produção de glóbulos vermelhos pela medula óssea.

D possui linfócitos B e T que neutralizam o agente causador da doença.

E estimula a produção de anticorpos contra o agente causador da doença.

2011.

7.38 Estima-se que haja atualmente no mundo 40 milhões de pessoas infectadas pelo HIV (o vírus que causa a AIDS), sendo que as taxas de novas infecções continuam crescendo, principalmente na África, Ásia e Rússia. Nesse cenário de pandemia, uma vacina contra o HIV teria imenso impacto, pois salvaria milhões de vidas. Certamente seria um marco na história planetária e também uma esperança para as populações carentes de tratamento antiviral e de acompanhamento médico.

TANURI, A.; FERREIRA JUNIOR, O. C. Vacina contra Aids: desafios e esperanças.

Ciência Hoje (44) 26, 2009 (adaptado).

Uma vacina eficiente contra o HIV deveria

A induzir a imunidade, para proteger o organismo da contaminação viral.

B ser capaz de alterar o genoma do organismo portador, induzindo a síntese de enzimas protetoras.

C produzir antígenos capazes de se ligarem ao vírus, impedindo que este entre nas células do organismo humano.

D ser amplamente aplicada em animais, visto que esses são os principais transmissores do vírus para os seres humanos.

E estimular a imunidade, minimizando a transmissão do vírus por gotículas de saliva.

2009.

7.39 A variação da quantidade de anticorpos específicos foi medida por meio de uma experiência controlada, em duas crianças durante um certo período de tempo. Para a imunização de cada uma das crianças foram utilizados dois procedimentos diferentes:

Criança I: aplicação de soro imune.

Criança II: vacinação.

O gráfico que melhor representa as taxas de variação da quantidade de anticorpos nas crianças I e II é:

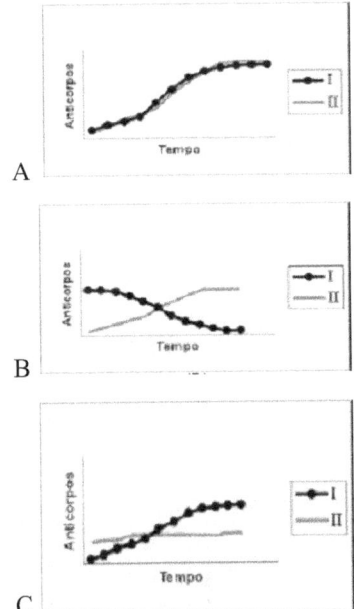

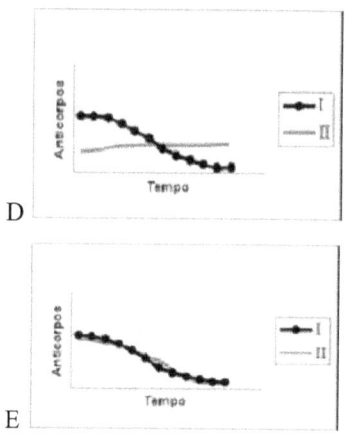

D

E

1999.

7.40 Segundo Jeffrey M. Smith, pesquisador de um laboratório que faz análises de organismos geneticamente modificados, após a introdução da soja transgênica no Reino Unido, aumentaram em 50% os casos de alergias. "O gene que é colocado na soja cria uma proteína nova que até então não existia na alimentação humana, a qual poderia ser potencialmente alergênica", explica o pesquisador.

Correio do estado/MS. 19 abr. 2004 (adaptado).

Considerando-se as informações do texto, os grãos transgênicos que podem causar alergias aos indivíduos que irão consumi-los são aqueles que apresentam, em sua composição, proteínas

A que podem ser reconhecidas como antigênicas pelo sistema imunológico desses consumidores.

B que não são reconhecidas pelos anticorpos produzidos pelo sistema imunológico desses consumidores.

C com estrutura primária idêntica às já encontradas no sistema sanguíneo desses consumidores.

D com sequência de aminoácidos idêntica às produzidas pelas células brancas do sistema sanguíneo desses consumidores.

E com estrutura quaternária idêntica à dos anticorpos produzidos pelo sistema imunológico desses consumidores.

2010 (2ª aplicação).

SISTEMA NERVOSO

7.41 Para que todos os órgãos do corpo humano funcionem em boas condições, é necessário que a temperatura do corpo fique sempre entre 36 °C e 37 °C. Para manter-se dentro dessa faixa, em dias de muito calor ou durante intensos exercícios físicos, uma série de mecanismos fisiológicos é acionada. Pode-se citar como o principal responsável pela manutenção da temperatura corporal humana o sistema

A digestório, pois produz enzimas que atuam na quebra de alimentos calóricos.

B imunológico, pois suas células agem no sangue, diminuindo a condução do calor.

C nervoso, pois promove a sudorese, que permite perda de calor por meio da evaporação da água.

D reprodutor, pois secreta hormônios que alteram a temperatura, principalmente durante a menopausa.

E endócrino, pois fabrica anticorpos que, por sua vez, atuam na variação do diâmetro dos vasos periféricos.

2009.

7.42 Matéria publicada em jornal diário discute o uso de anabolizantes (apelidados de "bombas") por praticantes de musculação. Segundo o jornal, "os anabolizantes são hormônios que dão uma força extra aos músculos. Quem toma consegue ganhar massa muscular mais rápido que normalmente. Isso porque uma pessoa pode crescer até certo ponto, segundo sua herança genética e independentemente do quanto ela se exercite". Um professor de musculação, diz: "Comecei a tomar bomba por conta própria. Ficava nervoso e tremia. Fiquei impotente durante uns seis meses. Mas como sou lutador de vale tudo, tenho que tomar".

A respeito desta matéria, dois amigos fizeram os seguintes comentários:

I. o maior perigo da automedicação é seu fator anabolizante, que leva à impotência sexual.

II. o crescimento corporal depende tanto dos fatores hereditários quanto do tipo de alimentação da pessoa, se pratica ou não esportes, se dorme as 8 horas diárias.

III. os anabolizantes devem ter mexido com o sistema circulatório do professor de musculação, pois ele até ficou impotente.

IV. os anabolizantes são mais perigosos para os homens, pois as mulheres, além de não correrem o risco da impotência, são protegidas pelos hormônios femininos.

Tomando como referência as informações da matéria do jornal e o que se conhece da fisiologia humana,

pode-se considerar que estão corretos os comentários:

A I, II, III e IV.

B I, II e IV, apenas.

C III e IV, apenas.

D II e III, apenas.

E I, II e III, apenas.

1998.

7.43 A cafeína atua no cérebro, bloqueando a ação natural de um componente químico associado ao sono, a adenosina. Para uma célula nervosa, a cafeína se parece com a adenosina e combina-se com seus receptores. No entanto, ela não diminui a atividade das células da mesma forma. Então, em vez de diminuir a atividade por causa do nível de adenosina, as células aumentam sua atividade, fazendo com que os vasos sanguíneos do cérebro se contraiam, uma vez que a cafeína bloqueia a capacidade da adenosina de dilatá-los. Com a cafeína bloqueando a adenosina, aumenta a excitação dos neurônios, induzindo a hipófise a liberar hormônios que ordenam às suprarrenais que produzam adrenalina, considerada o hormônio do alerta.

Disponível em: http://ciencia.hsw.uol.com.br. Acesso em: 23 abr. 2010 (adaptado).

Infere-se do texto que o objetivo da adição de cafeína em alguns medicamentos contra a dor de cabeça é

A contrair os vasos sanguíneos do cérebro, diminuindo a compressão sobre as terminações nervosas.

B aumentar a produção de adrenalina, proporcionando uma sensação de analgesia.

C aumentar os níveis de adenosina, diminuindo a atividade das células nervosas do cérebro.

D induzir a hipófise a liberar hormônios, estimulando a produção de adrenalina.

E excitar os neurônios, aumentando a transmissão de impulsos nervosos.

2010 (2ª aplicação).

ÓRGÃOS SENSORIAIS

7.44 Entre os anos de 1028 e 1038, Alhazen (Ibn al-Haytham; 965-1040 d.C.) escreveu sua principal obra, o Livro da Óptica, que, com base em experimentos, explicava o funcionamento da visão e outros aspectos da ótica, por exemplo, o funcionamento da câmara escura. O livro foi traduzido e incorporado aos conhecimentos científicos ocidentais pelos europeus. Na figura, retirada dessa obra, é representada a imagem invertida de edificações em um tecido utilizado como anteparo.

ZEWAIL, A. H. Micrographia of the twenty-first century: from camera obscura to 4D microscopy. Philosophical Transactions of the Royal Society A. v. 368, 2010 (adaptado).

Se fizermos uma analogia entre a ilustração e o olho humano, o tecido corresponde ao(à)

A íris.

B retina.

C pupila.

D córnea.

E cristalino.

2015.

7.45 A retina é um tecido sensível à luz, localizado na parte posterior do olho, onde ocorre o processo de formação de imagem. Nesse tecido, encontram-se vários tipos celulares específicos. Um desses tipos celulares são os cones, os quais convertem os diferentes comprimentos de onda da luz visível em sinais elétricos, que são transmitidos pelo nervo óptico até o cérebro.

Disponível em: www.portaldaretina.com.br. Acesso em: 13 jun. 2012 (adaptado).

Em relação à visão, a degeneração desse tipo celular irá

A comprometer a capacidade de visão em cores.

B impedir a projeção dos raios luminosos na retina.

C provocar a formação de imagens invertidas na retina.

D causar dificuldade de visualização de objetos próximos.

E acarretar a perda da capacidade de alterar o diâmetro da pupila.

2017 (1ª aplicação).

7.46 Muitos primatas, incluindo nós humanos, possuem visão tricromática: têm três pigmentos visuais na retina sensíveis à luz de uma determinada faixa de comprimento de onda. Informalmente, embora os pigmentos em si não possuam cor, estes são conhecidos como pigmentos "azul", "verde" e "vermelho" e estão associados à cor que causa grande excitação (ativação). A sensação que temos ao observar um objeto colorido decorre da ativação relativa dos três pigmentos. Ou seja, se estimulássemos a retina com uma luz na faixa de 530 nm (retângula I no gráfico), não excitaríamos o pigmento "azul", o pigmento "verde" seria ativado ao máximo e o "vermelho" seria ativado em aproximadamente 75%, e isso nos daria a sensação de ver uma cor amarelada. Já uma luz na faixa de comprimento de onda de 600 nm (retângula II) estimularia o pigmento "verde" um pouco e o "vermelho" em cerca de 75%, e isso nos daria a sensação de ver laranja-avermelhado. No entanto, há características genéticas presentes em alguns indivíduos, conhecidas como Daltonismo, em que um ou mais pigmentos não funcionam perfeitamente.

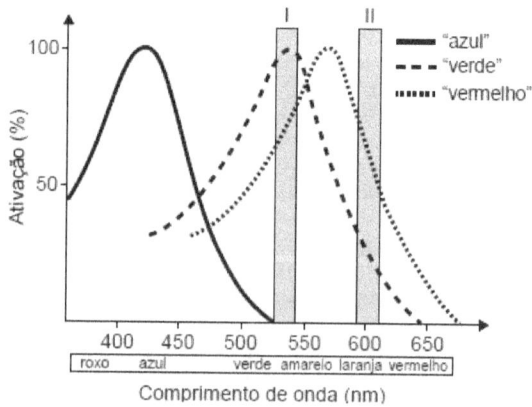

Disponível em: www.comprehensivephysiology.com. Acesso em: 3 ago. 2012 (adaptado).

Caso estimulássemos a retina de um indivíduo com essa característica, que não possuísse o pigmento conhecido como "verde", com as luzes de 530 nm e 600 nm na mesma intensidade luminosa, esse indivíduo seria incapaz de

A identificar o comprimento de onda do amarelo, uma vez que não possui o pigmento "verde".

B ver o estímulo de comprimento de onda laranja, pois não haveria estimulação de um pigmento visual.

C detectar ambos os comprimentos de onda, uma vez que a estimulação dos pigmentos estaria prejudicada.

D visualizar o estímulo do comprimento de onda roxo, já que este se encontra na outra ponta do espectro.

E distinguir os dois comprimentos de onda, pois ambos estimulam o pigmento "vermelho" na mesma intensidade.

2018 (1ª aplicação).

7.47 Os olhos humanos normalmente têm três tipos de cones responsáveis pela percepção das cores: um tipo para tons vermelhos, um para tons azuis e outro para tons verdes. As diversas cores que enxergamos são o resultado da percepção das cores básicas, como indica a figura

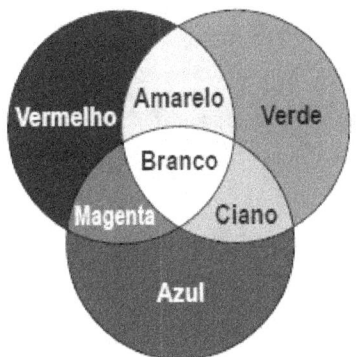

A protanopia é um tipo de daltonismo em que há diminuição ou ausência de receptores da cor vermelha. Considere um teste com dois voluntários: uma pessoa com visão normal e outra com caso severo de protanopia. Nesse teste, eles devem escrever a cor dos cartões que lhes são mostrados. São utilizadas as cores indicadas na figura.

Para qual cartão os dois voluntários identificarão a mesma cor?

A Vermelho.

B Magenta.

C Amarelo.

D Branco.

E Azul.

2019 (1ª aplicação).

7.48 Sabe-se que o olho humano não consegue diferenciar componentes de cores e vê apenas a cor resultante, diferentemente do ouvido, que consegue distinguir, por exemplo, dois instrumentos diferentes tocados simultaneamente. Os raios luminosos do espectro visível, que têm comprimento de onda entre 380 nm e 780 nm, incidem na córnea, passam pelo cristalino e são projetados na retina. Na retina, encontram-se dois tipos de fotorreceptores, os cones e os bastonetes, que convertem a cor e a intensidade da luz recebida em impulsos nervosos. Os cones distinguem as cores primárias: vermelho, verde e azul, e os bastonetes diferenciam apenas níveis de intensidade, sem separar comprimentos de onda. Os impulsos nervosos produzidos são enviados ao cérebro por meio do nervo óptico, para que se dê a percepção da imagem.

Um indivíduo que, por alguma deficiência, não consegue captar as informações transmitidas pelos cones, perceberá um objeto branco, iluminado apenas por luz vermelha, como

A um objeto indefinido, pois as células que captam a luz estão inativas.

B um objeto rosa, pois haverá mistura da luz vermelha com o branco do objeto.

C um objeto verde, pois o olho não consegue diferenciar componentes de cores.

D um objeto cinza, pois os bastonetes captam luminosidade, porém não diferenciam cor.

E um objeto vermelho, pois a retina capta a luz refletida pelo objeto, transformando-a em vermelho.

2009.

7.49 A maioria das pessoas fica com a visão embaçada ao abrir os olhos debaixo d'água. Mas há uma exceção: o povo moken, que habita a costa da Tailândia. Essa característica se deve principalmente à adaptabilidade do olho e à plasticidade do cérebro, o que significa que você também, com algum treinamento, poderia enxergar relativamente bem debaixo d'água. Estudos mostraram que as pupilas de olhos de indivíduos moken sofrem redução significativa debaixo d'água, o que faz com que os raios luminosos incidam quase paralelamente ao eixo óptico da pupila.

GISLÉN, A. et al. Visual Training Improves Underwater Vision in Children. Vision Research, n. 46, 2006 (adaptado).

A acuidade visual associada à redução das pupilas é fisicamente explicada pela diminuição

A da intensidade luminosa incidente na retina.

B da difração dos feixes luminosos que atravessam a pupila.

C da intensidade dos feixes luminosos em uma direção por polarização.

D do desvio dos feixes luminosos refratados no interior do olho.

E das reflexões dos feixes luminosos no interior do olho.

2019 (1ª aplicação).

7.50 O sistema somatossensorial nos informa o que ocorre tanto na superfície do corpo como em seu interior, e processa muitas classes de diferentes estímulos, como pressão, temperatura, toque, posição. Em uma experiência, após vendar os olhos do indivíduo, foram feitos toques com as duas pontas de um compasso em diversas partes do corpo e em diferentes distâncias, visando à identificação das regiões e distâncias onde eram sentidos um ou dois toques. Os locais do corpo, a quantidade de toques que foram sentidos e a distância entre as duas pontas do compasso estão apresentados na tabela:

Distância (cm)	6	5	3,5	2,5	1	0,5	<0,5
Locais	Número de toques						
Costas	2	2	1	1	1	1	1
Panturrilha	2	1	1	1	1	1	1
Antebraço	2	2	1	1	1	1	1
Polegar	2	2	2	2	2	2	2
Indicador	2	2	2	2	2	2	2

DINIZ, C. W. P. **Desvendando o corpo dos animais**. Belém: UFPA, 2004.

As diferenças observadas entre as várias regiões do corpo refletem que a densidade dos receptores

A não é a mesma em todos os pontos, existindo regiões com maior capacidade de discriminação e sensibilidade, como o indicador e o polegar.

B apresenta pequena diferenciação entre os diversos pontos, existindo regiões com menor capacidade de discriminação e sensibilidade, como o indicador e a panturrilha.

C apresenta pequena diferenciação entre os diversos pontos, diferenciando-se em regiões com maior capacidade de discriminação e sensibilidade, como as costas e o antebraço.

D não é a mesma em todos os pontos, existindo regiões com maior capacidade de discriminação e sensibilidade, como o panturrilha e as costas.

E se equivale, existindo pontos que manifestam uma maior sensibilidade e discriminação, como as costas e o antebraço.

2013 (2ª aplicação).

7.51 A epilação a *laser* (popularmente conhecida como depilação a *laser*) consiste na aplicação de uma fonte de luz para aquecer e causar uma lesão localizada e controlada nos folículos capilares. Para evitar que outros tecidos sejam danificados, selecionam-se comprimentos de onda que são absorvidos pela melanina presente nos pelos, mas que não afetam a oxi-hemoglobina do sangue e a água dos tecidos da região em que o tratamento será aplicado. A figura mostra como é a absorção de diferentes comprimentos de onda pela melanina, oxi-hemoglobina e água.

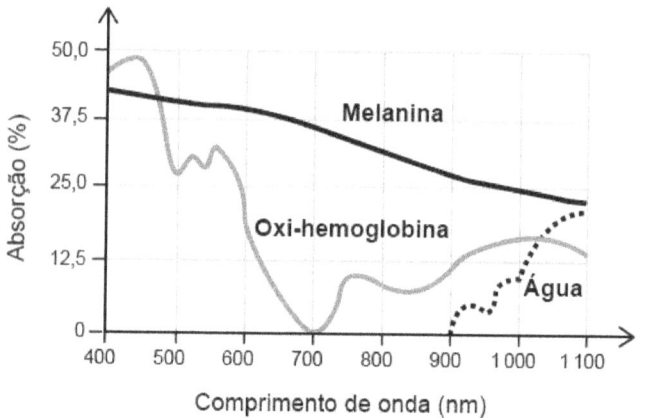

MACEDO, F. S.; MONTEIRO, E. O. Epilação com *laser* e luz intensa pulsada.
Revista Brasileira de Medicina. Disponível em: www.moreirajr.com.br.
Acesso em: 4 set. 2015 (adaptado).

Qual é o comprimento de onda, em nm, ideal para a epilação a *laser*?

A 400

B 700

C 1.100

D 900

E 500

2017 (1ª aplicação).

MÓDULO 8 - ECOLOGIA

A VIDA E O AMBIENTE FÍSICO

8.1 Suponha que o chefe de departamento de administração de uma empresa tenha feito um discurso defendendo a ideia de que os funcionários deveriam cuidar do meio ambiente no espaço da empresa. Um dos funcionários levantou-se e comentou que o conceito de meio ambiente não era claro o suficiente para se falar sobre esse assunto naquele lugar.

Considerando que o chefe do departamento de administração entende que a empresa é parte do meio ambiente, a definição que mais se aproxima dessa concepção é:

A Região que inclui somente cachoeiras, mananciais e florestas.

B Apenas locais onde é possível o contato direto com a natureza.

C Locais que servem como áreas de proteção onde fatores bióticos são preservados.

D Apenas os grandes biomas, por exemplo, Mata Atlântica, Mata Amazônica, Cerrado e Caatinga.

E Qualquer local em que haja relação entre fatores bióticos e abióticos, seja ele natural ou urbano.

2009 (prova anulada).

8.2 Diversos comportamentos e funções fisiológicas do nosso corpo são periódicos, sendo assim, são classificados como ritmo biológico. Quando o ritmo biológico responde a um período aproximado de 24 horas, ele é denominado ritmo circadiano. Esse ritmo diário é mantido pelas pistas ambientais de claro-escuro e determina comportamentos como o ciclo do sono-vigília e o da alimentação. Uma pessoa, em condições normais, acorda às 8 h e vai dormir às 21 h, mantendo seu ciclo de sono dentro do ritmo dia e noite. Imagine que essa mesma pessoa tenha sido mantida numa sala totalmente escura por mais de quinze dias. Ao sair de lá, ela dormia às 18 h e acordava às 3 h da manhã. Além disso, dormia mais vezes durante o dia, por curtos períodos de tempo, e havia perdido a noção da contagem dos dias, pois, quando saiu, achou que havia passado muito mais tempo no escuro.

Brandão, M. L. **Psicofisiologia.** São Paulo: Atheneu, 2000 (adaptado).

Em função das características observadas, conclui-se que a pessoa

A apresentou aumento do seu período de sono contínuo e passou a dormir durante o dia, pois seu ritmo biológico foi alterado apenas no período noturno.

B apresentou pouca alteração do seu ritmo circadiano, sendo que sua noção de tempo foi alterada somente pela sua falta de atenção à passagem do tempo.

C estava com seu ritmo já alterado antes de entrar na sala, o que significa que apenas progrediu para um estado mais avançado de perda do ritmo biológico no escuro.

D teve seu ritmo biológico alterado devido à ausência de luz e de contato com o mundo externo, no qual a noção de tempo de um dia é modulada pela presença ou ausência do sol.

E deveria não ter apresentado nenhuma mudança do seu período de sono porque, na realidade, continua com seu ritmo normal, independentemente do ambiente em que seja colocada.

2010.

8.3 Os seres humanos podem tolerar apenas certos intervalos de temperatura e umidade relativa (UR), e, nessas condições, outras variáveis, como os efeitos do sol e do vento, são necessárias para produzir condições confortáveis, nas quais as pessoas podem viver e trabalhar. O gráfico mostra esses intervalos:

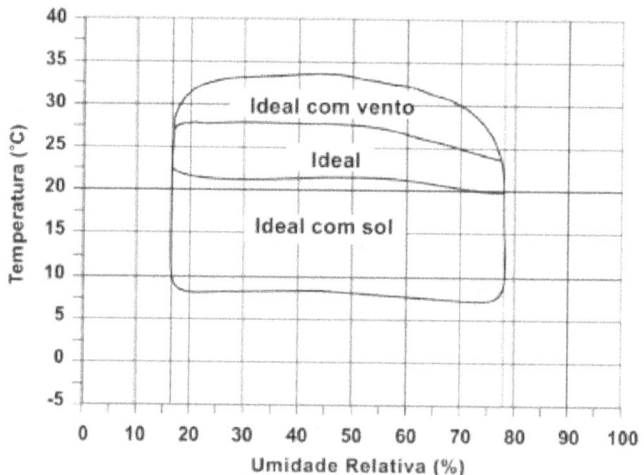

A tabela mostra temperaturas e umidades relativas do ar de duas cidades, registradas em três meses do ano.

	Março		Maio		Outubro	
	T (ºC)	UR(%)	T (ºC)	UR(%)	T (ºC)	UR(%)
Campo Grande	25	82	20	60	25	58
Curitiba	27	72	19	80	18	75

Com base nessas informações, pode-se afirmar que condições ideais são observadas em

A Curitiba com vento em março, e Campo Grande, em outubro.

B Campo Grande com vento em março, e Curitiba com sol em maio.

C Curitiba, em outubro, e Campo Grande com sol em março.

D Campo Grande com vento em março, Curitiba com sol em outubro.

E Curitiba, em maio, e Campo Grande, em outubro.

2002.

8.4 A perda de pelos foi uma adaptação às mudanças ambientais, que forçaram nossos ancestrais a deixar a vida sedentária e viajar enormes distâncias à procura de água e comida. Junto com o surgimento de membros mais alongados e com a substituição de glândulas apócrinas (produtoras de suor oleoso e de lenta evaporação) por glândulas écrinas (suor aquoso e de rápida evaporação), a menor quantidade de pelos teria favorecido a manutenção de uma temperatura corporal saudável nos trópicos castigados por calor sufocante, em que viveram nossos ancestrais.

Scientific American. Brasil, mar. 2010 (adaptado).

De que maneira o tamanho dos membros humanos poderia estar associado à regulação da temperatura corporal?

A Membros mais longos apresentam maior relação superfície/volume, facilitando a perda de maior quantidade de calor.

B Membros mais curtos têm ossos mais espessos, que protegem vasos sanguíneos contra a perda de calor.

C Membros mais curtos desenvolvem mais o panículo adiposo, sendo capazes de reter maior quantidade de calor.

D Membros mais longos possuem pele mais fina e com menos pelos, facilitando a perda de maior quantidade de calor.

E Membros mais longos têm maior massa muscular, capazes de produzir e dissipar maior quantidade de calor.

2010 (2ª aplicação).

8.5 Nas discussões sobre a existência de vida fora da Terra, Marte tem sido um forte candidato a hospedar vida. No entanto, há ainda uma enorme variação de critérios e considerações sobre a habitabilidade de Marte, especialmente no que diz respeito à existência ou não de água líquida. Alguns dados comparativos entre a Terra e Marte estão apresentados na tabela.

PLANETA	Distância ao Sol (km)	Massa (em relação à terrestre)	Aceleração da gravidade (m/s²)	Composição da atmosfera	Temperatura Média
TERRA	149 milhões	1,00	9,8	Gases predominantes: Nitrogênio (N) e Oxigênio (O₂)	288 K (+ 15°C)
MARTE	228 milhões	0,18	3,7	Gás predominante: Dióxido de Carbono (CO₂)	218 K (- 55°C)

Com base nesses dados, é possível afirmar que, dentre os fatores abaixo, aquele mais adverso à existência de água líquida em Marte é sua

A grande distância ao Sol.

B massa pequena.

C aceleração da gravidade pequena.

D atmosfera rica em CO_2.

E temperatura média muito baixa.

2002.

8.6 A água é um dos fatores determinantes para todos os seres vivos, mas a precipitação varia muito nos continentes, como podemos observar no mapa abaixo.

Mapa de distribuição dos grandes desertos e das áreas úmidas

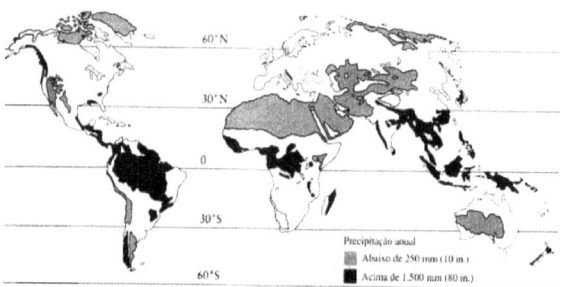

(Robert E. Ricklefs. *A Economia da Natureza*, 3. ed. Rio de Janeiro: Guanabara Koogan , 1996. p. 55)

LATITUDE (°) / HEMISFÉRIO	TEMPERATURA MÉDIA (°C)
60 / Norte	0
30 / Norte	10
10 / Norte	24
10 / Sul	28
30 / Sul	14
60 / Sul	9

Ao examinar a tabela da temperatura média anual em algumas latitudes, podemos concluir que as chuvas são mais abundantes nas maiores latitudes próximas do Equador, porque

A as grandes extensões de terra fria das latitudes extremas impedem precipitações mais abundantes.

B a água superficial é mais quente nos trópicos do que nas regiões temperadas, causando maior precipitação.

C o ar mais quente tropical retém mais vapor de água na atmosfera, aumentando as precipitações.

D o ar mais frio das regiões temperadas retém mais vapor de água, impedindo as precipitações.

E a água superficial é fria e menos abundante nas latitudes extremas, causando menor precipitação.

2005.

BIOMAS E REGIÕES FITOGEOGRÁFICAS

8.7 A análise de esporos de samambaias e de pólen fossilizados contidos em sedimentos pode fornecer pistas sobre as formações vegetais de outras épocas. No esquema a seguir, que ilustra a análise de uma amostra de camadas contínuas de sedimentos, as camadas mais antigas encontram-se mais distantes da superfície.

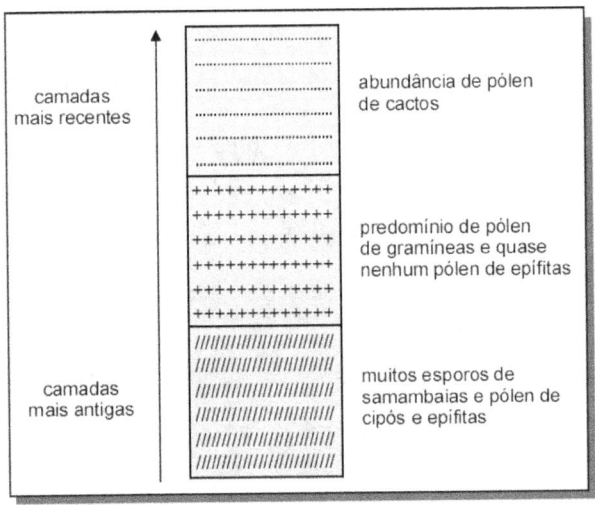

Essa análise permite supor-se que o local em que foi colhida a amostra deve ter sido ocupado, sucessivamente, por

A floresta úmida, campos cerrados e caatinga.

B floresta úmida, floresta temperada e campos cerrados.

C campos cerrados, caatinga e floresta úmida.

D caatinga, floresta úmida e campos cerrados.

E campos cerrados, caatinga e floresta temperada.

2006.

8.8

Dois pesquisadores percorreram os trajetos marcados no mapa. A tarefa deles foi analisar os ecossistemas e, encontrando problemas, relatar e propor medidas de recuperação. A seguir, são reproduzidos trechos aleatórios extraídos dos relatórios desses dois pesquisadores.

Trechos aleatórios extraídos do relatório do pesquisador P1:

I. "Por causa da diminuição drástica das espécies vegetais deste ecossistema, como os pinheiros, a gralha azul também está em processo de extinção".

II. "As árvores de troncos tortuosos e cascas grossas que predominam nesse ecossistema estão sendo utilizadas em carvoarias".

Trechos aleatórios extraídos do relatório do pesquisador P2:

III. "Das palmeiras que predominam nesta região podem ser extraídas substâncias importantes para a economia regional",

IV. "Apesar da aridez desta região, em que encontramos muitas plantas espinhosas, não se pode desprezar a sua biodiversidade".

Ecossistemas brasileiros: mapa de distribuição de ecossistemas. Disponível em: http://educacao.uol.com.br/ciencias/ult1686u52.jhtm. Acesso em: 20 abr. 2010 (adaptado).

Os trechos I, II, III e IV referem-se, pela ordem, aos seguintes ecossistemas:

A Caatinga, Cerrado, Zona dos Cocais e Floresta Amazônica.

B Mata de Araucárias, Cerrado, Zona dos Cocais e Caatinga.

C Manguezais, Zona dos Cocais, Cerrado e Mata Atlântica.

D Floresta Amazônica, Cerrado, Mata Atlântica e Pampas.

E Mata Atlântica, Cerrado, Zona dos Cocais e Pantanal.

2010.

8.9 A vegetação do cerrado é constituída por árvores esparsas que apresentam troncos retorcidos e raízes profundas, disseminadas em meio a arbustos. As raízes dessas árvores são uma importante estratégia evolutiva, pois

A aumentam a taxa de fotossíntese das árvores, o que eleva a produção de biomassa.

B melhoram a sustentação das árvores no solo, que se torna arenoso nos períodos intensos de seca.

C possibilitam a absorção de água de regiões mais profundas do solo, inclusive em períodos de seca.

D dificultam a ação de predadores que se alimentam desses órgãos, provocando a morte das árvores.

E diminuem a superfície de contato desses órgãos com a atmosfera, impedindo a perda de água por evaporação.

2012 (2ª aplicação).

8.10 Em uma aula de biologia sobre formação vegetal brasileira, a professora destacou que, em uma região, a flora convive com condições ambientais curiosas. As características dessas plantas não estão relacionadas com a falta de água, mas com as condições do solo, que é pobre em sais minerais, ácido e rico em alumínio. Além disso, essas plantas possuem adaptações ao fogo.

As características adaptativas das plantas que correspondem à região destacada pela professora são:

A Raízes escoras e respiratórias.

B Raízes tabulares e folhas largas.

C Casca grossa e galhos retorcidos.

D Raízes aéreas e perpendiculares ao solo.

E Folhas reduzidas ou modificadas em espinhos.

2016 (2ª aplicação).

8.11 Uma região de Cerrado possui lençol freático profundo, estação seca bem marcada, grande insolação e recorrência de incêndios naturais. Cinco espécies de árvores nativas, com as características apresentadas no quadro, foram avaliadas quanto ao seu potencial para uso em projetos de reflorestamentos nessa região.

Característica	Árvore 1	Árvore 2	Árvore 3	Árvore 4	Árvore 5
Superfície foliar	Coberta por tricomas	Coberta por cera	Coberta por cera	Coberta por espinhos	Coberta por espinhos
Profundidade das raízes	Baixa	Alta	Baixa	Baixa	Alta

Qual é a árvore adequada para o reflorestamento dessa região?

A 1

B 2

C 3

D 4

E 5

2014.

8.12 O bioma Cerrado foi considerado recentemente um dos 25 hotspots de biodiversidade do mundo, segundo uma análise em escala mundial das regiões biogeográficas sobre áreas globais prioritárias para conservação. O conceito de hotspot foi criado tendo em vista a escassez de recursos direcionados para conservação, com o objetivo de apresentar os chamados "pontos quentes", ou seja, locais para os quais existe maior necessidade de direcionamento de esforços, buscando evitar a extinção de muitas espécies que estão altamente ameaçadas por ações antrópicas.

PINTO, P. P.; DINIZ-FILHO, J. A. F. In: ALMEIDA, M. G. (Org.). **Tantos cerrados**: múltiplas abordagens sobre a biogeodiversidade e singularidade cultural. Goiânia: Vieira, 2005 (adaptado).

A necessidade desse tipo de ação na área mencionada tem como causa a

A intensificação da atividade turística

B implantação de parques ecológicos.

C exploração dos recursos minerais.

D elevação do extrativismo vegetal.

E expansão da fronteira agrícola.

2016.

8.13 O mangue é composto por três tipos de árvores (*Rhizophora mangle* — mangue-bravo ou vermelho, *Avicennia schaueriana* — mangue-seriba, e *Laguncularia racemosa* — mangue-branco). Uma característica morfológica comum aos três tipos de árvores encontradas no mangue está relacionada à pouca disponibilidade de oxigênio encontrado em seu solo.

AlVES, J. R. P. (Org.). **Manguezais:** educar para proteger. Rio de Janeiro: Femar; Semads,
2001 (adaptado).

A característica morfológica de valor adaptativo referenciada no texto é a

A ausência de frutos.

B ausência de estômatos.

C presença de folhas largas.

D presença de raízes-escoras.

E presença de pneumatóforos.

2019 (2ª aplicação).

8.14 Manguezais são biomas litorâneos que ocorrem ao longo da costa brasileira com vegetação característica que se desenvolve em solo lodoso, alagado e salgado. Uma planta presente nesse bioma é *Aviccenia tomentosa*, conhecida popularmente como siriúba. Dentre as características adaptativas dessa planta, destacam-se suas raízes, que afloram perpendicularmente ao solo, conhecidas como pneumatóforos.

Essa adaptação está relacionada a uma maior

A eliminação de água.

B captação de O_2 do ar.

C captação de CO_2 do ar.

D absorção de nutrientes.

E fixação ao solo do manguezal.

2014 (3ª aplicação).

8.15 O manguezal é um dos mais ricos ambientes do planeta, possui uma grande concentração de vida, sustentada por nutrientes trazidos dos rios e das folhas que caem das árvores. Por causa da quantidade de sedimentos — restos de plantas e outros organismos — misturados à água salgada, o solo dos manguezais tem aparência de lama, mas dele resulta uma floresta exuberante capaz de sobreviver naquele solo lodoso e salgado.

NASCIMENTO, M. S. V. Disponível em: http://chc.cienciahoje.uol.com.br. Acesso em: 3 ago. 2011.

Para viverem em ambiente tão peculiar, as plantas dos manguezais apresentam adaptações, tais como

A folhas substituídas por espinhos, a fim de reduzir a perda de água para o ambiente.

B folhas grossas, que caem em períodos frios, a fim de reduzir a atividade metabólica.

C caules modificados, que armazenam água, a fim de suprir as plantas em períodos de seca.

D raízes desenvolvidas, que penetram profundamente no solo, em busca de água.

E raízes respiratórias ou pneumatóforos, que afloram do solo e absorvem o oxigênio diretamente do ar.

2013 (2ª aplicação).

8.16 A vegetação apresenta adaptações ao ambiente, como plantas arbóreas e arbustivas com raízes que se expandem horizontalmente, permitindo forte ancoragem no substrato lamacento; raízes que se expandem verticalmente, por causa da baixa oxigenação do substrato; folhas que têm glândulas para eliminar o excesso de sais; folhas que podem apresentar cutícula espessa para reduzir a perda de água por evaporação. As características descritas referem-se a plantas adaptadas ao bioma:

A Cerrado.

B Pampas.

C Pantanal.

D Manguezal.

E Mata de Cocais

2016 (1ª aplicação).

8.17

Asa branca

Quando olhei a terra ardendo

Qual fogueira de São João

Eu perguntei a Deus do céu, ai

Por que tamanha judiação

Que braseiro, que fornalha

Nem um pé de plantação

Por falta d'água perdi meu gado

Morreu de sede meu alazão

Até mesmo a asa branca

Bateu asas do sertão

Então eu disse adeus Rosinha

Guarda comigo meu coração

[...]

GONZAGA. L.; TEIXEIRA, H. Disponível em: www.luizgonzaga.mus.br. Acesso em: 29 set. 2011 (fragmento).

O bioma brasileiro retratado na canção é caracterizado principalmente por

A índices pluviométricos baixos.

B alta taxa de evapotranspiração.

C temperatura de clima temperado.

D vegetação predominantemente epífita.

E migração das aves no período reprodutivo.

2017 (2ª aplicação).

8.18 Determinado bioma brasileiro apresenta vegetação conhecida por perder as folhas e ficar apenas com galhos esbranquiçados, ao passar por até nove meses de seca. As plantas podem acumular água no caule e na raiz, além de apresentarem folhas pequenas, que em algumas espécies assumem a forma de espinhos.

Qual região fitogeográfica brasileira apresenta plantas com essas características?

A Cerrado.

B Pantanal.

C Caatinga.

D Mata Atlântica.

E Floresta Amazônica.

2014 (2ª aplicação).

8.19 A caatinga é um ecossistema que se encontra nos lados equatoriais dos desertos quentes, com índices pluviométricos muito baixos. Chove pouco no inverno e as chuvas, quando ocorrem, acontecem no verão. Apresenta plantas semelhantes às das regiões de deserto quente, do tipo xerófitas, como as cactáceas, com adaptações às condições de escassez de água.

SADAVA, D. et al. **Vida**: a ciência da biologia. Porto Alegre: Artmed, 2009 (adaptado).

Uma característica que permite a sobrevivência dessas plantas, na condição de escassez citada, é a presença de

A caule subterrâneo.

B sistema radicular fasciculado.

C folhas modificadas em espinhos.

D parênquima amilífero desenvolvido.

E limbo foliar desprovido de estômatos.

2016 (3ª aplicação).

8.20 A Caatinga é o único bioma exclusivamente brasileiro, ocupando cerca de 7% a 10% do território nacional. Nesse ambiente seco, mesmo quando chove, não há acúmulo de água, pois o solo é raso e pedregoso. Assim, as plantas desse bioma possuem modificações em suas raízes, caules e folhas, que permitem melhor adaptação a esse ambiente, contra a perda de água e de nutrientes. Geralmente, seus caules são suculentos e suas folhas possuem forma de espinhos e cutículas altamente impermeáveis, que apresentam queda na estação seca.

Disponível em: www.ambientebrasil.com.br. Acesso em: 21 maio 2010 (adaptado).

Considerando as adaptações nos órgãos vegetativos, a principal característica das raízes dessas plantas, que atribui sua maior adaptação à Caatinga, é o(a)

A armazenamento de nutrientes por um sistema radicular aéreo.

B fixação do vegetal ao solo por um sistema radicular do tipo tuberoso.

C fixação do vegetal ao substrato por um sistema radicular do tipo sugador.

D absorção de água por um sistema radicular desenvolvido e profundo.

E armazenamento de água do solo por um sistema radicular do tipo respiratório.

2013 (2ª aplicação).

8.21 A caatinga está em risco: estudo revela que 59% da vegetação natural desse bioma já sofreram algum tipo de modificação por atividades humanas. Um problema que esse bioma enfrenta é o fenômeno da desertificação. Segundo cientistas, à medida que a agricultura avança na região, esse fenômeno ganha maiores proporções. Para os cientistas, essa constatação evidencia a grande necessidade de medidas urgentes para a preservação da caatinga, que hoje só tem 1% de sua área incluída em unidades de conservação.

Ferraz, M. Caatinga, muito prazer. **Ciência Hoje,** Rio de Janeiro; v. 42, n, 251, p. 46-47.
2008 (adaptado).

A caatinga pode ser considerada um ambiente frágil onde a desertificação

A decorre da presença de solos ricos em nutrientes, porém rasos.

B deve-se à presença de um lençol freático extenso, porém raso.

C deverá regredir nos próximos anos, devido ao regime de chuvas da região.

D é um problema de pouca importância, pois atinge poucas regiões do bioma.

E pode ser evitada mantendo-se a vegetação nativa, que impede a ocorrência desse fenômeno.

2009 (2ª aplicação).

8.22 A Mata Atlântica caracteriza-se por uma grande diversidade de epífitas, como as bromélias. Essas plantas estão adaptadas a esse ecossistema e conseguem captas luz, água e nutrientes mesmo vivendo sobre as árvores.

Disponível em: www.ib.usp.br. Acesso em 23 fev. 2013 (adaptado).

Essas espécies captam água do(a)

A organismo das plantas vizinhas.

B solo através de suas longas raízes.

C chuva acumulada entre suas folhas.

D seiva bruta das plantas hospedeiras.

E comunidade que vive em seu interior.

2017 (1ª aplicação).

8.23 O deserto é um bioma que se localiza em regiões de pouca umidade. A fauna é, predominantemente, composta por animais roedores, aves, répteis e artrópodes.

Uma adaptação, associada a esse bioma, presente nos seres vivos dos grupos citados é o(a)

A existência de numerosas glândulas sudoríparas na epiderme.

B eliminação de excretas nitrogenadas de forma concentrada.

C desenvolvimento do embrião no interior de ovo com casca.

D capacidade de controlar a temperatura corporal.

E respiração realizada por pulmões foliáceos.

2018.

FLUXOS DE ENERGIA NOS ECOSSISTEMAS

8.24 Paleontólogos estudam fósseis e esqueletos de dinossauros para tentar explicar o desaparecimento desses animais. Esses estudos permitem afirmar que esses animais foram extintos há cerca de 65 milhões de anos. Uma teoria aceita atualmente é a de que um asteroide colidiu com a Terra, formando uma densa nuvem de poeira na atmosfera.

De acordo com essa teoria, a extinção ocorreu em função de modificações no planeta que

A desestabilizaram o relógio biológico dos animais, causando alterações no código genético.

B reduziram a penetração da luz solar até a superfície da Terra, interferindo no fluxo energético das teias tróficas.

C causaram uma série de intoxicações nos animais, provocando a bioacumulação de partículas de poeira nos organismos.

D resultaram na sedimentação das partículas de poeira levantada com o impacto do meteoro, provocando o desaparecimento de rios e lagos.

E evitaram a precipitação de água até a superfície da Terra, causando uma grande seca que impediu a retroalimentação do ciclo hidrológico.

2012.

8.25 Sabe-se que uma área de quatro hectares de floresta, na região tropical, pode conter cerca de 375 espécies de plantas enquanto uma área florestal do mesmo tamanho, em região temperada, pode apresentar entre 10 e 15 espécies.

O notável padrão de diversidade das florestas tropicais se deve a vários fatores, entre os quais é possível citar

A altitudes elevadas e solos profundos.

B a ainda pequena intervenção do ser humano.

C sua transformação em áreas de preservação.

D maior insolação e umidade e menor variação climática.

E alternância de períodos de chuvas com secas prolongadas.

2003.

8.26 A figura representa uma cadeia alimentar em uma lagoa. As setas indicam o sentido do fluxo de energia entre os componentes dos níveis tróficos.

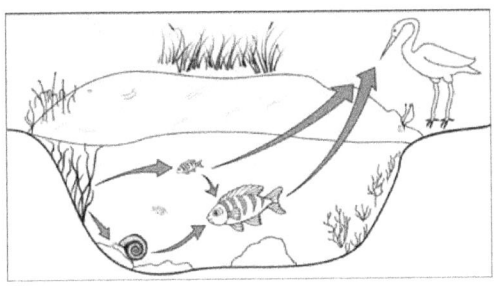

Sabendo-se que o mercúrio se acumula nos tecidos vivos, que componente dessa cadeia alimentar apresentará maior teor de mercúrio no organismo se nessa lagoa ocorrer um derramamento desse metal?

A As aves, pois são os predadores do topo dessa cadeia e acumulam mercúrio incorporado pelos componentes dos demais elos.

B Os caramujos, pois se alimentam das raízes das plantas, que acumulam maior quantidade de metal.

C Os grandes peixes, pois acumulam o mercúrio presente nas plantas e nos peixes pequenos.

D Os pequenos peixes, pois acumulam maior quantidade de mercúrio, já que se alimentam das plantas contaminadas.

E As plantas aquáticas, pois absorvem grande quantidade de mercúrio da água através de suas raízes e folhas.

2010 (2ª aplicação).

8.27

"Isso é terrível. Se o plâncton entrar em greve, isso vai destruir toda a cadeia alimentar."

HARRIS. S. **A Ciência ri**. São Paulo: Unesp. 2007.

A charge ilustra a transferência de matéria numa cadeia alimentar. Considerando as setas indicativas de entrada e saída de energia nos níveis tróficos, o esquema que representa esse fluxo é

Legenda: P produtores; C1 consumidor primário; C2 consumidor secundário e C3 consumidor terciário.

A

B

C

D

E

8.28 O uso de defensivos agrícolas é preocupante pela sua toxidade aos ecossistemas, tanto ao meio biótico como abiótico, afetando as cadeias alimentares. Alguns defensivos, como o DDT (dicloro-difeniltricloroetano), por serem muito estáveis, entram nas cadeias alimentares e permanecem nos ecossistemas.

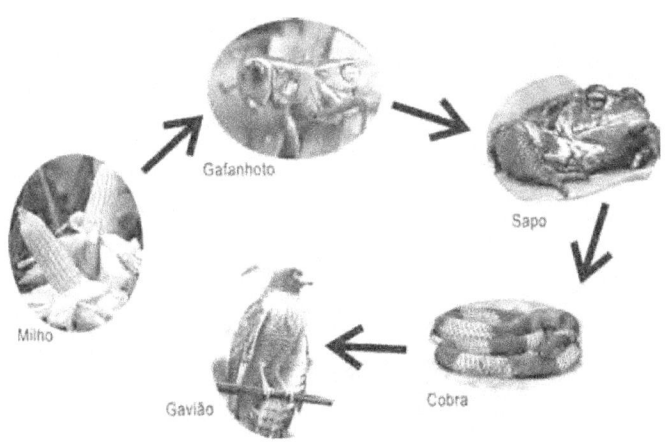

PASCHOAL. A. D. **Pragas, praguicidas e a crise ambiental:** problemas e soluções. Rio de Janeiro: FGV, 1979 (adaptado).

Com base nas informações e na figura, o elo da cadeia alimentar que apresentará as maiores concentrações do defensivo é o do(a)

A sapo, devido ao tempo de vida ser longo, acumulando maior quantidade de compostos tóxicos ao longo da vida.

B cobra, devido à digestão lenta dos alimentos, resultando na concentração dos compostos tóxicos

neste organismo.

C gafanhoto, devido ao elevado consumo de milho, resultando em altas concentrações dos compostos tóxicos no seu organismo.

D milho, devido à aplicação direta de defensivo na gramínea, gerando altas concentrações de compostos tóxicos em toda a planta.

E gavião, devido à acumulação de compostos tóxicos ao longo da cadeia alimentar, resultando nas maiores concentrações neste organismo.

2012 (2ª aplicação).

8.29 Suponha que um pesticida lipossolúvel que se acumula no organismo após ser ingerido tenha sido utilizado durante anos na região do Pantanal, ambiente que tem uma de suas cadeias alimentares representadas no esquema:

PLÂNCTON → PULGA-D'ÁGUA → LAMBARI → PIRANHA → TUIUIÚ

Um pesquisador avaliou a concentração do pesticida nos tecidos de lambaris da região e obteve um resultado de 6,1 partes por milhão (ppm).

Qual será o resultado compatível com a concentração do pesticida (em ppm) nos tecidos dos outros componentes da cadeia alimentar?

A

PLÂNCTON	PULGA-D'ÁGUA	PIRANHA	TUIUIÚ
15,1	10,3	4,3	1,2

B

PLÂNCTON	PULGA-D'ÁGUA	PIRANHA	TUIUIÚ
6,1	6,1	6,1	6,1

C

PLÂNCTON	PULGA-D'ÁGUA	PIRANHA	TUIUIÚ
2,1	4,3	10,4	14,3

D

PLÂNCTON	PULGA-D'ÁGUA	PIRANHA	TUIUIÚ
2,1	3,9	4,1	2,3

E

PLÂNCTON	PULGA-D'ÁGUA	PIRANHA	TUIUIÚ
8,8	5,8	5,3	9,6

2016 (2ª aplicação).

8.30 Estudos de fluxo de energia em ecossistemas demonstram que a alta produtividade nos manguezais está diretamente relacionada às taxas de produção primária líquida e à rápida reciclagem dos nutrientes. Como exemplo de seres vivos encontrados nesse ambiente, temos: aves, caranguejos, insetos, peixes e algas.

Dos grupos de seres vivos citados, os que contribuem diretamente para a manutenção dessa produtividade no referido ecossistema são

A aves.

B algas.

C peixes.

D insetos.

E caranguejos.

2013.

8.31 A eficiência de um processo de conversão de energia é definida como a razão entre a produção de energia ou trabalho útil e o total de entrada de energia no processo. A figura mostra um processo com diversas etapas. Nesse caso, a eficiência geral será igual ao produto das eficiências das etapas individuais. A entrada de energia que não se transforma em trabalho útil é perdida sob formas não utilizáveis (como resíduos de calor).

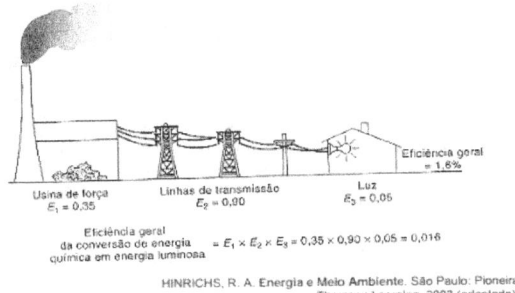

HINRICHS, R. A. Energia e Meio Ambiente. São Paulo: Pioneira Thomson Learning, 2003 (adaptado).

Aumentar a eficiência dos processos de conversão de energia implica economizar recursos e combustíveis. Das propostas seguintes, qual resultará em maior aumento da eficiência geral do processo?

A Aumentar a quantidade de combustível para queima na usina de força.

B Utilizar lâmpadas incandescentes, que geram pouco calor e muita luminosidade.

C Manter o menor número possível de aparelhos elétricos em funcionamento nas moradias.

D Utilizar cabos com menor diâmetro nas linhas de transmissão a fim de economizar o material condutor.

E Utilizar materiais com melhores propriedades condutoras nas linhas de transmissão e lâmpadas fluorescentes nas moradias.

2009.

8.32 O diagrama abaixo representa, de forma esquemática e simplificada, a distribuição da energia proveniente do Sol sobre a atmosfera e a superfície terrestre. Na área delimitada pela linha tracejada, são destacados alguns processos envolvidos no fluxo de energia na atmosfera.

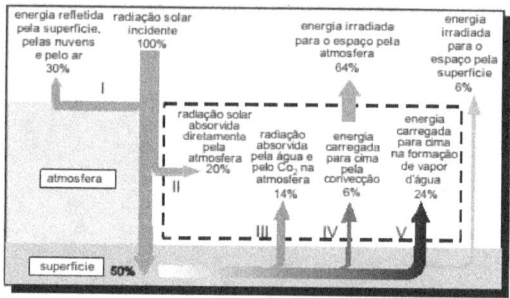

Raymong A. Serway e John W. Jewett. **Princípios de Física**, v. 2, fig. 18.12 (com adaptações).

Com base no diagrama acima, conclui-se que

A maior parte da radiação incidente sobre o planeta fica retida na atmosfera.

B a quantidade de energia refletida pelo ar, pelas nuvens e pelo solo é superior à absorvida pela superfície.

C a atmosfera absorve 70% da radiação solar incidente sobre a Terra.

D mais da metade da radiação solar que é absorvida diretamente pelo solo é devolvida para a atmosfera.

E a quantidade de radiação emitida para o espaço pela atmosfera é menor que a irradiada para o espaço pela superfície.

2008.

8.33 O diagrama abaixo representa, de forma esquemática e simplificada, a distribuição da energia proveniente do Sol sobre a atmosfera e a superfície terrestre. Na área delimitada pela linha tracejada, são destacados alguns processos envolvidos no fluxo de energia na

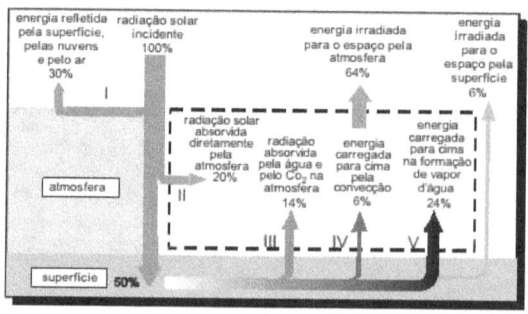

Raymong A. Serway e John W. Jewett. **Princípios de Física**, v. 2, fig. 18.12 (com adaptações).

atmosfera.

A chuva é o fenômeno natural responsável pela manutenção dos níveis adequados de água dos reservatórios das usinas hidrelétricas. Esse fenômeno, assim como todo o ciclo hidrológico, depende muito da energia solar. Dos processos numerados no diagrama, aquele que se relaciona mais diretamente com o nível dos reservatórios de usinas hidrelétricas é o de número

A I.

B II.

C III.

D IV.

E V.

2008.

8.34 Bioindicador ou indicador biológico é uma espécie ou grupo de espécies que reflete o estado biótico ou abiótico de um meio ambiente, o impacto produzido sobre um hábitat, comunidade ou ecossistema, entre outras funções. A posição trófica do organismo bioindicador é uma das características mais relevantes quanto ao seu grau de importância para essa função: quanto mais baixo o nível trófico do organismo, maior a sua utilidade, pois pressupõe-se que toda a cadeia trófica é contaminada a partir dele.

ANDRÉA, M. M. **Bioindicadores ecotoxicológicos de agrotóxicos**. Disponível em:
www.biologico.sp.gov.br. Acesso em: 11 mar. 2013 (adaptado).

O grupo de organismos mais adequado para essa condição, do ponto de vista da sua posição na cadeia trófica é constituído por

A algas.

B peixes.

C baleias.

D camarões.

E anêmonas

2015 (2ª aplicação).

8.35 Um agricultor, que possui uma plantação de milho e uma criação de galinhas, passou a ter sérios problemas com os cachorros-do-mato que atacavam sua criação. O agricultor, ajudado pelos vizinhos, exterminou os cachorros-do-mato da região. Passado pouco tempo, houve um grande aumento no número de pássaros e roedores que passaram a atacar as lavouras. Nova campanha de extermínio e, logo depois da destruição dos pássaros e roedores, uma grande praga de gafanhotos, destruiu totalmente a plantação de milho e as galinhas ficaram sem alimento. Analisando o caso acima, podemos perceber que houve desequilíbrio na teia alimentar representada por:

A   milho → gafanhotos → pássaro → galinha → roedores → cachorro-do-mato

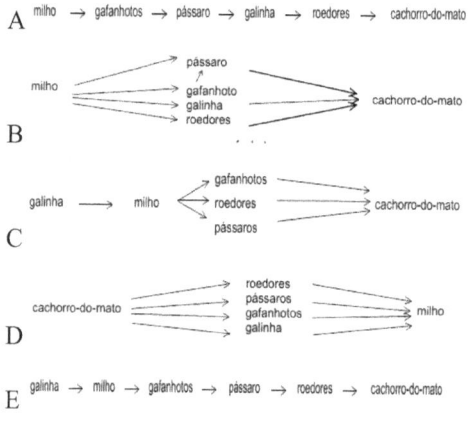

B

C

D

E   galinha → milho → gafanhotos → pássaro → roedores → cachorro-do-mato

1999.

8.36 Considere a seguinte cadeia alimentar em um ambiente marinho:

Fitoplânctons → Copépodos → Sardinhas → Atuns

Imagine que nessa cadeia sejam introduzidas águas-vivas, que se alimentam dos copépodos (crustáceos planctônicos). Nessa área as águas-vivas não são alimentos para outros organismos. No mesmo período ocorre sobrepesca das populações de sardinhas.

Como consequência das interferências descritas na cadeia alimentar será observada diminuição

A da população de copépodos em decorrência da diminuição do estoque de sardinhas.

B da população de atuns em consequência da diminuição da população de sardinhas.

C da quantidade de fitoplâncton devido à redução no estoque de copépodos.

D do estoque de copépodos em função do aumento da população de atuns.

E da população de atuns pelo aumento da população de copépodos.

2012 (2ª aplicação).

8.37 Os personagens da figura estão representando uma situação hipotética de cadeia alimentar.

218

Disponível em: http://www.cienciasgaspar.blogspot.com.

Suponha que, em cena anterior à apresentada, o homem tenha se alimentado de frutas e grãos que conseguiu coletar. Na hipótese de, nas próximas cenas, o tigre ser bem-sucedido e, posteriormente, servir de alimento aos abutres, tigre e abutres ocuparão, respectivamente, os níveis tróficos de:

A produtor e consumidor primário.

B consumidor primário e consumidor secundário.

C consumidor secundário e consumidor terciário.

D consumidor terciário e produtor.

E consumidor secundário e consumidor primário.

2012.

8.38

O Globo, 01/09/2001.

Na charge, a arrogância do gato com relação ao comportamento alimentar da minhoca, do ponto de vista biológico,

A não se justifica, porque ambos, como consumidores, devem "cavar" diariamente o seu próprio alimento.

B é justificável, visto que o felino possui função superior à da minhoca numa teia alimentar.

C não se justifica, porque ambos são consumidores primários em uma teia alimentar.

D é justificável, porque as minhocas, por se alimentarem de detritos, não participam das cadeias alimentares.

E é justificável, porque os vertebrados ocupam o topo das teias alimentares.

2002.

8.39

QUINO. Toda Mafalda. São Paulo: Martins Fontes, 2003.

A posição ocupada pela vaca, na interação apresentada na tirinha, a caracteriza como

A produtora.

B consumidora primária.

C consumidora secundária.

D consumidora terciária.

E decompositora.

2013 (2ª aplicação).

8.40 O caramujo gigante africano, *Achatina fulica*, é uma espécie exótica que tem despertado o interesse das autoridades brasileiras, uma vez que tem causado danos ambientais e prejuízos econômicos à agricultura. A introdução da espécie no Brasil ocorreu clandestinamente, com o objetivo de ser utilizada na alimentação humana. Porém, o molusco teve pouca aceitação no comércio de alimentos, o que resultou em abandono e liberação intencional das criações por vários produtores. Por ser uma espécie herbívora generalista (alimenta-se de mais de 500 espécies diferentes de vegetais), com grande capacidade reprodutiva, tornou-se uma praga agrícola de difícil erradicação. Associada a isto, a ausência de predadores naturais fez com que ocorresse um crescimento descontrolado da população.

O desequilíbrio da cadeia alimentar observado foi causado pelo aumento da densidade populacional de

A consumidores terciários, em função da elevada disponibilidade de consumidores secundários.

B consumidores primários, em função da ausência de consumidores secundários.

C consumidores secundários, em função da ausência de consumidores primários.

D consumidores terciários, em função da elevada disponibilidade de produtores.

E consumidores primários, em função do aumento de produtores.

2015 (2ª aplicação).

8.41 A corvina é um peixe carnívoro que se alimenta de crustáceos, moluscos e pequenos peixes que vivem no fundo do mar. É bastante utilizada na alimentação humana, sendo encontrada em toda a costa brasileira, embora seja mais abundante no sul do País. A tabela registra a concentração média anual de mercúrio no tecido muscular de corvinas capturadas em quatro áreas.

Áreas de coleta das corvinas	Concentração média anual de mercúrio em tecido muscular (nanogramas/grama)	Características da Área
Baía de Guanabara (RJ)	193,6	Área de intensa atividade portuária, que recebe esgotos domésticos não tratados e rejeitos industriais de cerca de 6.000 fontes.
Baía de Ilha Grande (RJ)	153,8	Recebe rejeitos de parque industrial ainda em fase de crescimento e é uma das principais fontes de pescado do estado.
Baía de Sepetiba (RJ)	124,0	Área sujeita a eficientes efeitos de maré e com baixa atividade pesqueira, sem fontes industriais de contaminação por mercúrio.
Lagoa da Conceição (SC)	90,6*	Importante fonte de pescado no litoral catarinense, na qual praticamente inexiste contaminação industrial por mercúrio.

*Concentração natural de mercúrio, característica de local não contaminado.

KEHRIG, H. A. & MALM, O. Mercúrio: uma avaliação na costa brasileira. Ciência Hoje, outubro, 1997.

Segundo a legislação brasileira, o limite máximo permitido para as concentrações de mercúrio total é de 500 nanogramas por grama de peso úmido. Ainda levando em conta os dados da tabela e o tipo de circulação do mercúrio ao longo da cadeia alimentar, pode-se considerar que a ingestão, pelo ser humano, de corvinas capturadas nessas regiões,

A não compromete a sua saúde, uma vez que a concentração de mercúrio é sempre menor que o limite máximo permitido pela legislação brasileira.

B não compromete a sua saúde, uma vez que a concentração de poluentes diminui a cada novo consumidor que se acrescenta à cadeia alimentar.

C não compromete a sua saúde, pois a concentração de poluentes aumenta a cada novo consumidor que se acrescenta à cadeia alimentar.

D deve ser evitada, apenas quando entre as corvinas e eles se interponham outros consumidores, como, por exemplo, peixes de maior porte.

E deve ser evitada sempre, pois a concentração de mercúrio das corvinas ingeridas se soma à já armazenada no organismo humano.

8.42 O mercúrio é um metal muito utilizado, em indústrias e garimpos, para extração de ouro. As perdas decorrentes da má utilização desse metal atingem os ecossistemas aquáticos e chegam ao homem quando este come peixes pescados em ecossistemas contaminados. O processo que torna o peixe prejudicial à saúde humana é chamado bioacumulação, na qual a concentração do mercúrio aumenta em cada organismo ao longo da cadeia alimentar trófica, de modo que o homem consome alimento com alta concentração de mercúrio e, portanto, com alta toxicidade. A utilização de métodos de reaproveitamento do mercúrio nas atividades industriais e mineradoras constitui importante medida de controle da poluição causada por esse metal e capaz de reduzir as consequências nefastas para a biota aquática e para a saúde humana.

Suponha que um curso d'água esteja contaminado por mercúrio proveniente de local onde se desenvolvam atividades de garimpo. Nesse caso, ao se examinarem os seres que vivem nesse ambiente aquático, é possível encontrar

A maior concentração de mercúrio nos consumidores primários da cadeia alimentar.

B baixíssima concentração de mercúrio no pescado consumido pelos seres humanos.

C maior concentração de mercúrio nos animais que estão no topo da cadeia alimentar.

D alta concentração de mercúrio nos seres que compõem o zooplâncton e o fitoplâncton.

E ausência de mercúrio nas plantas aquáticas, pois eles são seres que estão fora da cadeia trófica.

2009 (2ª aplicação).

8.43 Os botos-cinza (*Sotalia guianensis*), mamíferos da família dos golfinhos, são excelentes indicadores da poluição das áreas em que vivem, pois passam toda a sua vida – cerca de 30 anos – na mesma região. Além disso, a espécie acumula mais contaminantes em seu organismo, como o mercúrio, do que outros animais da sua cadeia alimentar.

MARCOLINO, B. **Sentinelas do mar**. Disponível em: http://cienciahoje.uol.com.br.

Acesso em: 1 ago. 2012 (adaptado).

Os botos-cinza acumulam maior concentração dessas substâncias porque

A são animais herbívoros.

B são animais detritívoros.

C são animais de grande porte.

D digerem o alimento lentamente.

E estão no topo da cadeia alimentar.

2017 (1ª aplicação).

8.44 Os parasitoides (misto de parasitas e predadores) são insetos diminutos que têm hábitos muito peculiares: suas larvas podem se desenvolver dentro do corpo de outros organismos, como mostra a figura. A forma adulta se alimenta de pólen e açúcares. Em geral, cada parasitoide ataca hospedeiros de determinada espécie e, por isso, esses organismos vêm sendo amplamente usados para o controle biológico de pragas agrícolas.

Ciclo de vida de um inseto parasitoide de lagartas

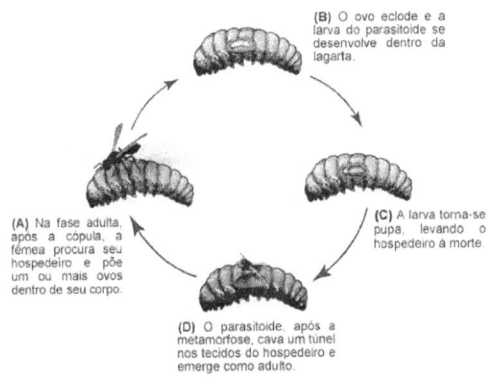

(B) O ovo eclode e a larva do parasitoide se desenvolve dentro da lagarta.

(A) Na fase adulta, após a cópula, a fêmea procura seu hospedeiro e põe um ou mais ovos dentro de seu corpo.

(C) A larva torna-se pupa, levando o hospedeiro à morte.

(D) O parasitoide, após a metamorfose, cava um túnel nos tecidos do hospedeiro e emerge como adulto.

SANTO, M. M. E.; FARIA, M. L. Parasitoides: insetos benéficos e cruéis.
Ciência Hoje, v. 49, n. 291, abr. 2012 (adaptado).

A forma larval do parasitoide assume qual papel nessa cadeia alimentar?

A Consumidor primário, pois ataca diretamente uma espécie herbívora.

B Consumidor secundário, pois se alimenta diretamente dos tecidos da lagarta.

C Organismo heterótrofo de primeira ordem, pois se alimenta de pólen na fase adulta.

D Organismo heterótrofo de segunda ordem, pois apresenta o maior nível energético na cadeia.

E Decompositor, pois se alimenta de tecidos do interior do corpo da lagarta e a leva à morte.

2014.

8.45 Surtsey é uma ilha vulcânica situada perto da costa sul da Islândia. A erupção vulcânica que lhe deu origem ocorreu na década de 1960, o que faz dela, seguramente, a ilha mais nova do Oceano Atlântico. As primeiras espécies que aí se fixaram foram musgos e líquens. À medida que as aves foram fixando-se na ilha, as condições do solo foram melhorando e espécies vegetais mais complexas puderam iniciar a colonização do território. Em 1988 foi observada a presença do primeiro arbusto.

Disponível em: www.nacopadasarvores.blogspot.com.br. Acesso em: 25 maio 2012

(fragmento).

O conjunto das alterações ocorridas no ambiente descrito é exemplo de

A nicho ecológico.

B eficiência ecológica.

C sucessão ecológica.

D irradiação adaptativa.

E resistência ambiental.

2014 (2ª aplicação).

8.46 Apesar da riqueza das florestas tropicais, elas estão geralmente baseadas em solos inférteis e improdutivos. Grande parte dos nutrientes é armazenada nas folhas que caem sobre o solo, não no solo propriamente dito. Quando esse ambiente é intensamente modificado pelo ser humano, a vegetação desaparece, o ciclo dos nutrientes é alterado e a terra se torna rapidamente infértil.

(CORSON, Walter H. **Manual Global de Ecologia**,1993)

No texto acima, pode parecer uma contradição a existência de florestas tropicais exuberantes sobre solos pobres. No entanto, este fato é explicado pela

A profundidade do solo, pois, embora pobre, sua espessura garante a disponibilidade de nutrientes para a sustentação dos vegetais da região.

B boa iluminação das regiões tropicais, uma vez que a duração regular do dia e da noite garante os ciclos dos nutrientes

nas folhas dos vegetais da região.

C existência de grande diversidade animal, com número expressivo de populações que, com seus dejetos, fertilizam o solo.

D capacidade de produção abundante de oxigênio pelas plantas das florestas tropicais, consideradas os "pulmões" do mundo.

E rápida reciclagem dos nutrientes, potencializada pelo calor e umidade das florestas tropicais, o que favorece a vida dos decompositores.

CICLOS BIOGEOQUÍMICOS

8.47 O ciclo da água envolve processos de evaporação, condensação e precipitação da água no ambiente. Na etapa de evaporação, pode-se dizer que a água resultante se encontra pura, entretanto, quando em contato com poluentes atmosféricos, como os óxidos sulfuroso e nitroso, é contaminada. Dessa forma, quando a água precipita, traz consigo substâncias que interferem diretamente no ambiente.

A qual problema ambiental o texto faz referência?

A Chuva ácida.

B Poluição do ar.

C Aquecimento global.

D Destruição da camada de ozônio.

E Eutrofização dos corpos hídricos.

2014 (3ª aplicação).

8.48 O ciclo da água é fundamental para a preservação da vida no planeta. As condições climáticas da Terra permitem que a água sofra mudanças de fase e a compreensão dessas transformações é fundamental para se entender o ciclo hidrológico. Numa dessas mudanças, a água ou a umidade da terra absorve o calor do sol e dos arredores. Quando já foi absorvido calor suficiente, algumas das moléculas do líquido podem ter energia necessária para começar a subir para a atmosfera.

Disponível em: http://www.keroagua.blogspot.com. Acesso em 30 mar. 2009 (adaptado)

A transformação mencionada no texto é a:

A fusão

B liquefação

C evaporação

D solidificação

E condensação

2009 (Cancelado).

8.49 O sol participa do ciclo da água, pois além de aquecer a superfície da Terra dando origem aos ventos, provoca a evaporação da água dos rios, lagos e mares. O vapor da água, ao se resfriar, condensa em minúsculas gotinhas, que se agrupam formando as nuvens, neblinas ou névoas úmidas. As nuvens podem ser levadas pelos ventos de uma região para outra. Com a condensação e, em seguida, a chuva, a água volta à superfície da Terra, caindo sobre o solo, rios, lagos e mares. Parte dessa água evapora retornando à atmosfera, outra parte escoa superficialmente ou infiltra-se no solo, indo alimentar rios e lagos. Esse processo é chamado de ciclo da água. Considere, então, as seguintes afirmativas:

I. a evaporação é maior nos continentes, uma vez que o aquecimento ali é maior do que nos oceanos.

II. a vegetação participa do ciclo hidrológico por meio da transpiração.

III. o ciclo hidrológico condiciona processos que ocorrem na litosfera, na atmosfera e na biosfera.

IV. a energia gravitacional movimenta a água dentro do seu ciclo.

V. o ciclo hidrológico é passível de sofrer interferência humana, podendo apresentar desequilíbrios.

A somente a afirmativa III está correta.

B somente as afirmativas III e IV estão corretas

C somente as afirmativas I, II e V estão corretas.

D somente as afirmativas II, III, IV e V estão corretas.

E todas as afirmativas estão corretas

1998.

8.50 Segundo o poeta Carlos Drummond de Andrade, a "água é um projeto de viver". Nada mais correto, se levarmos em conta que toda água com que convivemos carrega, além do puro e simples H_2O, muitas outras substâncias nela dissolvidas ou em suspensão. Assim, o ciclo da água, além da própria água, também promove o transporte e a redistribuição de um grande conjunto de substâncias relacionadas à dinâmica da vida.

No ciclo da água, a evaporação é um processo muito especial, já que apenas moléculas de H_2O passam para o estado gasoso. Desse ponto de vista, uma das consequências da evaporação pode ser

A a formação da chuva ácida, em regiões poluídas, a partir de quantidades muito pequenas de substâncias ácidas evaporadas juntamente com a água.

B a perda de sais minerais, no solo, que são evaporados juntamente com a água.

C o aumento, nos campos irrigados, da concentração de sais minerais na água presente no solo.

D a perda, nas plantas, de substâncias indispensáveis à manutenção da vida vegetal, por meio da respiração.

E a diminuição, nos oceanos, da salinidade das camadas de água mais próximas da superfície.

1999.

8.51 O gráfico abaixo representa o fluxo (quantidade de água em movimento) de um rio, em três regiões distintas, após certo tempo de chuva.

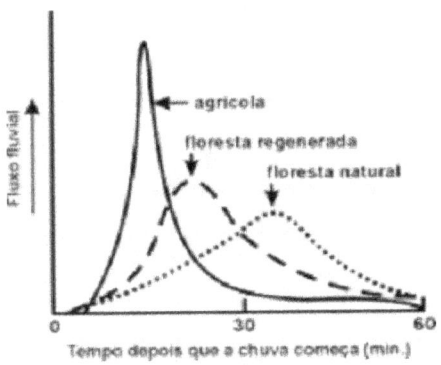

Comparando-se, nas três regiões, a interceptação da água da chuva pela cobertura vegetal, é correto afirmar que tal interceptação:

A é maior no ambiente natural preservado.

B independe da densidade e do tipo de vegetação.

C é menor nas regiões de florestas.

D aumenta quando aumenta o grau de intervenção humana.

E diminui à medida que aumenta a densidade da vegetação.

2000.

8.52 Os ingredientes que compõem uma gotícula de nuvem são o vapor de água e um núcleo de condensação de nuvens (NCN). Em torno desse núcleo, que consiste em uma minúscula partícula em suspensão no ar, o vapor de água se condensa, formando uma gotícula microscópica, que, devido a uma série de processos físicos, cresce até precipitar-se como chuva. Na floresta Amazônica, a principal fonte natural de NCN é a própria vegetação. As chuvas de nuvens baixas, na estação chuvosa, devolvem os NCNs, aerossóis, à superfície, praticamente no mesmo lugar em que foram gerados pela floresta. As nuvens altas são carregadas por ventos mais intensos, de altitude, e viajam centenas de quilômetros de seu local de origem, exportando as partículas contidas no interior das gotas de chuva. Na Amazônia, cuja taxa de precipitação é uma das mais altas do mundo, o ciclo de evaporação e precipitação natural é altamente eficiente. Com a chegada, em larga escala, dos seres humanos à Amazônia, ao longo dos últimos 30 anos, parte dos ciclos naturais está sendo alterada. As emissões de poluentes atmosféricos pelas queimadas, na época da seca, modificam as características físicas e químicas da atmosfera amazônica, provocando o seu aquecimento, com modificação do perfil natural da variação da temperatura com a altura, o que torna mais difícil a formação de nuvens.

Paulo Artaxo et al. O mecanismo da floresta para fazer chover. In: **Scientific American Brasil**, ano 1, n.º 11, abr./2003, p. 38-45 (com adaptações).

Na Amazônia, o ciclo hidrológico depende fundamentalmente

A da produção de CO_2 oriundo da respiração das árvores.

B da evaporação, da transpiração e da liberação de aerossóis que atuam como NCNs.

C das queimadas, que produzem gotículas microscópicas de água, as quais crescem até se precipitarem como chuva.

D das nuvens de maior altitude, que trazem para a floresta NCNs produzidos a centenas de quilômetros de seu local de origem.

E da intervenção humana, mediante ações que modificam as características físicas e químicas da atmosfera da região.

2008.

8.53 Um jornal de circulação nacional publicou a seguinte notícia: choveu torrencialmente na madrugada de ontem em Roraima, horas depois de os pajés caiapós Mantii e Kucrit, levados de Mato Grosso pela Funai, terem participado do ritual da dança da chuva, em Boa Vista. A chuva durou três horas em todo o estado e as previsões indicam que continuará pelo menos até amanhã. Com isso, será possível acabar de vez com o incêndio que ontem completou 63 dias e devastou parte das florestas do estado.

Jornal do Brasil, abr./1998 (com adaptações).

Considerando a situação descrita, avalie as afirmativas seguintes.

I No ritual indígena, a dança da chuva, mais que constituir uma manifestação artística, tem a função de intervir no ciclo da água.

II A existência da dança da chuva em algumas culturas está relacionada à importância do ciclo da água para a vida.

III Uma das informações do texto pode ser expressa em linguagem científica da seguinte forma: a dança da chuva seria efetiva se provocasse a precipitação das gotículas de água das nuvens.

É correto o que se afirma em

A I, apenas.

B III, apenas.

C I e II, apenas.

D II e III, apenas.

E I, II e III.

2008.

8.54 As florestas tropicais estão entre os maiores, mais diversos e complexos biomas do planeta. Novos estudos sugerem que elas sejam potentes reguladores do clima, ao provocarem um fluxo de umidade para o interior dos continentes, fazendo com que essas áreas de floresta não sofram variações extremas de temperatura e tenham umidade suficiente para promover a vida. Um fluxo puramente físico de umidade do oceano para o continente, em locais onde não há florestas, alcança poucas centenas de quilômetros. Verifica-se, porém, que as chuvas sobre florestas nativas não dependem da proximidade do oceano. Esta evidência aponta para a existência de uma poderosa "bomba biótica de umidade" em lugares como, por exemplo, a bacia amazônica. Devido à grande e densa área de folhas, as quais são evaporadores otimizados, essa "bomba" consegue devolver rapidamente a água para o ar, mantendo ciclos de evaporação e condensação que fazem a umidade chegar a milhares de quilômetros no interior do continente.

A. D. Nobre. **Almanaque Brasil Socioambiental.** Instituto Socioambiental, 2008, p. 368-9 (com adaptações).

As florestas crescem onde chove, ou chove onde crescem as florestas? De acordo com o texto,

A onde chove, há floresta.

B onde a floresta cresce, chove.

C onde há oceano, há floresta.

D apesar da chuva, a floresta cresce.

E no interior do continente, só chove onde há floresta.

2008.

8.55 O aquífero Guarani, mega reservatório hídrico subterrâneo da América do Sul, com 1,2 milhão de km2, não é o "mar de água doce" que se pensava existir. Enquanto em algumas áreas a água é excelente, em outras, é inacessível, escassa ou não-potável. O aquífero pode ser dividido em quatro grandes compartimentos. No compartimento Oeste, há boas condições estruturais que proporcionam recarga rápida a partir das chuvas e as águas são, em geral, de boa qualidade e potáveis. Já no compartimento Norte Alto Uruguai, o sistema encontra-se coberto por rochas vulcânicas, a profundidades que variam de 350 m a 1.200 m. Suas águas são muito antigas, datando da Era Mesozoica, e não são potáveis em grande parte da área, com elevada salinidade, sendo que os altos teores de fluoretos e de sódio podem causar alcalinização do solo.

Scientific American Brasil, n.º 47, abr./2006 (com adaptações).

Em relação ao aquífero Guarani, é correto afirmar que

A seus depósitos não participam do ciclo da água.

B águas provenientes de qualquer um de seus compartimentos solidificam-se a 0°C.

C É necessário, para utilização de seu potencial como reservatório de água potável, conhecer detalhadamente o aquífero.

D a água é adequada ao consumo humano direto em grande parte da área do compartimento Norte Alto Uruguai.

E o uso das águas do compartimento Norte Alto Uruguai para irrigação deixaria árido o solo.

2006.

8.56 A construção de grandes projetos hidroelétricos também deve ser analisada do ponto de vista do regime das águas e de seu ciclo na região. Em relação ao ciclo da água, pode-se argumentar que a construção de grandes represas

A não causa impactos na região, uma vez que a quantidade total de água da Terra permanece constante.

B não causa impactos na região, uma vez que a água que alimenta a represa prossegue depois rio abaixo com a mesma vazão e velocidade.

C aumenta a velocidade dos rios, acelerando o ciclo da água na região.

D aumenta a evaporação na região da represa, acompanhada também por um aumento local da umidade relativa do ar.

E diminui a quantidade de água disponível para a realização do ciclo da água.

1999.

8.57 A falta de água doce no Planeta será, possivelmente, um dos mais graves problemas deste século. Prevê-se que, nos próximos vinte anos, a quantidade de água doce disponível para cada habitante será drasticamente reduzida.

Por meio de seus diferentes usos e consumos, as atividades humanas interferem no ciclo da água, alterando

A a quantidade total, mas não a qualidade da água disponível no Planeta.

B a qualidade da água e sua quantidade disponível para o consumo das populações.

C a qualidade da água disponível, apenas no subsolo terrestre.

D apenas a disponibilidade de água superficial existente nos rios e lagos.

E o regime de chuvas, mas não a quantidade de água disponível no Planeta.

2003.

8.58

Por que o nível dos mares não sobe, mesmo recebendo continuamente as águas dos rios?

Essa questão já foi formulada por sábios da Grécia antiga. Hoje responderíamos que

A a evaporação da água dos oceanos e o deslocamento do vapor e das nuvens compensam as águas dos rios que deságuam no mar.

B a formação de geleiras com água dos oceanos, nos polos, contrabalança as águas dos rios que deságuam no mar.

C as águas dos rios provocam as marés, que as transferem para outras regiões mais rasas, durante a vazante.

D o volume de água dos rios é insignificante para os oceanos e a água doce diminui de volume ao receber sal marinho.

E as águas dos rios afundam no mar devido a sua maior densidade, onde são comprimidas pela enorme pressão resultante da coluna de água.

2004.

8.59

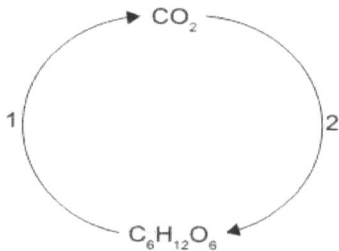

No esquema apresentado, o processo representado pelo número 2 é realizado por

A seres herbívoros.

B fungos fermentadores.

C bactérias heterótrofas.

D organismos produtores.

E microrganismos decompositores.

2015 (2ª aplicação).

8.60 Os seres vivos mantêm constantes trocas de matéria com o ambiente mediante processos conhecidos como ciclos biogeoquímicos. O esquema representa um dos ciclos que ocorrem nos ecossistemas.

O esquema apresentado corresponde ao ciclo biogeoquímico do(a)

A água.

B fósforo.

C enxofre.

D carbono.

E nitrogênio.

2016 (2ª aplicação).

8.61 Parte do gás carbônico da atmosfera é absorvida pela água do mar. O esquema representa reações que ocorrem naturalmente, em equilíbrio, no sistema ambiental marinho. O excesso de dióxido de carbono na atmosfera pode afetar os recifes de corais.

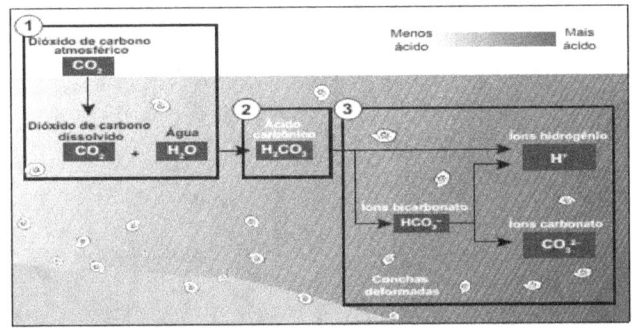

Disponível em: http://news.bbc.co.uk. Acesso em: 20 maio 2014 (adaptado).

O resultado desse processo nos corais é o(a)

A seu branqueamento, levando à sua morte e extinção.

B excesso de fixação de cálcio, provocando calcificação indesejável.

C menor incorporação de carbono, afetando seu metabolismo energético.

D estímulo da atividade enzimática, evitando a descalcificação dos esqueletos.

E dano à estrutura dos esqueletos calcários, diminuindo o tamanho das populações.

2014.

8.62 O texto "O voo das Folhas" traz uma visão dos índios Ticunas para um fenômeno usualmente observado na natureza:

O voo das Folhas

Com o vento

as folhas se movimentam.

E quando caem no chão

ficam paradas em silêncio.

Assim se forma o ngaura. O ngaura cobre o chão da

floresta, enriquece a terra e alimenta as árvores.]

As folhas velhas morrem para ajudar o crescimento das folhas novas.]

Dentro do ngaura vivem aranhas, formigas, escorpiões,
centopeias, minhocas, cogumelos e vários tipos de outros seres muito pequenos.]
As folhas também caem nos lagos, nos igarapés e igapós,
A natureza segundo os Ticunas/Livro das Árvores. Organização Geral dos Professores
Bilíngues Ticunas, 2000

Na visão dos índios Ticunas, a descrição sobre o *ngaura* permite classificá-lo como um produto diretamente relacionado ao ciclo

A da água

B do oxigênio.

C do fósforo.

D do carbono.

E do nitrogênio.

2010.

8.63 O ciclo biogeoquímico do carbono compreende diversos compartimentos, entre os quais a Terra, a atmosfera e os oceanos, e diversos processos que permitem a transferência de compostos entre esses reservatórios. Os estoques de carbono armazenados na forma de recursos não renováveis, por exemplo, o petróleo, são limitados, sendo de grande relevância que se perceba a importância da substituição de combustíveis fósseis por combustíveis de fontes renováveis.

A utilização de combustíveis fósseis interfere no ciclo do carbono, pois provoca

A aumento da porcentagem de carbono contido na Terra.

B redução na taxa de fotossíntese dos vegetais superiores.

C aumento da produção de carboidratos de origem vegetal.

D aumento na quantidade de carbono presente na atmosfera.

E redução da quantidade global de carbono armazenado nos oceanos.

2009.

8.64 A coleta das fezes dos animais domésticos em sacolas plásticas e o seu descarte em lixeiras convencionais podem criar condições de degradação que geram produtos prejudiciais ao meio ambiente (Figura 1).

Figura 1

A Figura 2 ilustra o Projeto *Park Spark*, desenvolvido em Cambridge, MA (EUA), em que as fezes dos animais domésticos são recolhidas em sacolas biodegradáveis e jogadas em um biodigestor instalado em parques públicos; e os produtos são utilizados em equipamentos no próprio parque.

Figura 2

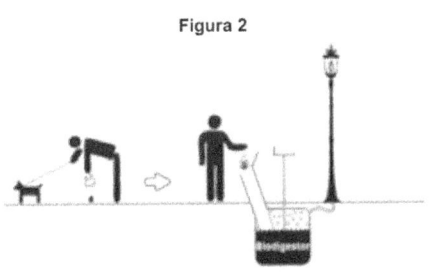

Disponível em: http://parksparkproject.com. Acesso em: 30 ago. 2013 (adaptado).

Uma inovação desse projeto é possibilitar o(a)

A queima de gás metano.

B armazenamento de gás carbônico.

C decomposição aeróbica das fezes.

D uso mais eficiente de combustíveis fósseis

E fixação de carbono em moléculas orgânicas

2016 (1ª aplicação).

8.65 Ao percorrer o trajeto de uma cadeia alimentar, o carbono, elemento essencial e majoritário da matéria orgânica que compõe os indivíduos, ora se encontra em sua forma inorgânica, ora se encontra em sua forma orgânica. Em uma cadeia alimentar composta por fitoplâncton, zooplâncton, moluscos e peixes ocorre a transição desse elemento da forma inorgânica para a orgânica.

Em qual grupo de organismos ocorre essa transição?

A Fitoplâncton.

B Zooplâncton.

C Moluscos.

D Crustáceos.

E Peixes.

2016 (1ª aplicação).

8.66 Na natureza a matéria é constantemente transformada por meio dos ciclos biogeoquímicos. Além do ciclo da água, existem os ciclos do carbono, do enxofre, do fósforo, do nitrogênio e do oxigênio.

O elemento que está presente em todos os ciclos nomeados é o

A fósforo.

B enxofre.

C carbono.

D oxigênio.

E nitrogênio.

2015 (2ª aplicação).

8.67 O nitrogênio é essencial para a vida e o maior reservatório global desse elemento, na forma de N_2, é a atmosfera. Os principais responsáveis por sua incorporação na matéria orgânica são microrganismos fixadores de N_2, que ocorrem de forma livre ou simbiontes com plantas.

ADUAN, R. E. et al. **Os grandes ciclos biogeoquímicos do planeta**. Planaltina: Embrapa, 2004 (adaptado).

Animais garantem suas necessidades metabólicas desse elemento pela

A absorção do gás nitrogênio pela respiração.

B ingestão de moléculas de carboidratos vegetais.

C incorporação de nitritos dissolvidos na água consumida.

D transferência da matéria orgânica pelas cadeias tróficas.

E protocooperação com organismos fixadores de nitrogênio.

2015.

8.68 Certas espécies de algas são capazes de absorver rapidamente compostos inorgânicos presentes na água, acumulando-os durante seu crescimento. Essa capacidade fez com que se pensasse em usá-las como biofiltros para a limpeza de ambientes aquáticos contaminados, removendo, por exemplo, nitrogênio e fósforo de resíduos orgânicos e metais pesados provenientes de rejeitos industriais lançados nas águas. Na técnica do cultivo integrado, animais e algas crescem de forma associada, promovendo um maior equilíbrio ecológico.

SORIANO, E. M. Filtros vivos para limpar a água. **Revista Ciência Hoje**. V. 37, nº- 219, 2005 (adaptado).

A utilização da técnica do cultivo integrado de animais e algas representa uma proposta favorável a um ecossistema mais equilibrado porque

A os animais eliminam metais pesados, que são usados pelas algas para a síntese de biomassa.

B os animais fornecem excretas orgânicos nitrogenados, que são transformados em gás carbônico pelas algas.

C as algas usam os resíduos nitrogenados liberados pelos animais e eliminam gás carbônico na fotossíntese, usado na respiração aeróbica.

D as algas usam os resíduos nitrogenados provenientes do metabolismo dos animais e, durante a síntese de compostos orgânicos, liberam oxigênio para o ambiente.

E as algas aproveitam os resíduos do metabolismo dos animais e, durante a quimiossíntese de compostos orgânicos, liberam oxigênio para o ambiente.

2011.

8.69 A aplicação excessiva de fertilizantes nitrogenados na agricultura pode acarretar alterações no solo e na água pelo acúmulo de compostos nitrogenados, principalmente a forma mais oxidada, favorecendo a proliferação de algas e plantas aquáticas e alterando o ciclo do nitrogênio, representado no esquema. A espécie nitrogenada mais oxidada tem sua quantidade controlada por ação de microrganismos que promovem a reação de redução dessa espécie, no processo denominado desnitrificação.

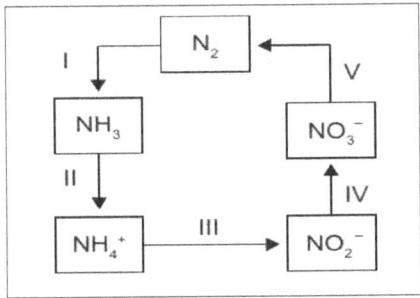

O processo citado está representado na etapa

A I.

B II.

C II.

D IV.

E V.

2014.

8.70 Na técnica conhecida por hidroponia, os vegetais são cultivados em uma solução de nutrientes no lugar do solo, rica em nitrato e ureia. Nesse caso, ao fornecer esses nutrientes na forma aproveitável pela planta, a técnica dispensa o trabalho das bactérias fixadoras do solo, que, na natureza, participam do ciclo do(a)

A águas.

B carbono.

C nitrogênio.

D oxigênio.

E fósforo.

2014 (2ª aplicação).

8.71 Uma grande virada na moderna história da agricultura ocorreu depois da Segunda Guerra Mundial. Após a guerra, os governos haviam se deparado com um enorme excedente de nitrato de amônio, ingrediente usado na fabricação de explosivos. A partir daí as fábricas de munição foram adaptadas para começar a produzir fertilizantes tendo como componente principal os nitratos.

Souza, F. A. **Agricultura natural orgânica como instrumento de fixação biológica e manutenção do nitrogênio no solo:** um modelo sustentável de MDL. Disponível em: www.planetaorganico.com.br. Acesso em : 17 jul. 2015 (adaptado).

No ciclo natural do nitrogênio, o equivalente ao principal componente desses fertilizantes industriais é produzido na etapa de

A nitratação.

B nitrozação.

C amonificação

D desnitrificação.

E fixação biológica do N_2.

8.72 O nitrogênio é essencial aos seres vivos e pode ser adquirido pelas plantas, através da absorção pelas raízes, e pelos animais, através da alimentação. Sua utilização na agricultura de forma inadequada tem aumentado sua concentração no ambiente, e o excesso, que é transportado para os cursos d'água, tem causado a eutrofização. Contudo, tal dano ambiental pode ser minimizado pela adoção de práticas sustentáveis, que aprisionam esse elemento no solo, impedindo seu escoamento para rios e lagos.

O método sustentável visando a incorporação desse elemento na produção, prevenindo tal dano ambiental, é o(a)

A adição de minhocas na terra.

B irrigação da terra antes do plantio.

C reaproveitamento do esterco fresco.

D descanso do solo sem adição de culturas.

E fixação biológica nas raízes por bactérias.

8.73 De 15% a 20% da área de um canavial precisa ser renovada anualmente. Entre o período de corte e o de plantação de novas canas, os produtores estão optando por plantar leguminosas, pois elas fixam nitrogênio no solo, um adubo natural para a cana. Essa opção de rotação é agronomicamente favorável, de forma que municípios canavieiros são hoje grandes produtores de soja, amendoim e feijão.

As encruzilhadas da fome. **Planeta**. São Paulo, ano 36, no 430, jul. 2008 (adaptado).

A rotação de culturas citada no texto pode beneficiar economicamente os produtores de cana porque

A a decomposição da cobertura morta dessas culturas resulta em economia na aquisição de adubos industrializados.

B o plantio de cana-de-açúcar propicia um solo mais adequado para o cultivo posterior da soja, do amendoim e do feijão.

C as leguminosas absorvem do solo elementos químicos diferentes dos absorvidos pela cana, restabelecendo o equilíbrio do solo.

D a queima dos restos de vegetais do cultivo da cana-de-açúcar transforma-se em cinzas, sendo reincorporadas ao solo, o que gera economia na aquisição de adubo.

E a soja, o amendoim e o feijão, além de possibilitarem a incorporação ao solo de determinadas moléculas disponíveis na atmosfera, são grãos comercializados no mercado produtivo.

2010.

8.74 Com a utilização dos biocombustíveis, grandes áreas estão sendo ocupadas com a cultura da cana-de-açúcar, o que acarreta o desgaste do solo. Para contrabalançar esse desgaste, tem-se iniciado o plantio alternado de cana-de-açúcar com algumas espécies de leguminosas, já que essa rotação dispensa a adubação nitrogenada.

Disponível em: http://www.agencia.cnptia.embrapa.br. Acesso em: 16 jun. 2011(adaptado).

Essa prática agrícola ocasiona o enriquecimento do solo, porque as leguminosas possuem bactérias em associação com suas raízes, que favorecem o processo de

A nitrozação, no qual a amônia não absorvida pelas plantas é oxidada e convertida em nitrito.

B fixação, no qual o nitrogênio do ar é convertido em amônia e incorporado em compostos nitrogenados.

C amonificação, no qual os decompositores devolvem ao solo os compostos minerais e liberam nitrogênio na forma de amônia.

D desnitrificação, no qual o nitrato é oxidado em compostos orgânicos que retornam ao solo.

E nitratação, no qual os nitritos formados são liberados no solo e oxidados, formando nitratos.

2011 (2ª aplicação).

8.75 Um produtor rural registrou queda de produtividade numa das áreas de plantio de arroz de sua propriedade. Análises químicas revelaram concentrações elevadas do íon amônio (NH_4^+) e baixas dos íons nitrito (NO_2^-) e nitrato (NO_3^-) no solo. Esses compostos nitrogenados são necessários para o crescimento dos vegetais e participam do ciclo biogeoquímico do nitrogênio.

Em qual etapa desse ciclo biogeoquímico são formados os compostos que estão em baixa concentração nesse solo

A Nitrificação.

B Assimilação.

C Amonização.

D Desnitrificação.

E Fixação de nitrogênio.

2016 (3ª aplicação).

8.76 O fósforo, geralmente representado pelo íon de fosfato (PO_4^{-3}), é um ingrediente insubstituível da vida, já que é parte constituinte das membranas celulares e das moléculas do DNA e do trifosfato de adenosina (ATP), principal forma de armazenamento de energia das células. O fósforo utilizado nos fertilizantes agrícolas é extraído de minas, cujas reservas estão cada vez mais escassas. Certas práticas agrícolas aceleram a erosão do solo, provocando o transporte de fósforo para sistemas aquáticos, que fica imobilizado nas rochas. Ainda, a colheita das lavouras e o transporte dos restos alimentares para os lixões diminuem a disponibilidade dos íons no solo. Tais fatores têm ameaçado a sustentabilidade desse íon.

Uma medida que amenizaria esse problema seria:

A Incentivar a reciclagem de resíduos biológicos, utilizando dejetos animais e restos de culturas para produção de adubo.

B Repor o estoque retirado das minas com um íon sintético de fósforo para garantir o abastecimento da indústria de fertilizantes.

C Aumentar a importação de íons fosfato dos países ricos para suprir as exigências das indústrias nacionais de fertilizantes.

D Substituir o fósforo dos fertilizantes por outro elemento com a mesma função para suprir as necessidades do uso de seus íons.

E Proibir, por meio de lei federal, o uso de fertilizantes com fósforo pelos agricultores, para diminuir sua extração das reservas naturais.

2010.

8.77 O cultivo de camarões de água salgada vem se desenvolvendo muito nos últimos anos na região Nordeste do Brasil e, em algumas localidades, passou a ser a principal atividade econômica. Uma das grandes preocupações dos impactos negativos dessa atividade está relacionada à descarga, sem nenhum tipo de tratamento, dos efluentes dos viveiros diretamente no ambiente marinho, em estuários ou em manguezais. Esses efluentes possuem matéria orgânica particulada e dissolvida, amônia, nitrito, nitrato, fosfatos, partículas de sólidos em suspensão e outras substâncias que podem ser consideradas contaminantes potenciais.

CASTRO, C. B.; ARAGÃO, J. S.; COSTA-LOTUFO, L. V. Monitoramento da toxicidade de efluentes de uma fazenda de cultivo de camarão marinho. **Anais** do IX Congresso Brasileiro de Ecotoxicologia, 2006 (adaptado).

Suponha que tenha sido construída uma fazenda de carcinicultura próximo a um manguezal. Entre as perturbações ambientais causadas pela fazenda, espera-se que

A a atividade microbiana se torne responsável pela reciclagem do fósforo orgânico excedente no ambiente marinho.

B a relativa instabilidade das condições marinhas torne as alterações de fatores físico-químicos pouco críticas à vida no mar.

C a amônia excedente seja convertida em nitrito, por meio do processo de nitrificação, e em nitrato, formado como produto intermediário desse processo.

D os efluentes promovam o crescimento excessivo de plantas aquáticas devido à alta diversidade de espécies vegetais permanentes no manguezal.

E o impedimento da penetração da luz pelas partículas em suspensão venha a comprometer a produtividade primária do ambiente marinho, que resulta da atividade metabólica do fitoplâncton.

2009.

8.78 O esquema representa o ciclo do enxofre na natureza, sem considerar a intervenção humana.

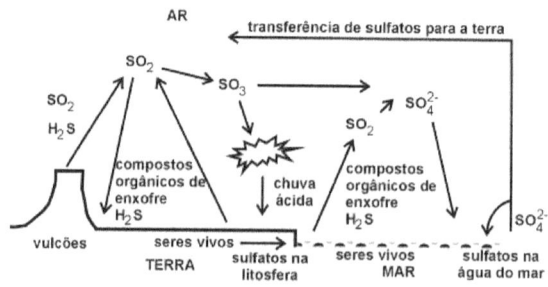

Adaptado de BRIMBLECOMBE, P. *Air Composition and Chemistry*. Cambridge. Cambridge University Press, 1996.

O ciclo representado mostra que a atmosfera, a litosfera, a hidrosfera e a biosfera, naturalmente,

I. são poluídas por compostos de enxofre.

II. são destinos de compostos de enxofre.

III. transportam compostos de enxofre.

IV. são fontes de compostos de enxofre.

Dessas afirmações, estão corretas, apenas,

A I e II.

B I e III.

C II e IV.

D I, II e III.

E II, III e IV.

2001.

8.79 O esquema representa o ciclo do enxofre na natureza, sem considerar a intervenção humana.

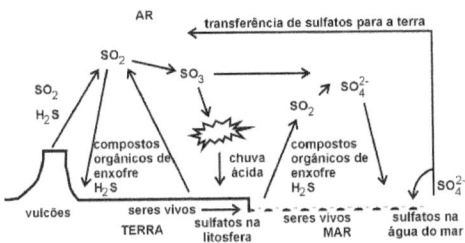

Adaptado de BRIMBLECOMBE, P. *Air Composition and Chemistry*. Cambridge. Cambridge University Press, 1996.

Algumas atividades humanas interferiram significativamente no ciclo natural do enxofre, alterando as quantidades das substâncias indicadas no esquema. Ainda hoje isso ocorre, apesar de o grande controle por legislação.

Pode-se afirmar que duas dessas interferências são resultantes da

A queima de combustíveis em veículos pesados e da produção de metais a partir de sulfetos metálicos.

B produção de metais a partir de óxidos metálicos e da vulcanização da borracha.

C queima de combustíveis em veículos leves e da produção de metais a partir de óxidos metálicos.

D queima de combustíveis em indústria e da obtenção de matérias-primas a partir da água do mar.

E vulcanização da borracha e da obtenção de matérias-primas a partir da água do mar.

2001.

8.80 Os gases liberados pelo esterco e por alimentos em decomposição podem conter sulfeto de hidrogênio (H_2S), gás com cheiro de ovo podre, que é tóxico para muitos seres vivos. Com base em tal fato, foram feitas as seguintes afirmações:

I. Gases tóxicos podem ser produzidos em processos naturais;

II. Deve-se evitar o uso de esterco como adubo porque polui o ar das zonas rurais;

III. Esterco e alimentos em decomposição podem fazer parte no ciclo natural do enxofre (S).

Está correto, apenas, o que se afirma em

A I.

B II.

C III.

D I e III.

E II e III.

2003.

DINÂMICA DE POPULAÇÕES

8.81 Dados compilados por Jeremy Jackson, do Instituto Scripps de Oceanografia (EUA), mostram que o declínio de 90% dos indivíduos de 11 espécies de tubarões do Atlântico Norte, causado pelo excesso de pesca, fez com que a população de uma arraia, normalmente devorada por eles, explodisse para 40 milhões de indivíduos. Doce vingança: essa horda de arraias é capaz de devorar 840 mil toneladas de moluscos por ano, o que provavelmente explica o colapso da antes lucrativa pesca de mariscos na Baía de Chisapeake (EUA).

LOPES, R. J. Nós, o asteroide. **Revista Unesp Ciência**, abr. 2010. Disponível em: https://issuu.com. Acesso em 9 mai. 2017 (adaptado).

Qual das figuras representa a variação do tamanho populacional de tubarões, arraias e moluscos no Atlântico Norte, a partir do momento em que a pesca de tubarões foi iniciada (tempo zero)?

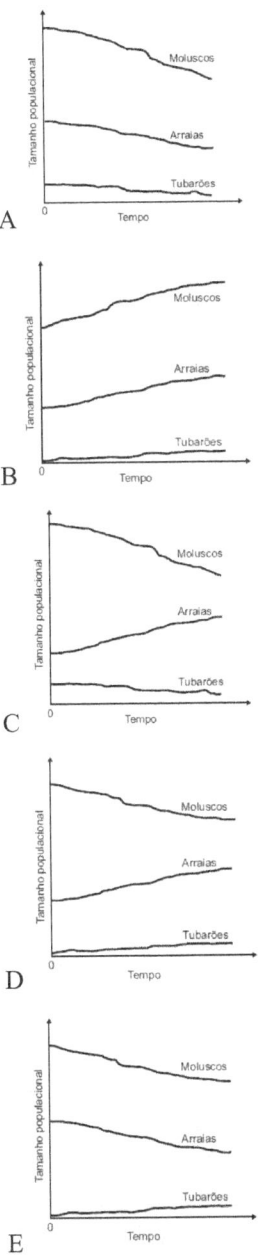

2017 (2ª aplicação).

8.82 O *Puma concolor* (suçuarana, puma, leão da montanha) É o maior felino das Américas, com uma distribuição biogeográfica que se estende da Patagônia ao Canadá.

Distribuição biogeográfica do
Puma concolor

O padrão de distribuição mostrado na figura está associado a possíveis características desse felino:

I. muito resistente a doenças.

II. facilmente domesticável e criado em cativeiro.

III. tolerante a condições climáticas diversas.

IV. Ocupa diversos tipos de formações vegetais.

Características desse felino compatíveis com sua distribuição biogeográfica estão evidenciadas apenas em

A I e II.

B I e IV.

C III e IV.

D I, II e IV.

E II, III e IV.

2002.

8.83 O crescimento da população de uma praga agrícola está representado em função do tempo, no gráfico abaixo, onde a densidade populacional superior a P causa prejuízo à lavoura. No momento apontado pela seta (1), um agricultor introduziu uma espécie de inseto que é inimigo natural da praga, na tentativa de controlá-la biologicamente. No momento indicado pela seta (2), o agricultor aplicou grande quantidade de inseticida, na tentativa de eliminar totalmente a praga.

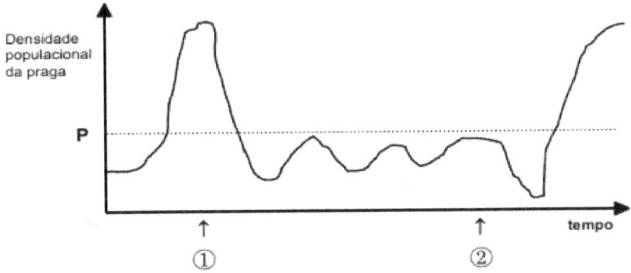

A análise do gráfico permite concluir que

A se o inseticida tivesse sido usado no momento marcado pela seta (1), a praga teria sido controlada definitivamente, sem necessidade de um tratamento posterior.

B se não tivesse sido usado o inseticida no momento marcado pela seta (2), a população de praga continuaria aumentando rapidamente e causaria grandes danos à lavoura.

C o uso do inseticida tornou-se necessário, uma vez que o controle biológico aplicado no momento não resultou na diminuição da densidade da população da praga.

D o inseticida atacou tanto as pragas quanto os seus predadores; entretanto, a população de pragas recuperou-se mais rápido voltando a causar dano à lavoura.

E o controle de pragas por meio do uso de inseticidas é muito mais eficaz que o controle biológico, pois os seus efeitos são muito mais rápidos e têm maior durabilidade.

1999.

8.84 No início deste século, com a finalidade de possibilitar o crescimento da população de veados no planalto de Kaibab, no Arizona (EUA), moveu-se uma caçada impiedosa aos seus predadores – pumas, coiotes e lobos. No gráfico abaixo, a linha cheia indica o crescimento real da população de veados, no período de 1905 a 1940; a linha pontilhada indica a expectativa quanto ao crescimento da população de veados, nesse mesmo período, caso o homem não tivesse interferido em Kaibab.

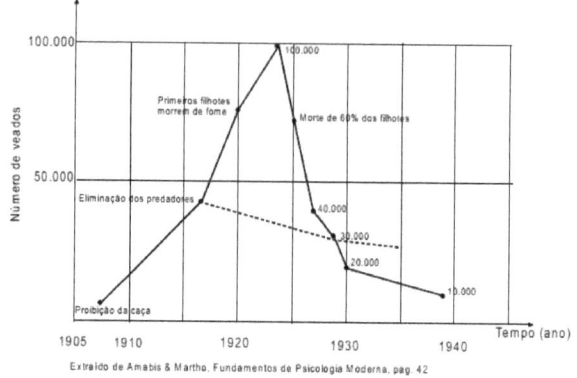

Extraído de Amabis & Martho. Fundamentos de Psicologia Moderna. pág. 42

Para explicar o fenômeno que ocorreu com a população de veados após a interferência do homem, o mesmo estudante elaborou as seguintes hipóteses e/ou conclusões:

I. lobos, pumas e coiotes não eram, certamente, os únicos e mais vorazes predadores dos veados; quando estes predadores, até então desapercebidos, foram favorecidos pela eliminação de seus competidores, aumentaram numericamente e quase dizimaram a população de veados.

II. a falta de alimentos representou para os veados um mal menor que a predação.

III. ainda que a atuação dos predadores pudesse representar a morte para muitos veados, a predação demonstrou-se um fator positivo para o equilíbrio dinâmico e sobrevivência da população como um todo.

IV. a morte dos predadores acabou por permitir um crescimento exagerado da população de veados, isto levou à degradação excessiva das pastagens, tanto pelo consumo excessivo como pelo seu pisoteamento.

O estudante, desta vez, acertou se indicou as alternativas:

A I, II, III e IV.

B I, II e III, apenas.

C I, II e IV, apenas.

D II e III, apenas.

E III e IV, apenas.

1998.

8.85 Um biólogo foi convidado para realizar um estudo do possível crescimento de populações de roedores em cinco diferentes regiões impactadas pelo desmatamento para ocupação humana, o que poderia estar prejudicando a produção e armazenagem local de grãos. Para cada uma das cinco populações analisadas (Ia V), identificou as taxas de natalidade (n), mortalidade (m), emigração (e) e imigração (i), em número de indivíduos, conforme ilustrado no quadro.

	n	m	e	i
I	65	40	23	5
II	27	8	18	2
III	54	28	15	16
IV	52	25	12	40
V	12	9	6	4

Em longo prazo, se essas taxas permanecerem constantes, qual dessas regiões deverá apresentar maiores prejuízos na produção/armazenagem de grãos?

A I

B II

C III

D IV

E V

2018 (2ª aplicação).

RELAÇÕES ECOLÓGICAS

8.86 O menor tamanduá do mundo é solitário e tem hábitos noturnos, passa o dia repousando, geralmente em um emaranhado de cipós, com o corpo curvado de tal maneira que forma uma bola. Quando em atividade, se locomove vagarosamente e emite som semelhante a um assobio. A cada gestação, gera um único filhote. A cria é deixada em uma árvore à noite e é amamentada pela mãe até que tenha idade para procurar alimento. As fêmeas adultas têm territórios grandes e o território de um macho inclui o de várias fêmeas, o que significa que ele tem sempre diversas pretendentes à disposição para namorar!

Ciência Hoje das Crianças, ano 19, n. 174, nov. 2006 (adaptado).

Essa descrição sobre o tamanduá diz respeito ao seu

A hábitat.

B biótopo.

C nível trófico.

D nicho ecológico.

E potencial biótico.

8.87 Insetos podem apresentar três tipos de desenvolvimento. Um deles, a holometabolia (desenvolvimento completo), é constituído pelas fases de ovo, larva, pupa e adulto sexualmente maduro, que ocupam diversos hábitats. Os insetos com holometabolia pertencem às ordens mais numerosas em termos de espécies conhecidas.

Esse tipo de desenvolvimento está relacionado a um maior número de espécies em razão da

A proteção na fase de pupa, favorecendo a sobrevivência de adultos férteis.

B produção de muitos ovos, larvas e pupas, aumentando o número de adultos.

C exploração de diferentes nichos, evitando a competição entre as fases da vida.

D ingestão de alimentos em todas as fases de vida, garantindo o surgimento do adulto.

E utilização do mesmo alimento em todas as fases, otimizando a nutrição do organismo.

2018.

8.88

Algumas das fases larvárias de crustáceos

As fêmeas de algumas espécies de aranhas, escorpiões e de outros invertebrados predam os machos após a cópula e inseminação. Como exemplo, fêmeas canibais do inseto conhecido como louva-a-deus, *Tenodera aridofolia*, possuem até 63% da sua dieta composta por machos parceiros. Para as fêmeas, o canibalismo sexual pode assegurar a obtenção de nutrientes importantes na reprodução. Com esse incremento na dieta, elas geralmente produzem maior quantidade de ovos.

BORGES, J. C. **Jogo mortal**. Disponível em: http://cienciahoje.uol.com.br.

Acesso em: 1 mar. 2012 (adaptado).

Apesar de ser um comportamento aparentemente desvantajoso para os machos, o canibalismo sexual evoluiu nesses táxons animais porque

A promove a maior ocupação de diferentes nichos ecológicos pela espécie.

B favorece o sucesso reprodutivo individual de ambos os parentais.

C impossibilita a transmissão de genes do macho para a prole.

D impede a sobrevivência e reprodução futura do macho.

E reduz a variabilidade genética da população.

2013.

8.89 No ano de 2000, um vazamento em um duto de óleo na baía de Guanabara (RJ) causou um dos maiores acidentes ambientais do Brasil. Além de afetar a fauna e a flora, o acidente abalou o equilíbrio da cadeia alimentar de toda a baía. O petróleo forma uma película na superfície da água, o que prejudica as trocas gasosas da atmosfera com a água e desfavorece a realização de fotossíntese pelas algas, que estão na base da cadeia alimentar hídrica. Além disso, o derramamento de óleo contribuiu para o envenenamento das árvores e, consequentemente, para a intoxicação da fauna e flora aquáticas, bem como conduziu à morte diversas espécies de animais, entre outras formas de vida, afetando também a atividade pesqueira.

LAUBIER, L. Diversidade da Maré Negra. In: **Scientific American Brasil**. 4(39), ago. 2005 (adaptado).

A situação exposta no texto e suas implicações

A indicam a independência da espécie humana com relação ao ambiente marinho.

B alertam para a necessidade do controle da poluição ambiental para a redução do efeito estufa.

C ilustram a interdependência das diversas formas de vida (animal, vegetal e outras) e o seu habitat.

D indicam a alta resistência do meio ambiente à ação do homem, além de evidenciar a sua sustentabilidade, mesmo em condições extremas de poluição.

E evidenciam a grande capacidade animal de se adaptar às mudanças ambientais, em contraste com a baixa capacidade das espécies vegetais, que estão na base da cadeia alimentar hídrica.

2010.

8.90 Uma colônia de formigas inicia-se com uma rainha jovem que, após ser fecundada pelo macho, voa e escolhe um lugar para cavar um buraco no chão. Ali dará origem a milhares de formigas, constituindo uma nova colônia. As fêmeas geradas poderão ser operárias, vivendo cerca de um ano, ou novas rainhas. Os machos provêm de óvulos não fertilizados e vivem aproximadamente uma semana. As operárias se dividem nos trabalhos do formigueiro. Há formigas operárias que retiram dejetos da colônia e são responsáveis pela manutenção ou que lidam com o alimento e alimentam as larvas, e as formigas patrulheiras. Uma colônia de formigas pode durar anos e dificilmente uma formiga social consegue viver sozinha.

MELLO, A. **Como funciona uma sociedade de formigas?** Disponível em: http://www.cienciahoje.uol.com.br. Acesso em 21 fev. 2009 (adaptado).

Uma característica que contribui para o sucesso da organização social dos formigueiros é

A a divisão de tarefas entre as formigas e a organização funcional da colônia.

B o fato de as formigas machos serem provenientes de óvulos não fertilizados.

C a alta taxa de mortalidade das formigas solitárias ou das que se afastam da colônia.

D a existência de patrulheiras, que protegem o formigueiro do ataque de herbívoros.

E o fato de as rainhas serem fecundadas antes do estabelecimento de um novo formigueiro.

2009 (prova anulada).

8.91 Em uma floresta existiam duas populações herbívoras que habitavam o mesmo ambiente. A população da espécie X mostrava um grande número de indivíduos, enquanto a população Z era pequena. Ambas tinham hábitos ecológicos semelhantes. Com a intervenção humana, ocorreu fragmentação da floresta em duas porções, o que separou as populações X e Z. Após algum tempo, observou-se que a população X manteve sua taxa populacional, enquanto a população Z aumentou a sua até que ambas passaram a ter, aproximadamente, a mesma quantidade de indivíduos.

A relação ecológica entre as espécies X e Z, quando no mesmo ambiente, é de:

A Predação

B Parasitismo

C Competição

D Comensalismo

E Protocooperação

2016 (3ª aplicação).

8.92 As cutias, pequenos roedores das zonas tropicais, transportam pela boca as sementes que caem das árvores, mas, em vez de comê-las, enterram-nas em outro lugar. Esse procedimento lhes permite salvar a maioria de suas sementes enterradas para as épocas mais secas, quando não há frutos maduros disponíveis. Cientistas descobriram que as cutias roubam as sementes enterradas por outras, e esse comportamento de "ladroagem" faz com que uma mesma semente possa ser enterrada dezenas de vezes.

Disponível em: http://chc.cienciahoje.uol.com.br. Acesso em: 30 jul. 2012.

Essa "ladroagem" está associada à relação de

A sinfilia.

B predatismo.

C parasitismo.

D competição.

E comensalismo.

2019 (1ª aplicação)

8.93 A atividade pesqueira é antes de tudo extrativista, o que causa impactos ambientais. Muitas espécies já apresentam sério comprometimento em seus estoques e, para diminuir esse impacto, várias espécies vêm sendo cultivadas. No Brasil, o cultivo de algas, mexilhões, ostras, peixes e camarões, vem sendo realizado há alguns anos, com grande sucesso, graças ao estudo minucioso da biologia dessas espécies. Os crustáceos decápodes, por exemplo, apresentam durante seu desenvolvimento larvário, várias etapas com mudança radical de sua forma. Não só a sua forma muda, mas também a sua alimentação e habitat. Isso faz com que os criadores estejam atentos a essas mudanças, porque a alimentação ministrada tem de mudar a cada fase. Se para o criador, essas mudanças são um problema para a espécie em questão, essa metamorfose apresenta uma vantagem importante para sua sobrevivência, pois

A aumenta a predação entre os indivíduos.

B aumenta o ritmo de crescimento.

C diminui a competição entre os indivíduos da mesma espécie.

D diminui a quantidade de nichos ecológicos ocupados pela espécie.

E mantém a uniformidade da espécie.

2005.

8.94 Há quatro séculos alguns animais domésticos foram introduzidos na Ilha da Trindade como "reserva de alimento". Porcos e cabras soltos davam boa carne aos navegantes de passagem, cansados de tanto peixe no cardápio. Entretanto, as cabras consumiram toda a vegetação rasteira e ainda comeram a casca dos arbustos sobreviventes. Os porcos revolveram raízes e a terra na busca de semente. Depois de consumir todo o verde, de volta ao estado selvagem, os porcos passaram a devorar qualquer coisa: ovos de tartarugas, de aves marinhas, caranguejos e até cabritos pequenos. Com base nos fatos acima, pode-se afirmar que

A a introdução desses animais domésticos, trouxe, com o passar dos anos, o equilíbrio ecológico.

B o ecossistema da Ilha da Trindade foi alterado, pois não houve uma interação equilibrada entre os seres vivos.

C a principal alteração do ecossistema foi a presença dos homens, pois animais nunca geram desequilíbrios no ecossistema.

D o desequilíbrio só apareceu quando os porcos começaram a comer os cabritos pequenos.

E o aumento da biodiversidade, a longo prazo, foi favorecido pela introdução de mais dois tipos de animais na ilha.

2005.

8.95 A relação simbiótica entre plantas e certos microrganismos tem sido explorada pela agricultura para aumentar a produtividade. Um exemplo conhecido são as micorrizas, fungos associados a raízes de plantas que as ajudam a absorver nutrientes do solo. Recentemente, pesquisadores conseguiram inocular, em tomateiros, fungos simbiontes de plantas que crescem naturalmente em áreas próximas a fontes de águas quentes e que resistem a temperaturas em torno de 65° C.

Scientific American Brazil, n. 97, jun. 2010 (adaptado)

A vantagem da inoculação desses fungos nos tomateiros deve-se à possibilidade de aumentar a produtividade, pois

A o cultivo de tomate poderá ser feito em regiões de águas termais ricas em nutrientes.

B as novas plantas de tomate serão mais resistentes a fungos patogênicos.

C as novas plantas de tomate poderão ser cultivadas em regiões de temperaturas extremas.

D a área de cultivo de tomate poderá ser ampliada para regiões com temperaturas mais quentes.

E os frutos produzidos por essas plantas não serão suscetíveis a decomposição por fungos.

2014 (3ª aplicação).

8.96 A celulose, presente nos vegetais, é um alimento importante para muitas espécies de animais herbívoros, como os ruminantes. Eles próprios não têm capacidade de digerir a celulose e, para que ela seja aproveitada, é necessária uma associação com microrganismos, que ficam na parte aglandular do estômago dos ruminantes. Esses microrganismos são capazes de produzir a celulase, uma enzima que digere a celulose, possibilitando o aproveitamento da matéria orgânica vegetal, tanto pelos ruminantes como pelos microrganismos.

A relação descrita é um exemplo de

A predatismo.

B competição.

C mutualismo.

D inquilinismo.

E comensalismo.

2014 (3ª aplicação).

8.97 Os corais funcionam como termômetros, capazes de indicar, mudando de coloração, pequenas alterações na temperatura da água dos oceanos. Mas, um alerta, eles estão ficando brancos. O seu clareamento acontece pela perda de minúsculas algas, chamadas zooxantelas, que vivem dentro de seus tecidos, numa relação de mutualismo.

Disponível em: http://super.abril.com.br. Acesso em: 6 dez. 2012 (adaptado).

O desequilíbrio dessa relação faz com que os pólipos que formam os corais tenham dificuldade em

A produzir o próprio alimento.

B obter compostos nitrogenados.

C realizar a reprodução sexuada.

D absorver oxigênio dissolvido na água.

E adquirir nutrientes derivados da fotossíntese.

2014 (2ª aplicação).

8.98 Um grupo de ecólogos esperava encontrar aumento de tamanho das acácias, árvores preferidas de grandes mamíferos herbívoros africanos, como girafas e elefantes, já que a área estudada era cercada para evitar a entrada desses herbívoros. Para espanto dos cientistas, as acácias pareciam menos viçosas, o que os levou a compará-las com outras de duas áreas de savana: uma área na qual os herbívoros circulam livremente e fazem podas regulares nas acácias, e outra de onde eles foram retirados há 15 anos. O esquema a seguir mostra os resultados observados nessas duas áreas.

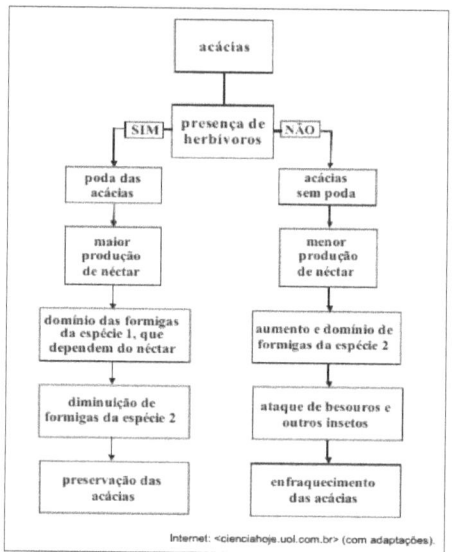

De acordo com as informações acima,

A a presença de populações de grandes mamíferos herbívoros provoca o declínio das acácias.

B os hábitos de alimentação constituem um padrão de comportamento que os herbívoros aprendem pelo uso, mas que esquecem pelo desuso.

C as formigas da espécie 1 e as acácias mantêm uma relação benéfica para ambas.

D os besouros e as formigas da espécie 2 contribuem para a sobrevivência das acácias.

E a relação entre os animais herbívoros, as formigas e as acácias é a mesma que ocorre entre qualquer predador e sua presa.

2008.

8.99 No Brasil, cerca de 80% da energia elétrica advém de hidrelétricas, cuja construção implica o represamento de rios. A formação de um reservatório para esse fim, por sua vez, pode modificar a ictiofauna local. Um exemplo é o represamento do Rio Paraná, onde se observou o desaparecimento de peixes cascudos quase que simultaneamente ao aumento do número de peixes de espécies exóticas introduzidas, como o mapará e a corvina, as três espécies com nichos ecológicos semelhantes.

PETESSE, M. L.; PETRERE JR., M. **Ciência Hoje**, São Paulo, n. 293, v. 49, jun. 2012

(adaptado).

Nessa modificação da ictiofauna, o desaparecimento de cascudos é explicado pelo(a)

A redução do fluxo gênico da espécie nativa.

B diminuição da competição intraespecífica.

C aumento da competição interespecífica.

D isolamento geográfico dos peixes.

E extinção de nichos ecológicos.

2013.

8.100 O esquema abaixo representa os diversos meios em que se alimentam aves, de diferentes espécies, que fazem ninho na mesma região.

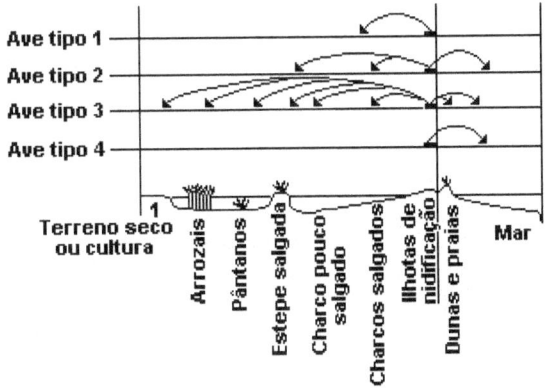

Com base no esquema, uma classe de alunos procurou identificar a possível existência de competição alimentar entre essas aves e concluiu que:

A não há competição entre os quatro tipos de aves porque nem todas elas se alimentam nos mesmos locais.

B não há competição apenas entre as aves dos tipos 1, 2 e 4 porque retiram alimentos de locais exclusivos.

C há competição porque a ave do tipo 3 se alimenta em todos os lugares e, portanto, compete com todas as demais.

D há competição apenas entre as aves 2 e 4 porque retiram grande quantidade de alimentos de um mesmo local.

E não se pode afirmar se há competição entre as aves que se alimentam em uma mesma região sem conhecer os tipos de alimento que consomem

2000.

8.101 Existem bactérias que inibem o crescimento de um fungo causador de doenças no tomateiro, por consumirem o ferro disponível no meio. As bactérias também fazem fixação do nitrogênio, disponibilizam cálcio e produzem auxinas, substâncias que estimulam diretamente o crescimento do tomateiro.

PELZER, G. Q. et al. Mecanismos de controle da murcha-de-esclerócio e promoção de crescimento em tomateiro mediados por rizobactérias. **Tropical Plant Pathology**, v. 36, n. 2, mar.-abr. 2011 (adaptado).

Qual dos processos biológicos mencionados indica uma relação ecológica de competição?

A Fixação de nitrogênio para o tomateiro.

B Disponibilização de cálcio para o tomateiro.

C Diminuição da quantidade de ferro disponível para o fungo.

D Liberação de substâncias que inibem o crescimento do fungo.

E Liberação de auxinas que estimulam o crescimento do tomateiro.

2014.

8.102 Apesar de belos e impressionantes, corais exóticos encontrados na Ilha Grande podem ser uma ameaça ao equilíbrio dos ecossistemas do litoral do Rio de Janeiro. Originários do Oceano Pacífico, esses organismos foram trazidos por plataformas de petróleo e outras embarcações, provavelmente na década de 1980, e disputam com as espécies nativas elementos primordiais para a sobrevivência, como espaço e alimento. Organismos invasores são a segunda maior causa de perda de biodiversidade, superados somente pela destruição direta de hábitats pela ação do homem. As populações de espécies invasoras crescem indefinidamente e ocupam o espaço de organismos nativos.

LEVY, I. Disponível em: http://cienciahoje.uol.com.br. Acesso em:5 dez. 2011 (adaptado).

As populações de espécies invasoras crescem bastante por terem a vantagem de

A não apresentarem genes deletérios no seu pool gênico.

B não possuírem parasitas e predadores naturais presentes no ambiente exótico.

C apresentarem características genéticas para se adaptarem a qualquer clima ou condição ambiental.

D apresentarem capacidade de consumir toda a variedade de alimentos disponibilizados no ambiente exótico.

E apresentarem características fisiológicas que lhes conferem maior tamanho corporal que o das espécies nativas.

2013.

8.103 Escargot é um caramujo comestível, especialmente utilizado na culinária francesa. No Brasil, na década de 1980, empresários brasileiros trouxeram uma espécie de caramujo africano, visando produzi-lo e vendê-lo como escargot. Porém, esses caramujos mostraram-se inúteis para a culinária e foram liberados no ambiente. Atualmente, esse caramujo africano representa um sério problema ambiental em diversos estados brasileiros.

Caramujos africanos invadem casas em Ribeirão Preto. Disponível em: http://g1.globo.com. Acesso em: 13 ago. 2008 (adaptado).

Além do clima favorável, que outro fator contribui para a explosão populacional do caramujo africano no Brasil?

A Ausência de inimigos naturais.

B Alta taxa de mortalidade dos ovos.

C Baixa disponibilidade de alimentos.

D Alta disponibilidade de áreas desmatadas.

E Abundância de espécies nativas competidoras.

2011 (2ª aplicação).

8.104 Os vaga-lumes machos e fêmeas emitem sinais luminosos para se atraírem para o acasalamento. O macho reconhece a fêmea de sua espécie e, atraído por ela, vai ao seu encontro. Porém, existe um tipo de vaga-lume, o *Photuris*, cuja fêmea engana e atrai os machos de outro tipo, o *Photinus*, fingindo ser desse gênero. Quando o macho *Photinus* se aproxima da fêmea *Photuris*, muito maior que ele, é atacado e devorado por ela.

BERTOLDI, O. G.; VASCONCELLOS, J. R. **Ciência & sociedade: a aventura da vida, a aventura da tecnologia.** São Paulo: Scipione, 2000 (adaptado).

A relação descrita no texto, entre a fêmea do gênero *Photuris* e o macho do gênero *Photinus*, é um exemplo de

A comensalismo.

B inquilinismo.

C cooperação.

D predatismo.

E mutualismo

2011.

8.105 Algumas espécies de orquídeas apresentam flores que mimetizam vespas fêmeas, de forma que vespas machos são atraídas na tentativa de acasalamento. Ao chegarem às flores, os machos frequentemente entram em contato com o pólen da flor, sem prejuízo de suas atividades. Contudo, como não conseguem se acasalar, esses machos procuram novas fêmeas, podendo encontrar novas flores e polinizá-las.

Essa interação ecológica pode ser classificada como

A comensalismo.

B amensalismo.

C mutualismo.

D parasitismo.

E simbiose.

2019 (2ª aplicação).

8.106 Um estudo recente feito no Pantanal dá uma boa ideia de como o equilíbrio entre as espécies, na natureza, é um verdadeiro quebra-cabeça. As peças do quebra-cabeça são o tucano-toco, a arara-azul e o manduvi. O tucano-toco é o único pássaro que consegue abrir o fruto e engolir a semente do manduvi, sendo, assim, o principal dispersor de suas sementes. O manduvi, por sua vez, é uma das poucas árvores onde as araras-azuis fazem seus ninhos. Até aqui, tudo parece bem encaixado, mas é justamente o tucano-toco o maior predador de ovos de arara-azul — mais da metade dos ovos das araras são predados pelos tucanos. Então, ficamos na seguinte encruzilhada: se não há tucanos-toco, os manduvis se extinguem, pois não há dispersão de suas sementes e não surgem novos manduvinhos, e isso afeta as araras-azuis, que não têm onde fazer seus ninhos. Se, por outro lado, há muitos tucanos-toco, eles dispersam as sementes dos manduvis, e as araras-azuis têm muito lugar para fazer seus ninhos, mas seus ovos são muito predados.

Internet: <http://oglobo.globo.com> (com adaptações).

De acordo com a situação descrita,

A o manduvi depende diretamente tanto do tucano-toco como da arara-azul para sua sobrevivência.

B o tucano-toco, depois de engolir sementes de manduvi, digere-as e torna-as inviáveis.

C a conservação da arara-azul exige a redução da população de manduvis e o aumento da população de tucanos-toco.

D a conservação das araras-azuis depende também da conservação dos tucanos-toco, apesar de estes serem predadores daquelas.

E a derrubada de manduvis em decorrência do desmatamento diminui a disponibilidade de locais para os tucanos fazerem seus ninhos.

2008.

8.107 Um pesquisador investigou o papel da predação por peixes na densidade e tamanho das presas, como possível controle de populações de espécies exóticas em costões rochosos. No experimento colocou uma tela sobre uma área da comunidade, impedindo o acesso dos peixes ao alimento, e comparou o resultado com uma área adjacente na qual os peixes tinham acesso livre. O quadro apresenta os resultados encontrados após 15 dias de experimento.

Espécie exótica	Área com tela		Área sem tela	
	Densidade (indivíduos/ m²)	Tamanho médio dos indivíduos (cm)	Densidade (indivíduos/ m²)	Tamanho médio dos indivíduos (cm)
Alga	100	15	110	18
Craca	300	2	150	1,5
Mexilhão	380	3	200	6
Ascídia	55	4	58	3,8

O pesquisador concluiu corretamente que os peixes controlam a densidade dos(as)

A algas, estimulando seu crescimento.

B cracas, predando especialmente animais pequenos.

C mexilhões, predando especialmente animais pequenos.

D quatro espécies testadas, predando indivíduos pequenos.

E ascídias, apesar de não representarem os menores organismos.

2016 (1ª aplicação).

8.108 Um produtor de larvas aquáticas para alimentação de peixes ornamentais usou veneno para combater parasitas, mas suspendeu o uso do produto quando os custos se revelaram antieconômicos. O gráfico registra a evolução das populações de larvas e parasitas.

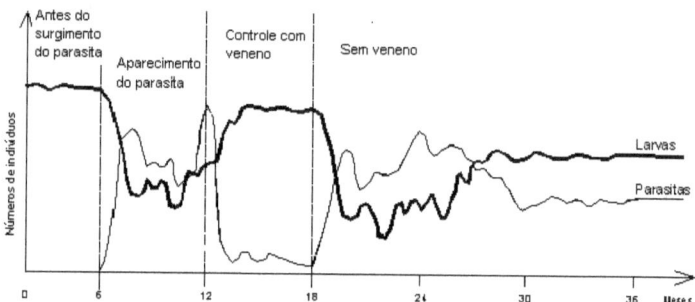

O aspecto biológico, ressaltado a partir da leitura do gráfico, que pode ser considerado o melhor argumento para que o produtor não retome o uso do veneno é:

A A densidade populacional das larvas e dos parasitas não é afetada pelo uso do veneno.

B A população de larvas não consegue se estabilizar durante o uso do veneno.

C As populações mudam o tipo de interação estabelecida ao longo do tempo.

D As populações associadas mantêm um comportamento estável durante todo o período.

E Os efeitos das interações negativas diminuem ao longo do tempo, estabilizando as populações.

2001.

8.109 O controle biológico, técnica empregada no combate a espécies que causam danos e prejuízos aos seres humanos, é utilizado no combate à lagarta que se alimenta de folhas de algodoeiro. Algumas espécies de borboleta depositam seus ovos nessa cultura. A microvespa *Trichogramma* sp. introduz seus ovos nos ovos de outros insetos, incluindo os das borboletas em questão. Os embriões da vespa se alimentam do conteúdo desses ovos e impedem que as larvas de borboleta se desenvolvam. Assim, é possível reduzir a densidade populacional das borboletas até níveis que não prejudiquem a cultura.

A técnica de controle biológico realizado pela microvespa *Trichogramma* sp. consiste na

A introdução de um parasita no ambiente da espécie que se deseja combater.

B introdução de um gene letal nas borboletas, a fim de diminuir o número de indivíduos.

C competição entre a borboleta e a microvespa para a obtenção de recursos.

D modificação do ambiente para selecionar indivíduos melhor adaptados.

E aplicação de inseticidas a fim de diminuir o número de indivíduos que se deseja combater.

2011.

USO DE RECURSOS AMBIENTAIS

8.110 O concreto utilizado na construção civil é um material formado por cimento misturado a areia, a brita e a água. A areia é normalmente extraída de leitos de rios e a brita, oriunda da fragmentação de rochas. Impactos ambientais gerados no uso do concreto estão associados à extração de recursos minerais e ao descarte indiscriminado desse material. Na tentativa de reverter esse quadro, foi proposta a utilização de concreto reciclado moído em substituição ao particulado rochoso graúdo na fabricação de novo concreto, obtendo um material com as mesmas propriedades que o anterior.

O benefício ambiental gerado nessa proposta é a redução do(a)

A extração da brita.

B extração de areia.

C consumo de água.

D consumo de concreto.

E fabricação de cimento.

2019 (1ª aplicação).

8.111 Para se discutirem políticas energéticas, é importante que se analise a evolução da Oferta Interna de Energia (OIE) do país. Essa oferta expressa as contribuições relativas das fontes de energia utilizadas em todos os setores de atividade. O gráfico a seguir apresenta a evolução da OIE no Brasil, de 1970 a 2002.

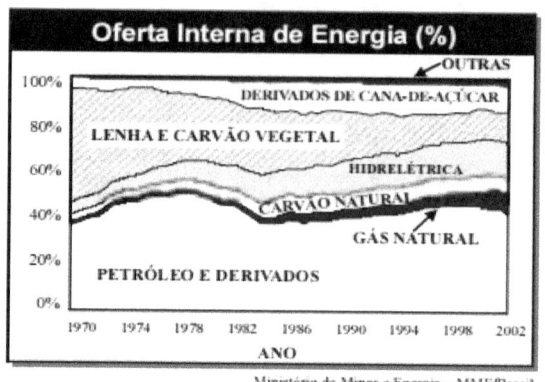

Oferta Interna de Energia (%)

Ministério de Minas e Energia – MME/Brasil.

Com base nos dados do gráfico, verifica-se que, comparado ao do ano de 1970, o percentual de oferta de energia oriunda de recursos renováveis em relação à oferta total de energia, em 2002, apresenta contribuição

A menor, pois houve expressiva diminuição do uso de carvão mineral, lenha e carvão vegetal.

B menor, pois o aumento do uso de derivados da cana-de-açúcar e de hidreletricidade não compensou a diminuição do uso de lenha e carvão vegetal.

C maior, pois houve aumento da oferta de hidreletricidade, dado que esta utiliza o recurso de maior disponibilidade no país.

D maior, visto que houve expressivo aumento da utilização de todos os recursos renováveis do país.

E maior, pois houve pequeno aumento da utilização de gás natural e dos produtos derivados da cana-de-açúcar.

2006.

8.112 O setor residencial brasileiro é, depois da indústria, o que mais consome energia elétrica. A participação do setor residencial no consumo total de energia cresceu de forma bastante acelerada nos últimos anos. Esse crescimento pode ser explicado

I. pelo processo de urbanização no país, com a migração da população rural para as cidades.

II. pela busca por melhor qualidade de vida, com a maior utilização de sistemas de refrigeração, iluminação e aquecimento.

III. pela substituição de determinadas fontes de energia - a lenha, por exemplo - pela energia elétrica.

Dentre as explicações apresentadas

A apenas III é correta.

B apenas I e II são corretas.

C apenas I e III são corretas.

D apenas II e III são corretas.

E I, II e III são corretas.

2001.

8.113 Para se discutirem políticas energéticas, é importante que se analise a evolução da Oferta Interna de Energia (OIE) do país. Essa oferta expressa as contribuições relativas das fontes de energia utilizadas em todos os setores de atividade. O gráfico a seguir apresenta a evolução da OIE no Brasil, de 1970 a 2002.

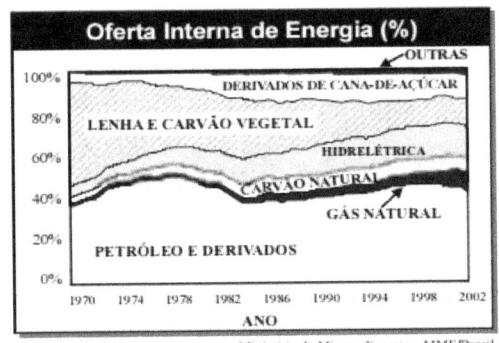

Considerando-se que seja mantida a tendência de utilização de recursos energéticos observada ao longo do período 1970-2002, a opção que melhor complementa o gráfico como projeção para o período 2002-2010 é

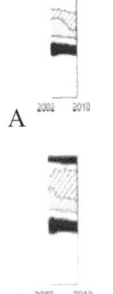

A

B

C 2002 2010

D 2002 2010

E 2002 2010

2006.

8.114 O diagrama mostra a utilização das diferentes fontes de energia no cenário mundial. Embora aproximadamente um terço de toda energia primária seja orientada à produção de eletricidade, apenas 10% do total são obtidos em forma de energia elétrica útil. A pouca eficiência do processo de produção de eletricidade deve-se, sobretudo, ao fato de as usinas

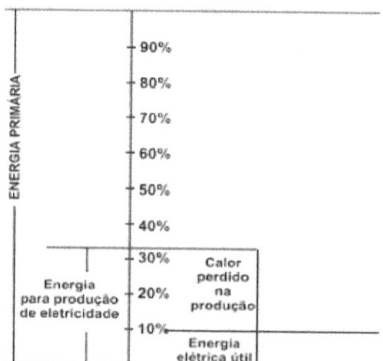

A nucleares utilizarem processos de aquecimento, nos quais as temperaturas atingem milhões de graus Celsius, favorecendo perdas por fissão nuclear.

B termelétricas utilizarem processos de aquecimento a baixas temperaturas, apenas da ordem de centenas de graus Celsius, o que impede a queima total dos combustíveis fósseis.

C hidrelétricas terem o aproveitamento energético baixo, uma vez que parte da água em

queda não atinge as pás das turbinas que acionam os geradores elétricos.

D nucleares e termelétricas utilizarem processos de transformação de calor em trabalho útil, no qual as perdas de calor são sempre bastante elevadas.

E termelétricas e hidrelétricas serem capazes de utilizar diretamente o calor obtido do combustível para aquecer a água, sem perda para o meio.

2002.

8.115 O diagrama abaixo representa a energia solar que atinge a Terra e sua utilização na geração de eletricidade. A energia solar é responsável pela manutenção do ciclo da água, pela movimentação do ar, e pelo ciclo do carbono que ocorre através da fotossíntese dos vegetais, da decomposição e da respiração dos seres vivos, além da formação de combustíveis fósseis.

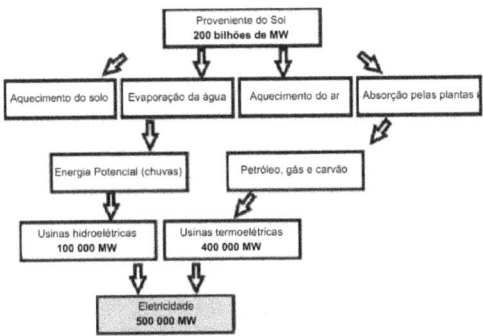

De acordo com este diagrama, uma das modalidades de produção de energia elétrica envolve combustíveis fósseis. A modalidade de produção, o combustível e a escala de tempo típica associada à formação desse combustível são, respectivamente,

A hidroelétricas - chuvas - um dia

B hidroelétricas - aquecimento do solo - um mês

C termoelétricas - petróleo - 200 anos

D termoelétricas - aquecimento do solo - 1 milhão de anos

E termoelétricas - petróleo - 500 milhões de anos

1999.

8.116 O diagrama abaixo representa a energia solar que atinge a Terra e sua utilização na geração de eletricidade. A energia solar é responsável pela manutenção do ciclo da água, pela movimentação do ar, e pelo ciclo do carbono que ocorre através da fotossíntese dos vegetais, da decomposição e da respiração dos seres vivos, além da formação de combustíveis fósseis.

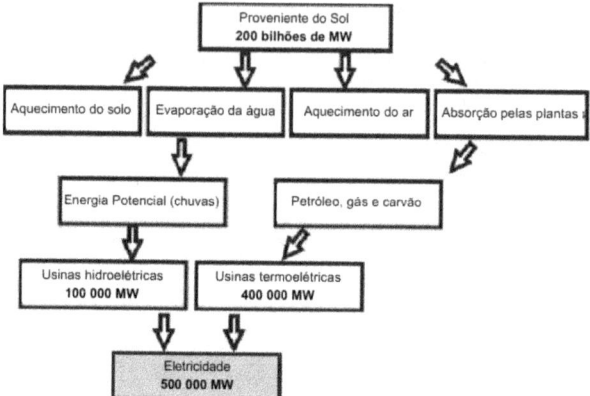

No diagrama estão representadas as duas modalidades mais comuns de usinas elétricas, as hidroelétricas e as termoelétricas. No Brasil, a construção de usinas hidroelétricas deve ser incentivada porque essas

I. utilizam fontes renováveis, o que não ocorre com as termoelétricas que utilizam fontes que necessitam de bilhões de anos para serem reabastecidas.

II. apresentam impacto ambiental nulo, pelo represamento das águas no curso normal dos rios.

III. aumentam o índice pluviométrico da região de seca do Nordeste, pelo represamento de águas.

Das três afirmações acima, somente

A I está correta.

B II está correta.

C III está correta.

D I e II estão corretas.

E II e III estão corretas.

1999.

8.117 O quadro a seguir mostra algumas características de diferentes fontes de energia.

Fontes de energia	Características
I	Elevado custo para instalação da usina; alto potencial energético; não emite gases de efeito estufa; alto risco para a saúde da população em caso de acidentes.
II	Não renovável; alto potencial energético; alta emissão de gases de efeito estufa; alto risco para o meio ambiente em caso de acidentes.
III	Renovável; menor custo de instalação da usina, se comparada à de usinas que utilizam as demais fontes; menor emissão de poluentes; danos ao meio ambiente para implantação de monoculturas.
IV	Renovável; alto custo para implantação; não emite poluentes; depende de fatores climáticos para geração da energia; não causa prejuízo ao meio ambiente.

No quadro, as características de I a IV, referem-se, respectivamente, às seguintes fontes de energia:

A fóssil, biomassa, eólica e nuclear.

B eólica, fóssil, nuclear e biomassa.

C nuclear, biomassa, fóssil e eólica.

D nuclear, fóssil, biomassa e eólica.

E fóssil, nuclear, biomassa e eólica.

2009 (2ª aplicação).

8.118 Em usinas hidrelétricas, a queda d'água move turbinas que acionam geradores. Em usinas eólicas, os geradores são acionados por hélices movidas pelo vento. Na conversão direta solar-elétrica são células fotovoltaicas que produzem tensão elétrica. Além de todos produzirem eletricidade, esses processos têm em comum o fato de

A não provocarem impacto ambiental.

B independerem de condições climáticas.

C a energia gerada poder ser armazenada.

D utilizarem fontes de energia renováveis.

E dependerem das reservas de combustíveis fósseis.

2002.

8.119 Do ponto de vista ambiental, uma distinção importante que se faz entre os combustíveis é serem provenientes ou não de fontes renováveis. No caso dos derivados de petróleo e do álcool de cana, essa distinção se caracteriza

A pela diferença nas escalas de tempo de formação das fontes, período geológico no caso do petróleo e anual no da cana.

B pelo maior ou menor tempo para se reciclar o combustível utilizado, tempo muito maior no caso do álcool.

C pelo maior ou menor tempo para se reciclar o combustível utilizado, tempo muito maior no caso dos derivados do petróleo.

D pelo tempo de combustão de uma mesma quantidade de combustível, tempo muito maior para os derivados do petróleo do que do álcool.

E pelo tempo de produção de combustível, pois o refino do petróleo leva dez vezes mais tempo do que a destilação do fermento de cana.

2003.

8.120 O crescimento da demanda por energia elétrica no Brasil tem provocado discussões sobre o uso de diferentes processos para sua geração e sobre benefícios e problemas a eles associados. Estão apresentados no quadro alguns argumentos favoráveis (ou positivos, P1, P2 e P3) e outros desfavoráveis (ou negativos, N1, N2e N3) relacionados a diferentes opções energéticas.

Argumentos favoráveis		Argumentos desfavoráveis	
P_1	Elevado potencial no país do recurso utilizado para a geração de energia.	N_1	Destruição de áreas de lavoura e deslocamento de populações.
P_2	Diversidade dos recursos naturais que pode utilizar para a geração de energia.	N_2	Emissão de poluentes.
P_3	Fonte renovável de energia.	N_3	Necessidade de condições climáticas adequadas para sua instalação.

Ao se discutir a opção pela instalação, em uma dada região, de uma usina termoelétrica, os argumentos que se aplicam são

A P1e N2.

B P1e N3.

C P2e N1.

D P2e N2.

E P3e N3.

2004.

8.121 Os sistemas de cogeração representam uma prática de utilização racional de combustíveis e de produção de energia. Isto já se pratica em algumas indústrias de açúcar e de álcool, nas quais se aproveita o bagaço da cana, um de seus subprodutos, para produção de energia. Esse processo está ilustrado no esquema abaixo

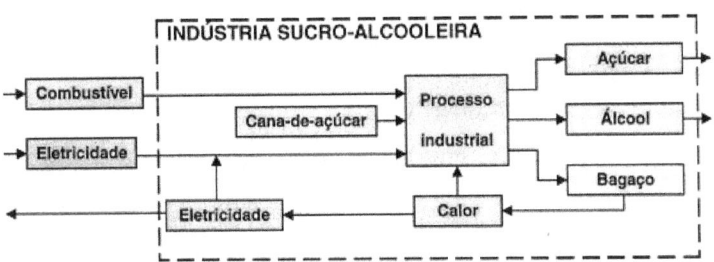

Entre os argumentos favoráveis a esse sistema de cogeração pode-se destacar que ele

A otimiza o aproveitamento energético, ao usar queima do bagaço nos processos térmicos da usina e na geração de eletricidade.

B aumenta a produção de álcool e de açúcar, ao usar o bagaço como insumo suplementar.

C economiza na compra da cana-de-açúcar, já que o bagaço também pode ser transformado em álcool.

D aumenta a produtividade, ao fazer uso do álcool para a geração de calor na própria usina.

E reduz o uso de máquinas e equipamentos na produção de açúcar e álcool, por não manipular o bagaço da cana.

2004.

8.122 A eficiência do fogão de cozinha pode ser analisada em relação ao tipo de energia que ele utiliza. O gráfico abaixo mostra a eficiência de diferentes tipos de fogão.

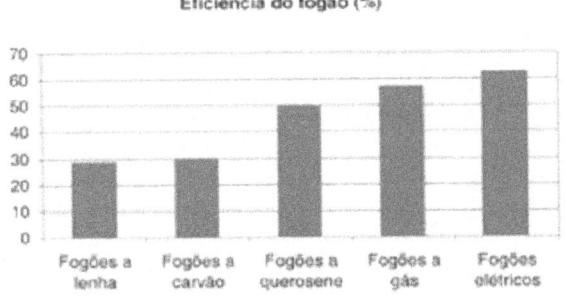

Eficiência do fogão (%)

Pode-se verificar que a eficiência dos fogões aumenta

A à medida que diminui o custo dos combustíveis.

B à medida que passam a empregar combustíveis renováveis.

C cerca de duas vezes, quando se substitui fogão a lenha por fogão a gás.

D cerca de duas vezes, quando se substitui fogão a gás por fogão elétrico.

E quando são utilizados combustíveis sólidos.

2003.

8.123 Todo ano, cresce a demanda mundial de energia com o aumento das populações e do consumo. É cada vez mais necessário buscar fontes alternativas que não degradem os recursos do planeta nem comprometam a sobrevivência das espécies. Ainda há muito o que se descobrir sobre o uso eficiente de recursos energéticos provenientes de fontes renováveis, mas elas estão mais próximas do que parece da adoção em larga escala.

BARBOSA, M. A sustentabilidade da energia renovável. **Superinteressante**, n. 102, 1996.

Os recursos energéticos do tipo citado são provenientes de

A pilhas e baterias.

B usinas nucleares e hidrelétricas.

C células solares e geradores eólicos.

D centrais geotérmicas e termoelétricas

E usinas maremotrizes e combustíveis fósseis.

2016 (3ª aplicação).

8.124

PROPOSTA DE REDAÇÃO

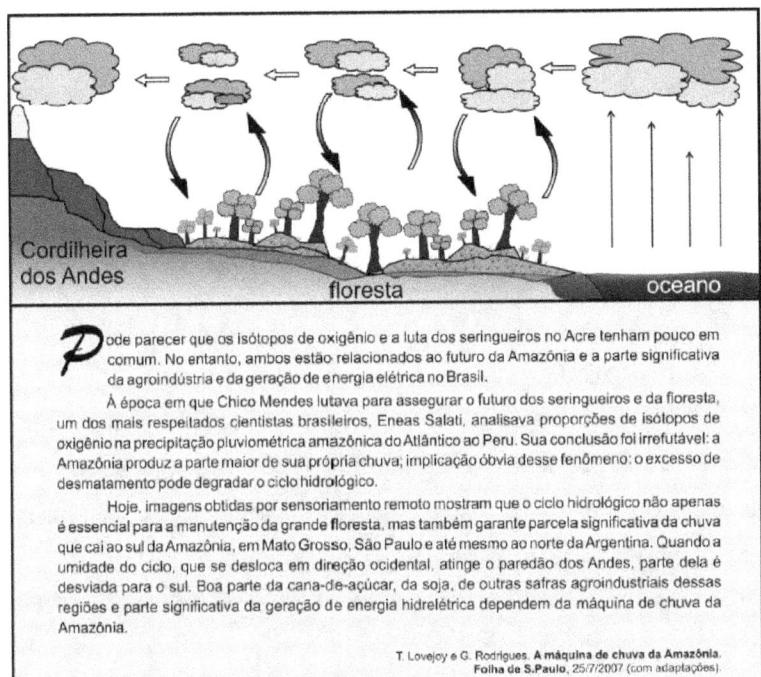

Cordilheira dos Andes
floresta
oceano

Pode parecer que os isótopos de oxigênio e a luta dos seringueiros no Acre tenham pouco em comum. No entanto, ambos estão relacionados ao futuro da Amazônia e a parte significativa da agroindústria e da geração de energia elétrica no Brasil.

À época em que Chico Mendes lutava para assegurar o futuro dos seringueiros e da floresta, um dos mais respeitados cientistas brasileiros, Eneas Salati, analisava proporções de isótopos de oxigênio na precipitação pluviométrica amazônica do Atlântico ao Peru. Sua conclusão foi irrefutável: a Amazônia produz a parte maior de sua própria chuva; implicação óbvia desse fenômeno: o excesso de desmatamento pode degradar o ciclo hidrológico.

Hoje, imagens obtidas por sensoriamento remoto mostram que o ciclo hidrológico não apenas é essencial para a manutenção da grande floresta, mas também garante parcela significativa da chuva que cai ao sul da Amazônia, em Mato Grosso, São Paulo e até mesmo ao norte da Argentina. Quando a umidade do ciclo, que se desloca em direção ocidental, atinge o paredão dos Andes, parte dela é desviada para o sul. Boa parte da cana-de-açúcar, da soja, de outras safras agroindustriais dessas regiões e parte significativa da geração de energia hidrelétrica dependem da máquina de chuva da Amazônia.

T. Lovejoy e G. Rodrigues. **A máquina de chuva da Amazônia**.
Folha de S.Paulo, 25/7/2007 (com adaptações).

O texto acima, que focaliza a relevância da região amazônica para o meio ambiente e para a economia brasileira, menciona a "máquina de chuva da Amazônia". Suponha que, para manter essa "máquina de chuva" funcionando, tenham sido sugeridas as ações a seguir:

1 suspender completa e imediatamente o desmatamento na Amazônia, que permaneceria proibido até que fossem identificadas áreas onde se poderia explorar, de maneira sustentável, madeira de florestas nativas;

2 efetuar pagamentos a proprietários de terras para que deixem de desmatar a floresta, utilizando-se recursos financeiros internacionais;

3 aumentar a fiscalização e aplicar pesadas multas àqueles que promoverem desmatamentos não-autorizados.

Escolha uma dessas ações e, a seguir, redija um texto dissertativo, ressaltando as possibilidades e as limitações da ação escolhida.

Ao desenvolver seu texto, procure utilizar os conhecimentos adquiridos e as reflexões feitas ao longo de sua formação.

Selecione, organize e relacione argumentos, fatos e opiniões para defender seu ponto de vista, sem ferir os direitos humanos.

Observações:

- Seu texto deve ser escrito na modalidade padrão da língua portuguesa.

- O texto não deve ser escrito em forma de poema (versos) ou narração.

- O texto com até 7 (sete) linhas escritas será considerado texto em branco.

- O rascunho pode ser feito na última página deste Caderno.

- A redação deve ser passada a limpo na folha própria e escrita a tinta

2008.

8.125

PROPOSTA DE REDAÇÃO

A partir da leitura dos textos motivadores seguintes e com base nos conhecimentos construídos ao longo de sua formação, redija texto dissertativo-argumentativo em norma padrão da língua portuguesa sobre o tema "Alternativas para a escassez de água no Brasil", apresentando proposta de intervenção, que respeite os direitos humanos. Selecione, organize e relacione, de forma coerente e coesa, argumentos e fatos para defesa de seu ponto de vista.

TEXTO I

Disponível em: www.radioregionaldeipu.com.br

convivemos com ela"

Alguns milhares de quilômetros longe de São Paulo e outros milhões de litros mais seco está o semiárido nordestino. Há dez anos, quase a totalidade dos 22 milhões de habitantes dessa região ia dormir com sede. Partiu-se de uma realidade na qual a falta de água é uma realidade histórica. Há famílias que bebem água do barreiro. Para esses povos do semiárido, a água é um bem precioso. Mulheres chegam a caminhar 15 quilômetros para conseguir uma lata d'água.

Disponível em: http://revistaforum.com.br (adaptado).

TEXTO II

"Nós não combatemos a seca, nós

TEXTO III

Sudeste pode 'aprender com Nordeste a lidar com seca'

O presidente do Conselho Mundial da Água disse em entrevista à BBC Brasil que a atual crise hídrica em São Paulo e em outras cidades do Sudeste é uma "oportunidade" para esta região do país, que deveria se inspirar no exemplo do Nordeste para enfrentar o problema.

Segundo ele, daqui em diante, o uso mais eficiente da água e o preparo para enfrentar períodos de estiagem se tornarão uma prioridade, assim como houve uma busca por eficiência energética e medidas capazes de evitar a falta de energia elétrica após os apagões do início da década passada.

"Em meio a essa crise no Sudeste, ninguém fala do Nordeste. Esta região aprendeu com as crises do passado e criaram uma infraestrutura para conseguir sobreviver a esse momento difícil.

Disponível em: http://www.bbc.co.uk (adaptado).

TEXTO IV

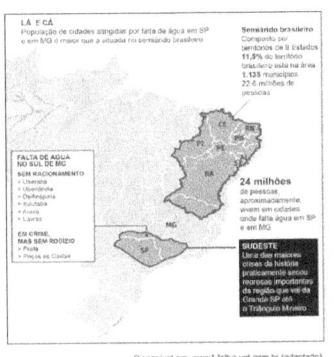

Disponível em: www1.folha.uol.com.br (adaptado).

Questões terá o número de linhas copiadas desconsiderado para efeito de correção.

Receberá nota zero, em qualquer das situações expressas a seguir, a redação que:

\# tiver até 7 (sete) linhas escritas, sendo considerada insuficiente.

\# fugir ao tema ou que não atender ao tipo dissertativo-argumentativo.

\# apresentar proposta de intervenção que desrespeite os direitos humanos.

\# apresentar parte do texto deliberadamente desconectada com o tema proposto.

2014 (3ª aplicação).

INSTRUÇÕES:

\# O rascunho da redação deve ser feito no espaço apropriado.

\# O texto definitivo deve ser escrito à tinta, na folha própria, em até 30 linhas.

\# A redação que apresentar cópia dos textos da Proposta de Redação ou do Caderno de

8.126 No ciclo da água, usado para produzir eletricidade, a água de lagos e oceanos, irradiada pelo Sol, evapora-se dando origem a nuvens e se precipita como chuva. É então represada, corre de alto a baixo e move turbinas de uma usina, acionando geradores. A eletricidade produzida é transmitida através de cabos e fios e é utilizada em motores e outros aparelhos elétricos. Assim, para que o ciclo seja aproveitado na geração de energia elétrica, constrói-se uma barragem para represar a água.

Entre os possíveis impactos ambientais causados por essa construção, devem ser destacados:

A aumento do nível dos oceanos e chuva ácida.

B chuva ácida e efeito estufa.

C alagamentos e intensificação do efeito estufa.

D alagamentos e desequilíbrio da fauna e da flora.

E alteração do curso natural dos rios e poluição atmosférica.

2000.

8.127 Segundo uma organização mundial de estudos ambientais, em 2025, duas de cada três pessoas viverão situações de carência de água, caso não haja mudanças no padrão atual de consumo do produto.

Uma alternativa adequada e viável para prevenir a escassez, considerando-se a disponibilidade global, seria

A desenvolver processos de reutilização da água.

B explorar leitos de água subterrânea.

C ampliar a oferta de água, captando-a em outros rios.

D captar águas pluviais.

E importar água doce de outros estados.

2002.

8.128 Considerando a riqueza dos recursos hídricos brasileiros, uma grave crise de água em nosso país poderia ser motivada por

A reduzida área de solos agricultáveis.

B ausência de reservas de águas subterrâneas.

C escassez de rios e de grandes bacias hidrográficas.

D falta de tecnologia para retirar o sal da água do mar.

E degradação dos mananciais e desperdício no consumo.

2003.

8.129

"Águas de março definem se falta luz este ano".

Esse foi o título de uma reportagem em jornal de circulação nacional, pouco antes do início do racionamento do consumo de energia elétrica, em 2001.

No Brasil, a relação entre a produção de eletricidade e a utilização de recursos hídricos, estabelecida nessa manchete, se justifica porque

A a geração de eletricidade nas usinas hidrelétricas exige a manutenção de um dado fluxo de água nas barragens.

B o sistema de tratamento da água e sua distribuição consomem grande quantidade de energia elétrica.

C a geração de eletricidade nas usinas termelétricas utiliza grande volume de água para refrigeração.

D o consumo de água e de energia elétrica utilizadas na indústria compete com o da agricultura.

E é grande o uso de chuveiros elétricos, cuja operação implica abundante consumo de água.

2003.

8.130 Considerando os custos e a importância da preservação dos recursos hídricos, uma indústria decidiu purificar parte da água que consome para reutilizá-la no processo industrial.

De uma perspectiva econômica e ambiental, a iniciativa é importante porque esse processo

A permite que toda água seja devolvida limpa aos mananciais.

B diminui a quantidade de água adquirida e comprometida pelo uso industrial.

C reduz o prejuízo ambiental, aumentando o consumo de água.

D torna menor a evaporação da água e mantém o ciclo hidrológico inalterado.

E recupera o rio onde são lançadas as águas utilizadas.

2003.

8.131 Nos últimos 60 anos, a população mundial duplicou, enquanto o consumo de água foi multiplicado por sete. Da água existente no planeta, 97% são de água salgada (mares e oceanos), 2% formam geleiras inacessíveis e apenas 1% corresponde à água doce, armazenada em lençóis subterrâneos, rios e lagos, A poluição pela descarga de resíduos municipais e industriais, combinada com a exploração excessiva dos recursos hídricos disponíveis, ameaça o meio ambiente, comprometendo a disponibilidade de água doce para o abastecimento das populações humanas. Se esse ritmo se mantiver, em alguns anos a água potável tornar-se-á um bem extremamente raro e caro.

MORAES, D.S.L.; JORDÃO, B.Q., Degradação de recursos hídricos e seus efeitos sobre a saúde humana. **Saúde Pública**, São Paulo, v. 36, n. 3, Jun. 2002 (adaptado).

Considerando o texto, uma proposta viável para conservar o meio ambiente e a água doce seria

A fazer uso exclusivo da água subterrânea, pois ela pouco interfere na quantidade de água dos rios.

B desviar a água dos mares para os rios e lagos, de maneira a aumentar o volume de água doce nos pontos de captação.

C promover a adaptação das populações humanas ao consumo da água do mar, diminuindo assim a demanda sobre a água doce.

D reduzir a poluição e a exploração dos recursos naturais, otimizar o uso da água potável e aumentar captação da água da chuva.

E realizar a descarga dos resíduos municipais e industriais diretamente nos mares, de maneira a não afetar a água doce disponível.

2009 (prova anulada).

8.132 Na região semiárida do Nordeste brasileiro, mesmo nos anos mais secos, chove pelo menos 200 milímetros por ano. Durante a seca, muitas pessoas, em geral as mães de família, têm de caminhar várias horas em busca de água, utilizando açudes compartilhados com animais e frequentemente contaminados. Sem tratamento, essa água é fonte de diarreias, parasitas intestinais, e uma das responsáveis pela elevada mortalidade infantil da região. Os açudes secam com frequência, tornando necessário o abastecimento das populações por carros-pipa, uma alternativa cara e que não traz solução definitiva ao abastecimento de água.

OSAVA, M. Chuva de beber: cisternas para 50 mil famílias. **Revista ECO21**, n. 96, novembro 2004 (adaptado).

Considerando o texto, a proposta mais eficaz para reduzir os impactos da falta de água na região seria:

A Subsidiar a venda de água mineral nos estabelecimentos comerciais.

B Distribuir gratuitamente remédios contra parasitas e outras moléstias intestinais.

C Desenvolver carros-pipa maiores e mais econômicos, de forma a baratear o custo da água transportada.

D Captar água da chuva em cisternas, permitindo seu adequado tratamento e armazenamento para consumo.

E Promover a migração das famílias mais necessitadas para as regiões Sudeste e Sul, onde as chuvas são abundantes.

2009 (prova anulada).

8.133 O Aquífero Guarani se estende por 1,2 milhão de km^2 e é um dos maiores reservatórios de águas subterrâneas do mundo. O aquífero é como uma "esponja gigante" de arenito, uma rocha porosa e absorvente, quase totalmente confinada sob centenas de metros de rochas impermeáveis. Ele é recarregado nas áreas em que o arenito aflora à superfície, absorvendo água da chuva. Uma pesquisa realizada em 2002 pela Embrapa apontou cinco pontos de contaminação do aquífero por agrotóxico, conforme a figura:

Considerando as consequências socioambientais e respeitando as necessidades econômicas, pode-se afirmar que, diante do problema apresentado, políticas públicas adequadas deveriam

A proibir o uso das águas do aquífero para irrigação.

B impedir a atividade agrícola em toda a região do aquífero.

C impermeabilizar as áreas onde o arenito aflora.

D construir novos reservatórios para a captação da água na região.

E controlar a atividade agrícola e agroindustrial nas áreas de recarga.

2004.

8.134 O artigo 1.º da Lei Federal n.º 9.433/1997 (Lei das Águas) estabelece, entre outros, os seguintes fundamentos:

I a água é um bem de domínio público;

II a água é um recurso natural limitado, dotado de valor econômico;

III em situações de escassez, os usos prioritários dos recursos hídricos são o consumo humano e a dessedentação de animais;

IV a gestão dos recursos hídricos deve sempre proporcionar o uso múltiplo das águas.

Considere que um rio nasça em uma fazenda cuja única atividade produtiva seja a lavoura irrigada de milho e que a companhia de águas do município em que se encontra a fazenda colete água desse rio para abastecer a cidade. Considere, ainda, que, durante uma estiagem, o volume de água do rio tenha chegado ao nível crítico, tornando-se insuficiente para garantir o consumo humano e a atividade agrícola mencionada. Nessa situação, qual das medidas abaixo estaria de acordo com o artigo 1.º da Lei das Águas?

A Manter a irrigação da lavoura, pois a água do rio pertence ao dono da fazenda.

B Interromper a irrigação da lavoura, para se garantir o abastecimento de água para consumo humano.

C Manter o fornecimento de água apenas para aqueles que pagam mais, já que a água é bem dotado de valor econômico.

D Manter o fornecimento de água tanto para a lavoura quanto para o consumo humano, até o esgotamento do rio.

E Interromper o fornecimento de água para a lavoura e para o consumo humano, a fim de que a água seja transferida para outros rios.

2007.

8.135 Para compreender o processo de exploração e o consumo dos recursos petrolíferos, é fundamental conhecer a gênese e o processo de formação do petróleo descritos no texto abaixo.

"O petróleo é um combustível fóssil, originado provavelmente de restos de vida aquática acumulados no fundo dos oceanos primitivos e cobertos por sedimentos. O tempo e a pressão do sedimento sobre o material depositado no fundo do mar transformaram esses restos em massas viscosas de coloração negra denominadas jazidas de petróleo."

(Adaptado de TUNDISI. Usos de energias. São Paulo: Atual Editora, 1991)

As informações do texto permitem afirmar que:

A o petróleo é um recurso energético renovável a curto prazo, em razão de sua constante formação geológica.

B a exploração de petróleo é realizada apenas em áreas marinhas.

C a extração e o aproveitamento do petróleo são atividades não poluentes dada sua origem natural.

D o petróleo é um recurso energético distribuído homogeneamente, em todas as regiões, independentemente da sua origem.

E o petróleo é um recurso não renovável a curto prazo, explorado em áreas continentais de origem marinha ou em áreas submarinas.

2000.

8.136 Segundo matéria publicada em um jornal brasileiro, "Todo o lixo (orgânico) produzido pelo Brasil hoje - cerca de 20 milhões de toneladas por ano - seria capaz de aumentar em 15% a oferta de energia elétrica. Isso representa a metade da energia produzida pela hidrelétrica de Itaipu. O segredo está na celulignina, combustível sólido gerado a partir de um processo químico a que são submetidos os resíduos orgânicos".

O Estado de Sã Paulo, 01/01/2001.

Independentemente da viabilidade econômica desse processo, ainda em fase de pesquisa, na produção de energia pela técnica citada nessa matéria, a celulignina faria o mesmo papel

A do gás natural em uma usina termoelétrica.

B do vapor d'água em uma usina termoelétrica.

C da queda d'água em uma usina hidrelétrica.

D das pás das turbinas em uma usina eólica.

E do reator nuclear em uma usina termonuclear.

2002.

8.137 Há estudos que apontam razões econômicas e ambientais para que o gás natural possa vir a tornar-se, ao longo deste século, a principal fonte de energia em lugar do petróleo. Justifica-se essa previsão, entre outros motivos, porque o gás natural

A além de muito abundante na natureza é um combustível renovável.

B tem novas jazidas sendo exploradas e é menos poluente que o petróleo.

C vem sendo produzido com sucesso a partir do carvão mineral.

D pode ser renovado em escala de tempo muito inferior à do petróleo.

E não produz CO_2 em sua queima, impedindo o efeito estufa.

2004.

8.138 Nos últimos meses o preço do petróleo tem alcançado recordes históricos. Por isso a procura de fontes energéticas alternativas se faz necessária. Para os especialistas, uma das mais interessantes é o gás natural, pois ele apresentaria uma série de vantagens em relação a outras opções energéticas.

A tabela compara a distribuição das reservas de petróleo e de gás natural no mundo, e a figura, a emissão de monóxido de carbono entre vários tipos de fontes energéticas.

	Distribuição de petróleo no mundo (%)	Distribuição de gás natural no mundo (%)
América do Norte	3,5	5,0
América Latina	13,0	6,0
Europa	2,0	3,6
Ex-União Soviética	6,3	38,7
Oriente Médio	64,0	33,0
África	7,2	7,7
Ásia/Oceania	4,0	6,0

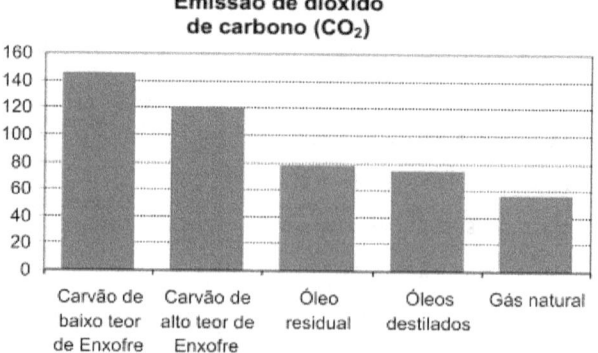

(Fonte: Gas World International – Petroleum Economist.)

A partir da análise da tabela e da figura, são feitas as seguintes afirmativas:

I – Enquanto as reservas mundiais de petróleo estão concentradas geograficamente, as reservas mundiais de gás natural são mais distribuídas ao redor do mundo garantindo um mercado competitivo, menos dependente de crises internacionais e políticas.

II – A emissão de dióxido de carbono (CO2) para o gás natural é a mais baixa entre os diversos combustíveis analisados, o que é importante, uma vez que esse gás é um dos principais responsáveis pelo agravamento do

efeito estufa.

Com relação a essas afirmativas pode-se dizer que

A a primeira está incorreta, pois novas reservas de petróleo serão descobertas futuramente.

B a segunda está incorreta, pois o dióxido de carbono (CO2) apresenta pouca importância no agravamento do efeito estufa.

C ambas são análises corretas, mostrando que o gás natural é uma importante alternativa energética.

D ambas não procedem para o Brasil, que já é praticamente autossuficiente em petróleo e não contribui para o agravamento do efeito estufa.

E nenhuma delas mostra vantagem do uso de gás natural sobre o petróleo.

2005.

8.139 Para evitar o desmatamento da Mata Atlântica nos arredores da cidade de Amargosa, no Recôncavo da Bahia, o Ibama tem atuado no sentido de fiscalizar, entre outras, as pequenas propriedades rurais que dependem da lenha proveniente das matas para a produção da farinha de mandioca, produto típico da região. Com isso, pequenos produtores procuram alternativas como o gás de cozinha, o que encarece a farinha.

Uma alternativa viável, em curto prazo, para os produtores de farinha em Amargosa, que não cause danos à Mata Atlântica nem encareça o produto é a

A construção, nas pequenas propriedades, de grandes fornos elétricos para torrar a mandioca.

B plantação, em suas propriedades, de árvores para serem utilizadas na produção de lenha.

C permissão, por parte do Ibama, da exploração da Mata Atlântica apenas pelos pequenos produtores.

D construção de biodigestores, para a produção de gás combustível a partir de resíduos orgânicos da região.

E coleta de carvão de regiões mais distantes, onde existe menor intensidade de fiscalização do Ibama.

2011.

8.140 O potencial brasileiro para transformar lixo em energia permanece subutilizado — apenas pequena parte dos resíduos brasileiros é utilizada para gerar energia. Contudo, bons exemplos são os aterros sanitários, que utilizam a principal fonte de energia ali produzida. Alguns aterros vendem créditos de carbono com base no Mecanismo de Desenvolvimento Limpo (MDL), do Protocolo de Kyoto.

Essa fonte de energia subutilizada, citada no texto, é o

A etanol, obtido a partir da decomposição da matéria orgânica por bactérias.

B gás natural, formado pela ação de fungos decompositores da matéria orgânica.

C óleo de xisto, obtido pela decomposição da matéria orgânica pelas bactérias anaeróbias.

D gás metano, obtido pela atividade de bactérias anaeróbias na decomposição da matéria orgânica.

E gás liquefeito de petróleo, obtido pela decomposição de vegetais presentes nos restos de comida.

2014.

8.141 Os biocombustíveis de primeira geração são derivados da soja, milho e cana-de-açúcar e sua produção ocorre através da fermentação. Biocombustíveis derivados de material celulósico ou biocombustíveis de segunda geração — coloquialmente chamados de "gasolina de capim" — são aqueles produzidos a partir de resíduos de madeira (serragem, por exemplo), talos de milho, palha de trigo ou capim de crescimento rápido e se apresentam como uma alternativa para os problemas enfrentados pelos de primeira geração, já que as matérias-primas são baratas e abundantes.

DALE, B. E.; HUBER, G. W. Gasolina de capim e outros vegetais. **Scientific American Brasil** Ago. 2009, nº 87 (adaptado).

O texto mostra um dos pontos de vista a respeito do uso dos biocombustíveis na atualidade, os quais

A são matrizes energéticas com menor carga de poluição para o ambiente e podem propiciar a geração de novos empregos, entretanto, para serem oferecidos com baixo custo, a tecnologia da degradação da celulose nos biocombustíveis de segunda geração deve ser extremamente eficiente.

B oferecem múltiplas dificuldades, pois a produção é de alto custo, sua implantação não gera empregos, e deve-se ter cuidado com o risco ambiental, pois eles oferecem os mesmos riscos que o uso de combustíveis fósseis.

C sendo de segunda geração, são produzidos por uma tecnologia que acarreta problemas sociais, sobretudo decorrente do fato de a matéria-prima ser abundante e facilmente encontrada, o que impede a geração de novos empregos.

D sendo de primeira e segunda geração, são produzidos por tecnologias que devem passar por uma avaliação criteriosa quanto ao uso, pois uma enfrenta o problema da falta de espaço para plantio da matéria-prima e a outra impede a geração de novas fontes de emprego.

E sendo de primeira e segunda geração, são produzidos por tecnologias que devem passar por uma avaliação criteriosa quanto ao uso, pois uma enfrenta o problema da falta de espaço para plantio da matéria-prima e a outra impede a geração de novas fontes de emprego.

2011.

8.142 Um estudo modificou geneticamente a *Escherichia coli*, visando permitir que essa bactéria seja capaz de produzir etanol pela metabolização do alginato, açúcar presente em grande quantidade nas algas marrons. A experiência mostrou que a bactéria transgênica tem capacidade de obter um rendimento elevado na produção de etanol, o que pode ser aplicado em escala industrial.

Combustível de algas. **Revista Pesquisa Fapesp**, ed.192, fev. 2012 (adaptado).

O benefício dessa nova tecnologia, em comparação às fontes atuais de produção de etanol, baseia-se no fato de que esse modelo experimental

A aumentará a extensão de área continental cultivada.

B aumentará a captação de CO_2 atmosférico.

C facilitará o transporte do etanol no final da etapa produtiva.

D reduzirá o consumo de água doce durante a produção de matéria-prima.

E reduzirá a contaminação dos mares por metais pesados.

2012 (2ª aplicação).

8.143 A produção de biocombustíveis é resultado direto do fomento a pesquisas científicas em biotecnologia que ocorreu no Brasil nas últimas décadas. A escolha do vegetal a ser usado considera, entre outros aspectos, a produtividade da matéria-prima em termos de rendimento e custos associados. O etanol é produzido a partir da fermentação de carboidratos e quanto mais simples a molécula de glicídio, mais eficiente é o processo.

Etanol de quê? **Revista Pesquisa Fapesp**, 28 nov. 2007 (adaptado).

O vegetal que apresenta maior eficiência no processo da produção do etanol é

A o milho, pois apresenta sementes com alto teor de amido.

B a mandioca, pois apresenta raízes com alto teor de celulose.

C a soja, pois apresenta sementes com alto teor de glicogênio.

D o feijão, pois apresenta sementes com alto teor de quitina.

E a cana-de-açúcar, pois apresenta colmos com alto teor de sacarose.

2012 (2ª aplicação).

8.144 O governo brasileiro, após análise das características físicas do local, incluindo sismologia, meteorologia, geologia e hidrologia, decidiu construir a usina termonuclear em Angra dos Reis, no Rio de Janeiro. A escolha desse local foi questionada por parte da sociedade civil, sob a alegação de que essa cidade é um paraíso turístico, próxima de área densamente habitadas. Temendo a probabilidade de ocorrer um grave acidente, os defensores propuseram que essa usina fosse instalada em regiões desabitadas, como o Sertão nordestino.

Disponível em: www.cnem.gov.br. Acesso em: 4 ago. 2012.

A característica que impede que essa usina seja instalada no local proposto pela sociedade civil é o(a)

A pequena estabilidade do solo.

B baixo índice pluviométrico anual.

C ausência de grandes volumes de água.

D baixa movimentação das massas de ar.

E elevação da temperatura ao longo do ano.

2014 (3ª aplicação).

8.145 Observe atentamente a charge.

Disponível em: http://ocorporesponde.blogspot.com. Acesso em: 14 jun. 2011.

Além do risco de acidentes, como o referenciado na charge, o principal problema enfrentado pelos países que dominam a tecnologia associada às usinas termonucleares é

A a escassez de recursos minerais destinados à produção do combustível nuclear.

B a produção dos equipamentos relacionados às diversas etapas do ciclo nuclear.

C o destino final dos subprodutos das fissões ocorridas no núcleo do reator.

D a formação de recursos humanos voltados para o trabalho nas usinas.

E o rigoroso controle da Agência Internacional de Energia Atômica.

2012 (2ª aplicação).

8.146 Com a crescente demanda de energia elétrica, decorrente do modo de vida da sociedade moderna, tornou-se necessário que mais de uma fonte de energia seja estudada e aplicada, levando-se em conta os impactos ambientais e sociais a serem gerados em curto e longo prazo. Com isso, o uso da energia nuclear tem sido muito debatido no mundo. O questionamento principal é se valerá a pena construir centrais de produção nuclear ou é preferível investir em outros tipos de energias que sejam renováveis.

Disponível em: http://energiaeambiente.wordpress.com. http://www.comciencia.br. Acesso em: 27 jan. 2009 (adaptado).

Um argumento favorável ao uso da energia nuclear é o fato de

A seu preço de instalação ser menor que o das demais fontes de energia.

B o tratamento de seus rejeitos ser um processo simples.

C de ser uma energia limpa, de baixo custo, que não causa impactos ambientais.

D ser curto o tempo de atividade dos resíduos produzidos na sua geração.

E ser uma energia limpa embora não seja renovável.

2011 (2ª aplicação).

8.147 A energia térmica liberada em processos de fissão nuclear pode ser utilizada na geração de vapor para produzir energia mecânica que, por sua vez, será convertida em energia elétrica. Abaixo está representado um esquema básico de uma usina de energia nuclear.

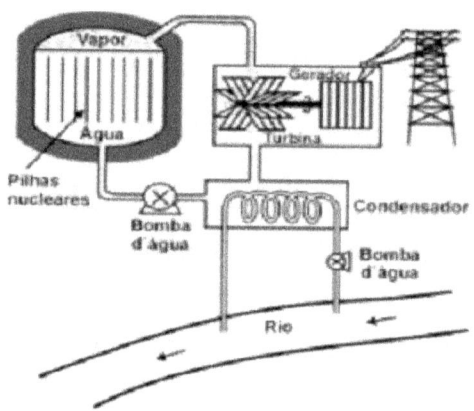

Com relação ao impacto ambiental causado pela poluição térmica no processo de refrigeração da usina nuclear, são feitas as seguintes afirmações:

I   o aumento na temperatura reduz, na água do rio, a quantidade de oxigênio nela dissolvido, que é essencial para a vida aquática e para a decomposição da matéria orgânica.

II   o aumento da temperatura da água modifica o metabolismo dos peixes.

III o aumento na temperatura da água diminui o crescimento de bactérias e de algas, favorecendo o desenvolvimento da vegetação.

Das afirmativas acima, somente está(ão) correta(s):

A I.

B II.

C III.

D I e II.

E II e II

2000.

8.148 Na música "Bye, bye, Brasil", de Chico Buarque de Holanda e Roberto Menescal, os versos "puseram uma usina no mar

talvez fique ruim pra pescar"

poderiam estar se referindo à usina nuclear de Angra dos Reis, no litoral do Estado do Rio de Janeiro.

No caso de tratar-se dessa usina, em funcionamento normal, dificuldades para a pesca nas proximidades poderiam ser causadas

A pelo aquecimento das águas, utilizadas para refrigeração da usina, que alteraria a fauna marinha.

B pela oxidação de equipamentos pesados e por detonações que espantariam os peixes.

C pelos rejeitos radioativos lançados continuamente no mar, que provocariam a morte dos peixes.

D pela contaminação por metais pesados dos processos de enriquecimento do urânio.

E pelo vazamento de lixo atômico colocado em tonéis e lançado ao mar nas vizinhanças da usina.

2003.

8.149 O debate em torno do uso da energia nuclear para produção de eletricidade permanece atual. Em um encontro internacional para a discussão desse tema, foram colocados os seguintes argumentos:

I. Uma grande vantagem das usinas nucleares é o fato de não contribuírem para o aumento do efeito estufa, uma vez que o urânio, utilizado como "combustível", não é queimado, mas sofre fissão.

II. Ainda que sejam raros os acidentes com usinas nucleares, seus efeitos podem ser tão graves que essa alternativa de geração de eletricidade não nos permite ficar tranquilos.

A respeito desses argumentos, pode-se afirmar que

A o primeiro é válido e o segundo não é, já que nunca ocorreram acidentes com usinas nucleares.

B o segundo é válido e o primeiro não é, pois de fato há queima de combustível na geração nuclear de eletricidade.

C o segundo é valido e o primeiro é irrelevante, pois nenhuma forma de gerar eletricidade produz gases do efeito estufa.

D ambos são válidos para se compararem vantagens e riscos na opção por essa forma de geração de energia.

E ambos são irrelevantes, pois a opção pela energia nuclear está-se tornando uma necessidade inquestionável.

2004.

8.150 Qual das seguintes fontes de produção de energia é a mais recomendável para a diminuição dos gases causadores do aquecimento global?

A Óleo diesel.

B Gasolina.

C Carvão mineral.

D Gás natural.

E Vento

2007.

8.151 Suponha que você seja um consultor e foi contratado para assessorar a implantação de uma matriz energética em um pequeno país com as seguintes características: região plana, chuvosa e com ventos constantes, dispondo de poucos recursos hídricos e sem reservatórios de combustíveis fósseis.

De acordo com as características desse país, a matriz energética de menor impacto e risco ambientais é a baseada na energia

A dos biocombustíveis, pois tem menor impacto ambiental e maior disponibilidade.

B solar, pelo seu baixo custo e pelas características do país favoráveis à sua implantação.

C nuclear, por ter menor risco ambiental e ser adequada a locais com menor extensão territorial.

D hidráulica, devido ao relevo, à extensão territorial do país e aos recursos naturais disponíveis.

E eólica, pelas características do país e por não gerar gases do efeito estufa nem resíduos de operação.

2012.

8.152 Uma fonte de energia que não agride o ambiente, é totalmente segura e usa um tipo de matéria-prima infinita é a energia eólica, que gera eletricidade a partir da força dos ventos. O Brasil é um país privilegiado por ter o tipo de ventilação necessária para produzi-la. Todavia, ela é a menos usada na matriz energética brasileira. O Ministério de Minas e

Energia estima que as turbinas eólicas produzam apenas 0,25% da energia consumida no país. Isso ocorre porque ela compete com uma usina mais barata e eficiente: a hidrelétrica, que responde por 80% da energia do Brasil. O investimento para se construir uma hidrelétrica é de aproximadamente US$ 100 por quilowatt. Os parques eólicos exigem investimento de cerca de US$ 2 mil por quilowatt e a construção de uma usina nuclear, de aproximadamente US$ 6 mil por quilowatt. Instalados os parques, a energia dos ventos é bastante competitiva, custando R$ 200,00 por megawatt-hora frente a R$ 150,00 por megawatt-hora das hidrelétricas e a R$ 600,00 por megawatt-hora das termelétricas.

Época. 21/4/2008 (com adaptações).

De acordo com o texto, entre as razões que contribuem para a menor participação da energia eólica na matriz energética brasileira, inclui-se o fato de

A haver, no país, baixa disponibilidade de ventos que podem gerar energia elétrica.

B o investimento por quilowatt exigido para a construção de parques eólicos ser de aproximadamente 20 vezes o necessário para a construção de hidrelétricas.

C o investimento por quilowatt exigido para a construção de parques eólicos ser igual a 1/3 do necessário para a construção de usinas nucleares.

D o custo médio por megawatt-hora de energia obtida após instalação de parques eólicos ser igual a 1,2 multiplicado pelo custo médio do megawatt-hora obtido das hidrelétricas.

E o custo médio por megawatt-hora de energia obtida após instalação de parques eólicos ser igual a 1/3 do custo médio do megawatt-hora obtido das termelétricas.

2008.

8.153

ZIEGLER, M.F. Energia Sustentável. **Revista IstoÉ**. 28 abr. 2010.

A fonte de energia representada na figura, considerada uma das mais limpas e sustentáveis do mundo, é extraída do calor gerado

A pela circulação do magma no subsolo.

B pelas erupções constantes dos vulcões.

C pelo sol que aquece as águas com radiação ultravioleta.

D pela queima do carvão e combustível fósseis.

E pelos detritos e cinzas vulcânicas.

2010.

8.154 Deseja-se instalar uma estação de geração de energia elétrica em um município localizado no interior de um pequeno vale cercado de altas montanhas de difícil acesso. A cidade é cruzada por um rio, que é fonte de água para consumo, irrigação das lavouras de subsistência e pesca. Na região, que possui pequena extensão territorial, a incidência solar é alta o ano todo. A estação em questão irá abastecer apenas o município apresentado.

Qual forma de obtenção de energia, entre as apresentadas, é a mais indicada para ser implantada nesse município de modo a causar o menor impacto ambiental?

A Termoelétrica, pois é possível utilizar a água do rio no sistema de refrigeração.

B Eólica, pois a geografia do local é própria para a captação desse tipo de energia.

C Nuclear, pois o modo de resfriamento de seus sistemas não afetariam a população.

D Fotovoltaica, pois é possível aproveitar a energia solar que chega à superfície do local.

E Hidrelétrica, pois o rio que corta o município é suficiente para abastecer a usina construída.

2010.

8.155 As previsões de que, em poucas décadas, a produção mundial de petróleo possa vir a cair têm gerado preocupação, dado seu caráter estratégico. Por essa razão, em especial no setor de transportes, intensificou-se a busca por alternativas para a substituição do petróleo por combustíveis renováveis. Nesse sentido, além da utilização de álcool, vem se propondo, no Brasil, ainda que de forma experimental,

A a mistura de percentuais de gasolina cada vez maiores no álcool.

B a extração de óleos de madeira para sua conversão em gás natural.

C o desenvolvimento de tecnologias para a produção de biodiesel.

D a utilização de veículos com motores movidos a gás do carvão mineral.

E a substituição da gasolina e do diesel pelo gás natural.

2004.

8.156 O setor de transporte, que concentra uma grande parcela da demanda de energia no país, continuamente busca alternativas de combustíveis.

Investigando alternativas ao óleo diesel, alguns especialistas apontam para o uso do óleo de girassol, menos poluente e de fonte renovável, ainda em fase experimental. Foi constatado que um trator pode rodar, nas mesmas condições, mais tempo com um litro de óleo de girassol, que com um litro de óleo diesel.

Essa constatação significaria, portanto, que usando óleo de girassol,

A o consumo por km seria maior do que com óleo diesel.

B as velocidades atingidas seriam maiores do que com óleo diesel.

C o combustível do tanque acabaria em menos tempo do que com óleo diesel.

D a potência desenvolvida, pelo motor, em uma hora, seria menor do que com óleo diesel.

E a energia liberada por um litro desse combustível seria maior do que por um de óleo diesel.

2003.

8.157 A Lei Federal n.º 11.097/2005 dispõe sobre a introdução do biodiesel na matriz energética brasileira e fixa em 5%, em volume, o percentual mínimo obrigatório a ser adicionado ao óleo diesel vendido ao consumidor. De acordo com essa lei, biocombustível é "derivado de biomassa renovável para uso em motores a combustão interna com ignição por compressão ou, conforme regulamento, para geração de outro tipo de energia, que possa substituir parcial ou totalmente combustíveis de origem fóssil". A introdução de biocombustíveis na matriz energética brasileira

A colabora na redução dos efeitos da degradação ambiental global produzida pelo uso de combustíveis fósseis, como os derivados do petróleo.

B provoca uma redução de 5% na quantidade de carbono emitido pelos veículos automotores e colabora no controle do desmatamento.

C incentiva o setor econômico brasileiro a se adaptar ao uso de uma fonte de energia derivada de uma biomassa inesgotável.

D aponta para pequena possibilidade de expansão do uso de biocombustíveis, fixado, por lei, em 5% do consumo de derivados do petróleo.

E diversifica o uso de fontes alternativas de energia que reduzem os impactos da produção do etanol por meio da monocultura da cana-de-açúcar.

2008.

8.158 As pressões ambientais pela redução na emissão de gás estufa, somadas ao anseio pela diminuição da dependência do petróleo, fizeram os olhos do mundo se voltarem para os combustíveis renováveis, principalmente para o etanol. Líderes na produção e no consumo de etanol, Brasil e Estados Unidos da América (EUA) produziram, juntos, cerca de 35 bilhões de litros do produto em 2006. Os EUA utilizam o milho como matéria-prima para a produção desse álcool, ao passo que o Brasil utiliza a cana-de-açúcar. O quadro abaixo apresenta alguns índices relativos ao processo de obtenção de álcool nesses dois países.

	cana	milho
produção de etanol	8 mil litros/ha	3 mil litros/ha
gasto de energia fóssil para produzir 1 litro de álcool	1.600 kcal	6.600 kcal
balanço energético	positivo: gasta-se 1 caloria de combustível fóssil para a produção de 3,24 calorias de etanol	negativo: gasta-se 1 caloria de combustível fóssil para a produção de 0,77 caloria de etanol
custo de produção/litro	US$ 0,28	US$ 0,45
preço de venda/litro	US$ 0,42	US$ 0,92

Globo Rural. iun./2007 (com adaotacões).

Se comparado com o uso do milho como matéria-prima na obtenção do etanol, o uso da cana-de-açúcar é

A mais eficiente, pois a produtividade do canavial é maior que a do milharal, superando-a em mais do dobro de litros de álcool produzido por hectare.

B mais eficiente, pois gasta-se menos energia fóssil para se produzir 1 litro de álcool a partir do milho do que para produzi-lo a partir da cana.

C igualmente eficiente, pois, nas duas situações, as diferenças entre o preço de venda do litro do álcool e o custo de sua produção se equiparam.

D menos eficiente, pois o balanço energético para se produzir o etanol a partir da cana é menor que o balanço energético para produzi-lo a partir do milho.

E menos eficiente, pois o custo de produção do litro de álcool a partir da cana é menor que o custo de produção a partir do milho.

2007.

8.159 As pressões ambientais pela redução na emissão de gás estufa, somadas ao anseio pela diminuição da dependência do petróleo, fizeram os olhos do mundo se voltarem para os combustíveis renováveis, principalmente para o etanol. Líderes na produção e no consumo de etanol, Brasil e Estados Unidos da América (EUA) produziram, juntos, cerca de 35 bilhões de litros do produto em 2006. Os EUA utilizam o milho como matéria-prima para a produção desse álcool, ao passo que o Brasil utiliza a cana-de-açúcar. O quadro abaixo apresenta alguns índices relativos ao processo de obtenção de álcool nesses dois países.

	cana	milho
produção de etanol	8 mil litros/ha	3 mil litros/ha
gasto de energia fóssil para produzir 1 litro de álcool	1.600 kcal	6.600 kcal
balanço energético	positivo: gasta-se 1 caloria de combustível fóssil para a produção de 3,24 calorias de etanol	negativo: gasta-se 1 caloria de combustível fóssil para a produção de 0,77 caloria de etanol
custo de produção/litro	US$ 0,28	US$ 0,45
preço de venda/litro	US$ 0,42	US$ 0,92

Globo Rural. iun./2007 (com adaptações).

Considerando-se as informações do texto, é correto afirmar que

A o cultivo de milho ou de cana-de-açúcar favorece o aumento da biodiversidade.

B o impacto ambiental da produção estadunidense de etanol é o mesmo da produção brasileira.

C a substituição da gasolina pelo etanol em veículos automotores pode atenuar a tendência atual de aumento do efeito estufa.

D a economia obtida com o uso de etanol como combustível, especialmente nos EUA, vem sendo utilizada para a conservação do meio ambiente.

E a utilização de milho e de cana-de-açúcar para a produção de combustíveis renováveis favorece a preservação das características originais do solo.

2007.

8.160 Com o uso intensivo do computador como ferramenta de escritório, previu-se o declínio acentuado do uso de papel para escrita. No entanto, essa previsão não se confirmou, e o consumo de papel ainda é muito grande. O papel é produzido a partir de material vegetal e, por conta disso, enormes extensões de florestas já foram extintas, uma parte sendo substituída por reflorestamentos homogêneos de uma só espécie (no Brasil, principalmente eucalipto).

Para evitar que novas áreas de florestas nativas, principalmente as tropicais, sejam destruídas para suprir a produção crescente de papel, foram propostas as seguintes ações:

I. Aumentar a reciclagem de papel, através da coleta seletiva e processamento em usinas.

II. Reduzir as tarifas de importação de papel.

III. Diminuir os impostos para produtos que usem papel reciclado.

Para um meio ambiente global mais saudável, apenas

A a proposta I é adequada.

B a proposta II é adequada.

C a proposta III é adequada.

D as propostas I e II são adequadas.

E as propostas I e III são adequadas.

1999.

8.161 Não é a primeira vez que os cientistas brasileiros são colocados diante do desafio de encontrar uma fonte de energia renovável como alternativa para o petróleo e seus derivados. Tampouco é a primeira vez que uma planta, "que cresce por si só como mato", é vista como a salvação da lavoura e depois se torna uma frustração para os produtores. Os pesquisadores temem que a riqueza da biodiversidade brasileira confunda produtores rurais e os leve a subestimar o desafio científico e tecnológico de transformar qualquer planta promissora e dela obter uma *commodity* agroindustrial, como se fez com a cana e o etanol.

Sem ciência, biodiversidade não garante produção. **Ciência Hoje**, n. 4, jul. 2008

(adaptado).

Uma das grandes limitações para uso, em escala comercial, de espécies vegetais nativas, ainda não domesticadas, para a produção de energia, deve-se ao fato de essas plantas, em geral, apresentam baixa

A rusticidade.

B variabilidade genética.

C adaptação ao ambiente.

D uniformidade no crescimento.

E resistência a fatores abióticos.

2009 (2ª aplicação).

8.162 O potencial brasileiro para gerar energia a partir da biomassa não se limita a uma ampliação do Proálcool. O país pode substituir o óleo diesel de petróleo por grande variedade de óleos vegetais e explorar a alta produtividade das florestas tropicais plantadas. Além da produção de celulose, a utilização da biomassa permite a geração de energia elétrica por meio de termelétricas a lenha, carvão vegetal ou gás de madeira, com elevado rendimento e baixo custo. Cerca de 30% do território brasileiro é constituído por terras impróprias para a agricultura, mas aptas à exploração florestal. A utilização de metade dessa área, ou seja, de 120 milhões de hectares, para a formação de florestas energéticas, permitiria produção sustentada do equivalente a cerca de 5 bilhões de barris de petróleo por ano, mais que o dobro do que produz a Arábia Saudita atualmente.

José Walter Baptista Vidal. Desafios Internacionais para o século XXI. **Seminário da Comissão de Relações Exteriores e de Defesa Nacional da Câmara dos Deputados,** ago./2002 (com adaptações).

Para o Brasil, as vantagens da produção de energia a partir da biomassa incluem

A implantação de florestas energéticas em todas as regiões brasileiras com igual custo ambiental e econômico.

B substituição integral, por biodiesel, de todos os combustíveis fósseis derivados do petróleo.

C formação de florestas energéticas em terras impróprias para a agricultura.

D importação de biodiesel de países tropicais, em que a produtividade das florestas seja mais alta.

E regeneração das florestas nativas em biomas modificados pelo homem, como o Cerrado e a Mata Atlântica.

2008.

8.163 Ainda que a extração das vagens não seja prejudicial às árvores, a estratégia usada na sua coleta, aliada à eventual pressão de mercado, são fatores que podem prejudicar a renovação natural da fava d'anta. Uma proposta viável para que estas plantas nativas não corram nenhum risco de extinção é

A introduzir a coleta mecanizada das favas, reduzindo tanto as perdas durante a coleta quanto os eventuais danos às plantas.

B conservar o solo e aumentar a produtividade dessas plantas por meio de irrigação e reposição de sais minerais.

C domesticar a espécie, introduzindo viveiros que possam abastecer a região de novas mudas, caso isto se torne necessário.

D proibir a coleta das favas, aplicando pesadas multas aos infratores.

E diversificar as atividades econômicas na região do cerrado para aumentar as fontes de renda dos trabalhadores.

2002.

8.164 A corvina é um peixe carnívoro que se alimenta de crustáceos, moluscos e pequenos peixes que vivem no fundo do mar. É bastante utilizada na alimentação humana, sendo encontrada em toda a costa brasileira, embora seja mais abundante no sul do País. A tabela registra a concentração média anual de mercúrio no tecido muscular de corvinas capturadas em quatro áreas.

Áreas de coleta das corvinas	Concentração média anual de mercúrio em tecido muscular (nanogramas/grama)	Características da Área
Baía de Guanabara (RJ)	193,6	Área de intensa atividade portuária, que recebe esgotos domésticos não tratados e rejeitos industriais de cerca de 6.000 fontes.
Baía de Ilha Grande (RJ)	153,8	Recebe rejeitos de parque industrial ainda em fase de crescimento e é uma das principais fontes de pescado do estado.
Baía de Sepetiba (RJ)	124,0	Área sujeita a eficientes efeitos de maré e com baixa atividade pesqueira, sem fontes industriais de contaminação por mercúrio.
Lagoa da Conceição (SC)	90,6*	Importante fonte de pescado no litoral catarinense, na qual praticamente inexiste contaminação industrial por mercúrio.

*Concentração natural de mercúrio, característica de local não contaminado.

KEHRIG, H. A. & MALM, O. Mercúrio: uma avaliação na costa brasileira. Ciência Hoje, outubro, 1997.

Comparando as características das quatro áreas de coleta às respectivas concentrações médias anuais de mercúrio nas corvinas capturadas, pode-se considerar que, à primeira vista, os resultados

A correspondem ao esperado, uma vez que o nível de contaminação é proporcional ao aumento da atividade industrial e do volume de esgotos domésticos.

B não correspondem ao esperado, especialmente no caso da Lagoa da Conceição, que não apresenta contaminação industrial por mercúrio.

C não correspondem ao esperado no caso da Baía da Ilha Grande e da Lagoa da Conceição, áreas nas quais não há fontes industriais de contaminação por mercúrio.

D correspondem ao esperado, ou seja, corvinas de regiões menos poluídas apresentam as maiores concentrações de mercúrio.

E correspondem ao esperado, exceção aos resultados da Baía de Sepetiba, o que exige novas investigações sobre o papel das marés no transporte de mercúrio.

2002.

EDUCAÇÃO AMBIENTAL E DESENVOLVIMENTO SUSTENTÁVEL

8.165 O desenvolvimento sustentável rompe com a lógica da organização social vigente, convidando a novos modos de pensar e agir. Dessa forma, sustentabilidade implica o uso de recursos renováveis em quantidades compatíveis com a capacidade de renovação do planeta.

MCT. **Prêmio Jovem Cientista:** cidades sustentáveis. Caderno do professor, 2011 (adaptado).

Um esquema de cidade que pretende atender a esse conceito é:

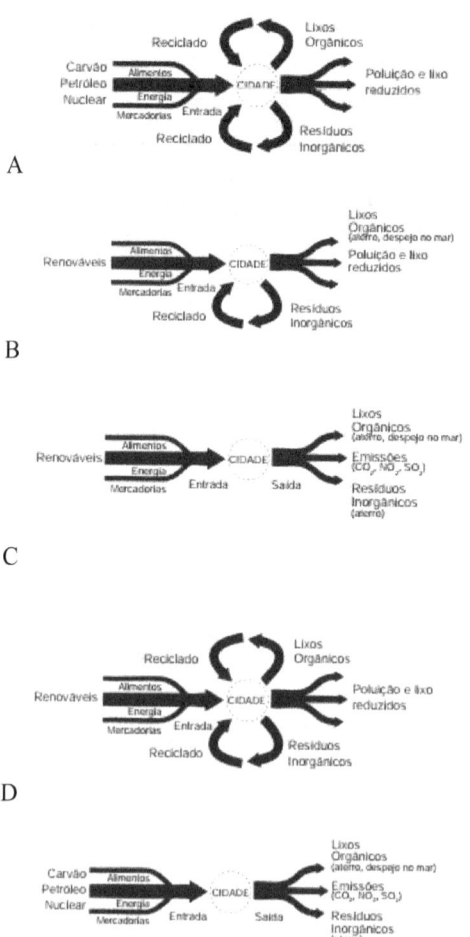

2012 (2ª aplicação).

8.166 O Conselho Nacional do Meio Ambiente (Conama) estabelece os limites máximos de chumbo, cádmio e mercúrio para as familiares pilhas e baterias portáteis comercializadas no território nacional e os critérios e padrões para o seu gerenciamento ambientalmente adequado. Os estabelecimentos que comercializam esses produtos, bem como a rede de assistência técnica autorizada, devem receber dos usuários as pilhas e baterias usadas para repasse aos respectivos fabricantes ou importadores.

Resolução Conama n. 401, de 4 de novembro de 2008. Disponível em: www.mma.gov.br.

Acesso em: 14 mai. 2013 (adaptado).

Do ponto de vista ambiental, a destinação final apropriada para esses produtos é

A direcionar as pilhas e baterias para compostagem.

B colocar as pilhas e baterias em um coletor de lixo seletivo.

C enviar as pilhas e baterias usadas para firmas de recarga.

D acumular as pilhas e baterias em armazéns de estocagem.

E destinar as pilhas e baterias à reutilização de seus componentes.

2017 (2ª aplicação).

8.167 Em um debate sobre o futuro do setor de transporte de uma grande cidade brasileira com trânsito intenso, foi apresentado um conjunto de propostas. Entre as propostas reproduzidas abaixo, aquela que atende, ao mesmo tempo, as implicações sociais e ambientais presentes nesse setor é

A proibir o uso de combustíveis produzidos a partir de recursos naturais.

B promover a substituição de veículos a diesel por veículos a gasolina.

C incentivar a substituição do transporte individual por transportes coletivos.

D aumentar a importação de diesel para substituir os veículos a álcool.

E diminuir o uso de combustíveis voláteis devido ao perigo que representam.

2003.

8.168 Em 2006, foi realizada uma conferência das Nações Unidas em que se discutiu o problema do lixo eletrônico, também denominado *e-waste*. Nessa ocasião, destacou-se a necessidade de os países em desenvolvimento serem protegidos das doações nem sempre bem-intencionadas dos países mais ricos. Uma vez descartados ou doados, equipamentos eletrônicos chegam a países em desenvolvimento com o rótulo de "mercadorias recondicionadas", mas acabam deteriorando-se em lixões, liberando chumbo, cádmio, mercúrio e outros materiais tóxicos.

Internet: <g1.globo.com> (com adaptações).

A discussão dos problemas associados ao *e-waste* leva à conclusão de que

A os países que se encontram em processo de industrialização necessitam de matérias-primas recicladas oriundas dos países mais ricos.

B o objetivo dos países ricos, ao enviarem mercadorias recondicionadas para os países em desenvolvimento, é o de conquistar mercados consumidores para seus produtos.

C o avanço rápido do desenvolvimento tecnológico, que torna os produtos obsoletos em pouco tempo, é um fator que deve ser considerado em políticas ambientais.

D o excesso de mercadorias recondicionadas enviadas para os países em desenvolvimento é armazenado em lixões apropriados.

E as mercadorias recondicionadas oriundas de países ricos melhoram muito o padrão de vida da população dos países em desenvolvimento.

2008.

8.169 A tabela a seguir apresenta dados relativos a cinco países.

país	saneamento básico (%)		taxa de mortalidade infantil (por mil)		
	esgotamento sanitário adequado	abastecimento de água	anos de permanência das mães na escola		
			até 3	de 4 a 7	8 ou mais
I	33	47	45,1	29,6	21,4
II	36	65	70,3	41,2	28,0
III	81	88	34,8	27,4	17,7
IV	62	79	33,9	22,5	16,4
V	40	73	37,9	25,1	19,3

A a educação tem relação direta com a saúde, visto que é menor a mortalidade de filhos cujas mães possuem maior nível de escolaridade, mesmo em países onde o saneamento básico é precário.

B o nível de escolaridade das mães tem influência na saúde dos filhos, desde que, no país em que eles residam, o abastecimento de água favoreça, pelo menos, 50% da população.

C a intensificação da educação de jovens e adultos e a ampliação do saneamento básico são medidas suficientes para se reduzir a zero a mortalidade infantil.

D mais crianças são acometidas pela diarreia no país III do que no país II.

E a taxa de mortalidade infantil é diretamente proporcional ao nível de escolaridade das mães e independe das condições sanitárias básicas.

2006.

8.170 Quanto mais desenvolvida é uma nação, mais lixo cada um de seus habitantes produz. Além de o progresso elevar o volume de lixo, ele também modifica a qualidade do material despejado. Quando a sociedade progride, ela troca a televisão, o computador, compra mais brinquedos e aparelhos eletrônicos. Calcula-se que 700 milhões de aparelhos celulares já foram jogados fora em todo o mundo. O novo lixo contém mais mercúrio, chumbo, alumínio e bário. Abandonado nos lixões, esse material se deteriora e vaza. As substâncias liberadas infiltram-se no solo e podem chegar aos lençóis freáticos ou a rios próximos, espalhando-se pela água.

Anuário Gestão Ambiental 2007, p. 47-8 (com adaptações).

A respeito da produção de lixo e de sua relação com o ambiente, é correto afirmar que

A as substâncias químicas encontradas no lixo levam, frequentemente, ao aumento da diversidade de espécies e, portanto, ao aumento da produtividade agrícola do solo.

B o tipo e a quantidade de lixo produzido pela sociedade independem de políticas de educação que proponham mudanças no padrão de consumo.

C a produção de lixo é inversamente proporcional ao nível de desenvolvimento econômico das sociedades.

D o desenvolvimento sustentável requer controle e monitoramento dos efeitos do lixo sobre espécies existentes em cursos d'água, solo e vegetação.

E o desenvolvimento tecnológico tem elevado a criação de produtos descartáveis, o que evita a geração de lixo e resíduos químicos.

2007.

8.171 A caixinha utilizada em embalagens como as de leite "longa vida" é chamada de "tetra brick", por ser composta de quatro camadas de diferentes materiais, incluindo alumínio e plástico, e ter a forma de um tijolo (brick, em inglês).

Esse material, quando descartado, pode levar até cem anos para se decompor.

Considerando os impactos ambientais, seria mais adequado

A utilizar soda cáustica para amolecer as embalagens e só então descartá-las.

B promover a coleta seletiva, de modo a reaproveitar as embalagens para outros fins.

C aumentar a capacidade de cada embalagem, ampliando a superfície de contato com o ar para sua decomposição.

D constituir um aterro específico de embalagens "tetra brick", acondicionadas de forma a reduzir seu volume.

E proibir a fabricação de leite "longa vida", considerando que esse tipo de embalagem não é adequado para conservar o produto.

2003.

8.172 Metade do volume de óleo de cozinha consumido anualmente no Brasil, cerca de dois bilhões de litros, é jogada incorretamente em ralos, pias e bueiros. Estima-se que cada litro de óleo descartado polua milhares de litros de água. O óleo no esgoto tende a criar uma barreira que mede a passagem da água, causa entupimentos e, consequentemente, enchentes. Além disso, ao contaminar os mananciais, resulta na mortandade de peixes. A reciclagem do óleo de cozinha, além de necessária, tem mercado na produção de biodiesel. Há uma demanda atual de 1, 2 bilhões de litros de biodiesel no Brasil. Se houver planejamento na coleta, transporte e produção, estima-se que se possa pagar até R$ 1,00 por litro de óleo a ser reciclado.

Programa mostra caminho para uso do óleo de fritura na produção de biodiesel.

Disponível em: http://www.nutrinews.com.br. Acesso em: 14 fev. 2009.

De acordo com o texto, o destino inadequado do óleo de cozinha traz diversos problemas. Com o objetivo de contribuir para resolver esses problemas, deve-se

A utilizar o óleo para a produção de biocombustíveis, como etanol.

B coletar o óleo devidamente e transportá-lo às empresas de produção de biodiesel.

C limpar periodicamente os esgotos das cidades para evitar entupimentos e enchentes.

D utilizar o óleo como alimento para os peixes, uma vez que preserva seu valor nutritivos após o descarte;

E descartar o óleo diretamente em ralos, pias e bueiros, sem tratamento prévio com agentes dispersantes.

2009 (prova anulada).

8.173 Para diminuir o acúmulo de lixo e o desperdício de materiais de valor econômico e, assim, reduzir a exploração de recursos naturais, adotou-se, em escala internacional, a política dos três erres: Redução, Reutilização e Reciclagem.

Um exemplo de reciclagem é a utilização de

A garrafas de vidro retornáveis para cerveja ou refrigerante.

B latas de alumínio como material para fabricação de lingotes.

C sacos plásticos de supermercado como acondicionantes de lixo caseiro.

D embalagens plásticas vazias e limpas para acondicionar outros alimentos.

E garrafas PET recortadas em tiras para fabricação de cerdas de vassouras.

2012.

8.174 Cerca de 1% do lixo urbano é constituído por resíduos sólidos contendo elementos tóxicos. Entre esses elementos estão metais pesados como o cádmio, o chumbo e o mercúrio, componentes de pilhas e baterias, que são perigosos à saúde humana e ao meio ambiente. Quando descartadas em lixos comuns, pilhas e baterias vão para aterros sanitários ou lixões a céu aberto, e o vazamento de seus componentes contamina o solo, os rios e o lençol freático, atingindo a flora e a fauna. Por serem bioacumulativos e não biodegradáveis, esses metais chegam de forma acumulada aos seres humanos, por meio da cadeia alimentar. A legislação vigente (Resolução CONAMA n° 257/1999) regulamenta o destino de pilhas e baterias após seu esgotamento energético e determina aos fabricantes e/ou importadores a quantidade máxima permitida desses metais em cada tipo de pilha/bateria, porém o problema ainda persiste.

Disponível em: http://www.mma.gov.br. Acesso em: 11 jul. 2009 (adaptado).

Uma medida que poderia contribuir para acabar definitivamente com o problema da poluição ambiental por metais pesados relatado no texto seria

A deixar de consumir aparelhos elétricos que utilizem pilha ou bateria como fonte de energia.

B usar apenas pilhas ou baterias recarregáveis e de vida útil longa e evitar ingerir alimentos contaminados, especialmente peixes.

C devolver pilhas e baterias, após o esgotamento da energia armazenada, à rede de assistência técnica especializada para repasse a fabricantes e/ou importadores.

D criar nas cidades, especialmente naquelas com mais de 100 mil habitantes, pontos estratégicos de coleta de baterias e pilhas, para posterior repasse a fabricantes e/ou importadores.

E exigir que fabricantes invistam em pesquisa para a substituição desses metais tóxicos por substâncias menos nocivas ao homem e ao ambiente, e que não sejam bioacumulativas.

2009.

8.175 Hoje em dia, não é raro encontrar sacolas plásticas preenchidas com apenas um ou dois produtos. E não só no supermercado: da padaria à locadora de filmes, o consumidor está sempre diante de uma sacola, mesmo que ela não seja tão necessária assim. A cada mês, cerca de 1,5 bilhão de sacolas é consumido no Brasil. Isso significa 50 milhões por dia e 18 bilhões ao ano. Não é à toa, portanto, que o uso indiscriminado de sacolas virou um dos alvos preferidos dos ambientalistas.

Revista Sustenta. São Paulo: Editora Confiança, n.º 1, out. 2008, p. 61 (adaptado).

Os ambientalistas consideram o uso excessivo de sacolas plásticas um risco ambiental, pois

A o uso de materiais descartáveis incrementa o consumo.

B o plástico é derivado do petróleo, recurso natural escasso.

C as sacolas se transformam em lixo de difícil decomposição.

D o risco de contaminação do solo e do subsolo por gases tóxicos aumenta.

E o consumo de produtos industrializados é estimulado, em detrimento do consumo dos produtos artesanais.

2009 (2ª aplicação).

8.176 Chamamos de lixo a grande diversidade de resíduos sólidos de diferentes procedências, como os gerados em residências. O aumento na produção de resíduos sólidos leva à necessidade de se pensar em maneiras adequadas de tratamento. No Brasil, 76% do lixo é disposto em lixões e somente 24% tem como destino um tratamento adequado, considerando os aterros sanitários, as usinas de compostagem ou a incineração.

FADINI, P. S.; FADINI, A. A. A. Lixo: desafios e compromisso. **Química Nova na Escola**, maio 2001 (adaptado).

Comparando os tratamentos descritos, as usinas de compostagem apresentam como vantagem serem o destino

A que gera um produto passível de utilização na agricultura.

B onde ocorre a eliminação da matéria orgânica presente no lixo.

C mais barato, pois não implica custos de tratamento nem controle.

D que possibilita o acesso de catadores, pela disposição do lixo a céu aberto.

E em que se podem utilizar áreas contaminadas com resíduos de atividades de mineração.

2016 (2ª aplicação).

8.177 Os plásticos, por sua versatilidade e menor custo relativo, têm seu uso cada vez mais crescente. Da produção anual brasileira de cerca de 2,5 milhões de toneladas, 40%

destinam-se à indústria de embalagens. Entretanto, este crescente aumento de produção e consumo resulta em lixo que só se reintegra ao ciclo natural ao longo de décadas ou mesmo de séculos. Para minimizar esse problema uma ação possível e adequada é

A proibir a produção de plásticos e substituí-los por materiais renováveis como os metais.

B incinerar o lixo de modo que o gás carbônico e outros produtos resultantes da combustão voltem aos ciclos naturais.

C queimar o lixo para que os aditivos contidos na composição dos plásticos, tóxicos e não degradáveis sejam diluídos no ar.

D estimular a produção de plásticos recicláveis para reduzir a demanda de matéria prima não renovável e o acúmulo de lixo.

E reciclar o material para aumentar a qualidade do produto e facilitar a sua comercialização em larga escala.

2005.

8.178 A situação atual das bacias hidrográficas de São Paulo tem sido alvo de preocupações ambientais: a demanda hídrica é maior que a oferta de água e ocorre excesso de poluição industrial e residencial. Um dos casos mais graves de poluição da água são da bacia do alto Tietê onde se localiza a região metropolitana de São Paulo. Os rios Tietê e Pinheiros estão muito poluídos, o que compromete o uso da água pela população. Avalie se as ações apresentadas abaixo são adequadas para se reduzir a poluição desses rios.

I Investir em mecanismos de reciclagem da água utilizada nos processos industriais.

II Investir em obras que viabilizem a transposição de águas de mananciais adjacentes para os rios poluídos.

III Implementar obras de saneamento básico e construir estações de tratamento de esgotos.

É adequado o que se propõe

A apenas em I.

B apenas em II.

C apenas em I e III.

D apenas em II e III.

E em I, II e III.

2006.

8.179 As algas marinhas podem ser utilizadas para reduzir a contaminação por metais pesados em ambientes aquáticos. Elas podem funcionar como uma "esponja biológica", absorvendo esses poluentes. Dentro das células dessas algas, esses metais são imobilizados no vacúolo por mecanismos bioquímicos.

Disponível em: http://revistapesquisa.fapesp.br. Acesso em: 21 nov. 2011 (adaptado).

Nesse processo, as algas atuam como agentes que promovem a

A biodigestão.

B eutrofização.

C desnitrificação.

D biorremediação.

E biomonitoração

2013 (2ª aplicação).

8.180 Nos peixamentos "designação dada à introdução de peixes em sistemas aquáticos, nos quais a qualidade da água reduziu as populações nativas de peixes" podem ser utilizados peixes importados de outros países, peixes produzidos em unidades de piscicultura ou, como é o caso da grande maioria dos peixamentos no Brasil, de peixes capturados em algum ambiente natural e liberados em outro. Recentemente começaram a ser utilizados peixes híbridos, como os "paquis", obtidos por cruzamentos entre pacu e tambaqui; também é híbrida a espécie conhecida como surubim ou pintado, piscívoro de grande porte.

Em alguns julgamentos de crimes ambientais, as sentenças, de modo geral, condenam empresas culpadas pela redução da qualidade de cursos d'água a realizarem peixamentos. Em geral, os peixamentos tendem a ser repetidos muitas vezes numa mesma área.

A respeito da realização de peixamentos pelas empresas infratoras, pode-se considerar que essa penalidade

A não leva mais em conta os efeitos da poluição industrial, mas sim as suas causas.

B faz a devida diferenciação entre quantidade de peixes e qualidade ambiental.

C é indutora de ação que reverte uma das causas básicas da poluição.

D confunde quantidade de peixes com boa qualidade ambiental dos cursos d'água.

E obriga o poluidor a pagar pelos prejuízos ambientais que causa e a deixar de poluir.

2002.

8.181 A abertura e a pavimentação de rodovias em zonas rurais e regiões afastadas dos centros urbanos, por um lado, possibilita melhor acesso e maior integração entre as comunidades, contribuindo com o desenvolvimento social e urbano de populações isoladas.

Por outro lado, a construção de rodovias pode trazer impactos indesejáveis ao meio ambiente, visto que a abertura de estradas pode resultar na fragmentação de habitats, comprometendo o fluxo gênico e as interações entre espécies silvestres, além de prejudicar o fluxo natural de rios e riachos, possibilitar o ingresso de espécies exóticas em ambientes naturais e aumentar a pressão antrópica sobre os ecossistemas nativos.

BARBOSA, N. P. U.; FERNANDES, G. W. A destruição do jardim. **Scientific American Brasil**. Ano 7, número 80, dez. 2008 (adaptado)

Nesse contexto, para conciliar os interesses aparentemente contraditórios entre o progresso social e urbano e a conservação do meio ambiente, seria razoável

A impedir a abertura e a pavimentação de rodovias em áreas rurais e em regiões preservadas, pois a qualidade de vida e as tecnologias encontradas nos centros urbanos são prescindíveis às populações rurais.

B impedir a abertura e a pavimentação de rodovias em áreas rurais e em regiões preservadas, promovendo a migração das populações rurais para os centros urbanos, onde a qualidade de vida é melhor.

C permitir a abertura e a pavimentação de rodovias apenas em áreas rurais produtivas, haja vista que nas demais áreas o retorno financeiro necessário para produzir uma melhoria na qualidade de vida da região não é garantido.

D permitir a abertura e a pavimentação de rodovias, desde que comprovada a sua real necessidade e após a realização de estudos que demonstrem ser possível contornar ou compensar seus impactos ambientais.

E permitir a abertura e a pavimentação de rodovias, haja vista que os impactos ao meio ambiente são temporários e podem ser facilmente revertidos com as tecnologias existentes para recuperação de áreas degradadas.

2009.

8.182 Diversos estudos têm sido desenvolvidos para encontrar soluções que minimizem o impacto ambiental de eventuais vazamentos em poços de petróleo, que liberam hidrocarbonetos potencialmente contaminantes. Alguns microrganismos podem ser usados como agentes de biorremediação nesses casos. Os microrganismos adequados a essa solução devem apresentar a capacidade de

A excretar hidrocarbonetos solúveis.

B estabilizar quimicamente os hidrocarbonetos.

C utilizar hidrocarbonetos em seu metabolismo.

D diminuir a degradação abiótica de hidrocarbonetos.

E transferir hidrocarbonetos para níveis tróficos superiores.

2012 (2ª aplicação).

8.183 Redação.

(Caulos, Jornal do Brasil, Rio de Janeiro, 1978)

De uma coisa temos certeza: a terra não pertence ao homem branco; o homem branco é que pertence à terra. Disso temos certeza. Todas as coisas estão relacionadas como o sangue que une uma família. Tudo está associado. O que fere a terra, fere também os filhos da terra. O homem não tece a teia da vida; é antes um de seus fios. O que quer que faça a essa teia, faz a si próprio.

Trecho de uma das várias versões de carta atribuída ao chefe Seattle, da tribo Suquamish. A carta teria sido endereçada ao presidente norte-americano, Franklin Pierce, em 1854, a propósito de uma oferta de compra do território da tribo feita pelo governo dos Estados Unidos.

PINSKY, Jaime e outros (Org.). História da América através de textos. 3ª ed. São Paulo: Contexto, 1991.

Conter a destruição das florestas se tornou uma prioridade mundial, e não apenas um problema brasileiro. (...) Restam hoje, em todo o planeta, apenas 22% da cobertura florestal original. A Europa Ocidental perdeu 99,7% de suas florestas primárias; a Ásia, 94%; a África, 92%; a Oceania, 78%; a América do Norte, 66%; e a América do Sul, 54%. Cerca de 45% das florestas tropicais, que cobriam originalmente 14 milhões de km quadrados (1,4 bilhão de hectares), desapareceram nas últimas décadas. No caso da Amazônia Brasileira, o desmatamento da região, que até 1970 era de apenas 1%, saltou para quase 15% em 1999. Uma área do tamanho da França desmatada em apenas 30 anos. Chega.

Paulo Adário, Coordenador da Campanha da Amazônia do Greenpeace. http://greenpeace.terra.com.br

Estou indignado com a frase do presidente dos Estados Unidos, George Bush.

"Somos os maiores poluidores do mundo, mas se for preciso poluiremos mais para evitar uma recessão na economia americana".

R. K., Ourinhos, SP. (Carta enviada à seção Correio da Revista Galileu. Ano 10, junho de 2001).

Com base na leitura dos quadrinhos e dos textos, redija um texto dissertativo-argumentativo sobre o tema: **Desenvolvimento e preservação ambiental: como conciliar os interesses em conflito?** Ao desenvolver o tema proposto, procure utilizar os conhecimentos adquiridos e as reflexões feitas ao longo de sua formação. Selecione, organize e relacione argumentos, fatos e opiniões para defender o seu ponto de vista, elaborando propostas para a solução do problema discutido em seu texto. Suas propostas devem demonstrar respeito aos direitos humanos.

Observações:

- Lembre-se de que a situação de produção de seu texto requer o uso da modalidade escrita culta da língua.
- O texto não deve ser escrito em forma de poema (versos) ou narrativa.
- O texto deverá ter no mínimo 15 (quinze) linhas escritas.
- A redação deverá ser apresentada a tinta e desenvolvida na folha própria.
- O rascunho poderá ser feito na última página deste Caderno.

2001.

8.184 Redação

TEXTOS MOTIVADORES

TEXTO I

Um terço dos alimentos produzidos no mundo é desperdiçado a cada ano – junto com toda a energia, mão de obra, água e produtos químicos envolvidos em sua produção e descarte. O Brasil tem 34 milhões de brasileiros que estão em situação de insegurança alimentar, o que representa 1,7% da população. Segundo relatório da FAO (Organização das Nações Unidas para a Alimentação e a Agricultura), de 2013, 805 milhões de pessoas, ou seja, 1 em cada 9 sofre de fome no mundo.

Disponível em: www.bancodealimentos.org.br. Acesso em: 30 maio 2016 (adaptado).

TEXTO II

O desperdício de alimentos no Brasil chega a 40 mil toneladas por dia, segundo pesquisa da Empresa Brasileira de Pesquisa Agropecuária (EMBRAPA). Anualmente, a quantia acumulada é suficiente para alimentar cerca de 19 milhões de pessoas diariamente.

Disponível em: www.ewswbrasilatual.com.br. Acesso em: 30 de maio 2016.

TEXTO III

Disponível em: http://infograficos.oglobo.globo.com. Acesso em: 24 jun. 2016.

TEXTO IV

O desperdício de alimentos nas sociedades ricas resulta de uma combinação entre o comportamento do consumidor e a falta de comunicação ao longo da cadeia de abastecimento. Os consumidores não conseguem planejar suas compras de forma eficaz e, por isso, compram em excesso ou exageram no cumprimento das datas de validade dos produtos. Por outro lado, os padrões estéticos e de qualidade levam os distribuidores a rejeitas grandes quantidades de alimentos perfeitamente comestíveis. Nos países em desenvolvimento, as grandes perdas pós-colheita, ainda na fase inicial da cadeia alimentar, são o principal problema.

Disponível em: www.onuverde.org.br. Acesso em: 30 maio 2016.

PROPOSTA DE REDAÇÃO

A partir da leitura dos textos motivadores seguintes e com base nos conhecimentos construídos ao longo de sua formação, redija texto dissertativo-argumentativo em modalidade escrita formal da língua portuguesa sobre o tema "**Alternativas para a diminuição do desperdício de alimentos no Brasil**", apresentando proposta de intervenção, que respeite os direitos humanos. Selecione, organize e relacione, de forma coerente e coesa, argumentos e fatos para defesa de seu ponto de vista.

2016 (3ª aplicação). Redação.

8.185 Uma pesquisadora deseja reflorestar uma área de mata ciliar quase que totalmente desmatada. Essa formação vegetal é um tipo de floresta muito comum nas margens de rios dos cerrados no Brasil central e, em seu clímax, possui vegetação arbórea perene e apresenta dossel fechado, com pouca incidência luminosa no solo e nas plântulas. Sabe-se que a incidência de luz, a disponibilidade de nutrientes e a umidade do solo são os principais fatores do meio ambiente físico que influenciam no desenvolvimento da planta. Para testar unicamente os efeitos da variação de luz, a pesquisadora analisou, em casas de vegetação com condições controladas, o desenvolvimento de plantas de 10 espécies nativas da região desmatada sob quatro condições de luminosidade: uma sob sol pleno e as demais em diferentes níveis de sombreamento. Para cada tratamento experimental, a pesquisadora relatou se o desenvolvimento da planta foi bom, razoável ou ruim, de acordo com critérios específicos. Os resultados obtidos foram os seguintes:

Espécie	Condição de luminosidade			
	Sol pleno	Sombreamento		
		30%	50%	90%
1	Razoável	Bom	Razoável	Ruim
2	Bom	Razoável	Ruim	Ruim
3	Bom	Bom	Razoável	Ruim
4	Bom	Bom	Bom	Bom
5	Bom	Razoável	Ruim	Ruim
6	Ruim	Razoável	Bom	Bom
7	Ruim	Ruim	Ruim	Razoável
8	Ruim	Ruim	Razoável	Ruim
9	Ruim	Razoável	Bom	Bom
10	Razoável	Razoável	Razoável	Bom

Para o reflorestamento da região desmatada,

A a espécie 8 é mais indicada que a 1, uma vez que aquela possui melhor adaptação a regiões com maior incidência de luz.

B recomenda-se a utilização de espécies pioneiras, isto é, aquelas que suportam alta incidência de luz, como as espécies 2, 3 e 5.

C sugere-se o uso de espécies exóticas, pois somente essas podem suportar a alta incidência luminosa característica de regiões desmatadas.

D espécies de comunidade clímax, como as 4 e 7, são as mais indicadas, uma vez que possuem boa capacidade de aclimatação a diferentes ambientes.

E é recomendado o uso de espécies com melhor desenvolvimento à sombra, como as plantas das espécies 4, 6, 7, 9 e 10, pois essa floresta, mesmo no estágio de degradação referido, possui dossel fechado, o que impede a entrada de luz.

2009.

8.186 Calcula-se que 78% do desmatamento na Amazônia tenha sido motivado pela pecuária — cerca de 35% do rebanho nacional está na região — e que pelo menos 50 milhões de hectares de pastos são pouco produtivos. Enquanto o custo médio para aumentar a produtividade de 1 hectare de pastagem é de 2 mil reais, o custo para derrubar igual área de floresta é estimado em 800 reais, o que estimula novos desmatamentos. Adicionalmente, madeireiras retiram as árvores de valor comercial que foram abatidas para a criação de pastagens. Os pecuaristas sabem que problemas ambientais como esses podem provocar restrições à pecuária nessas áreas, a exemplo do que ocorreu em 2006 com o plantio da soja, o qual, posteriormente, foi proibido em áreas de floresta.

Época, 3/3/2008 e 9/6/2008 (com adaptações).

A partir da situação-problema descrita, conclui-se que

A o desmatamento na Amazônia decorre principalmente da exploração ilegal de árvores de valor comercial.

B um dos problemas que os pecuaristas vêm enfrentando na Amazônia é a proibição do plantio de soja.

C a mobilização de máquinas e de força humana torna o desmatamento mais caro que o aumento da produtividade de pastagens.

D o superávit comercial decorrente da exportação de carne produzida na Amazônia compensa a possível degradação ambiental.

E a recuperação de áreas desmatadas e o aumento de produtividade das pastagens podem contribuir para a redução do desmatamento na Amazônia.

2008.

8.187 Usada para dar estabilidade aos navios, a água de lastro acarreta grave problema ambiental: ela introduz indevidamente, no país, espécies indesejáveis do ponto de vista ecológico e sanitário, a exemplo do mexilhão dourado, molusco originário da China. Trazido para o Brasil pelos navios mercantes, o mexilhão dourado foi encontrado na bacia Paraná-Paraguai em 1991. A disseminação desse molusco e a ausência de predadores para conter o crescimento da população de moluscos causaram vários problemas, como o que ocorreu na hidrelétrica de Itaipu, onde o mexilhão alterou a rotina de manutenção das turbinas, acarretando prejuízo de US$ 1 milhão por dia, devido à paralisação do sistema. Uma das estratégias utilizadas para diminuir o problema é acrescentar gás cloro à água, o que reduz em cerca de 50% a taxa de reprodução da espécie.

GTÁGUAS, MPF,4.ª CCR, ano 1, n.º 2, maio/2007 (com adaptações).

De acordo com as informações acima, o despejo da água de lastro

A é ambientalmente benéfico por contribuir para a seleção natural das espécies e, consequentemente, para a evolução delas.

B trouxe da China um molusco, que passou a compor a flora aquática nativa do lago da hidrelétrica de Itaipu.

C causou, na usina de Itaipu, por meio do microrganismo invasor, uma redução do suprimento de água para as turbinas.

D introduziu uma espécie exógena na bacia Paraná-Paraguai, que se disseminou até ser controlada por seus predadores naturais.

E motivou a utilização de um agente químico na água como uma das estratégias para diminuir a reprodução do mexilhão dourado.

2008.

8.188 Os ecossistemas degradados por intensa atividade agrícola apresentam, geralmente, diminuição de sua diversidade e perda de sua estabilidade. Nesse contexto, o uso integrado de árvores aos sistemas agrícolas (sistemas agroflorestais) pode cumprir um papel inovador ao buscar a aceleração do processo sucessional e, ao mesmo tempo uma produção escalonada e diversificada.

Disponível em: saf.cnpgc.embrapa.br. Acesso em: 21 jan. 2012 (adaptado).

Essa é uma estratégia de conciliação entre recuperação ambiental e produção agrícola, pois

A substitui gradativamente as espécies cultiváveis por espécies arbóreas.

B intensifica a fertilização do solo com o uso de técnicas apropriadas e biocidas.

C promove maior diversidade de vida no solo com o aumento da matéria orgânica.

D favorece a dispersão das sementes cultivadas pela fauna residente nas áreas florestais.

E cria condições para o estabelecimento de espécies pioneiras com a diminuição da insolação sobre o solo.

2016 (2ª aplicação).

8.189 Nos ambientes tropicais, os modelos convencionais de produção agrícola têm gerado degradação dos recursos naturais e um manejo cada vez mais caro e trabalhoso. Pela legislação brasileira, os sistemas agroflorestais (SAFs) são sistemas de só e ocupação do solo em que plantas lenhosas perenes são manejadas em associação com plantas herbáceas, arbustivas, arbóreas, culturas agrícolas e forrageiras em uma mesma unidade de manejo, de acordo com arranjo espacial e temporal, com alta diversidade de espécies e interações entre esses componentes.

Disponível em: www.ambienteduran.eng.br. Acesso em: 4 ago. 2012 (adaptado).

Os SAFs são atualmente muito adotados como estratégia de manejo ambiental no Brasil porque

A garantem a produção de plantas exóticas.

B possibilitam a manutenção de monocultura típica.

C aumentam a produção com culturas transgênicas.

D permitem a utilização do solo com culturas diversas.

E favorecem a adaptação de plantas lenhosas madeireiras.

2016 (3ª aplicação).

8.190 Em um estudo feito pelo Instituto Florestal, foi possível acompanhar a evolução de ecossistemas paulistas desde 1962. Desse estudo publicou-se o Inventário Florestal de São Paulo, que mostrou resultados de décadas de transformações da Mata Atlântica. Examinando o gráfico da área de vegetação natural remanescente (em mil km2) pode-se inferir que

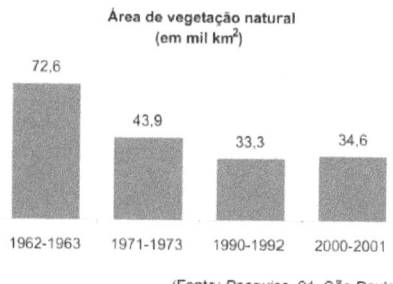

Área de vegetação natural
(em mil km²)

(Fonte: *Pesquisa.* 91, São Paulo:
FAPESP. set/2003, p. 48.)

A a Mata Atlântica teve sua área devastada em 50% entre 1963 e 1973.

B a vegetação natural da Mata Atlântica aumentou antes da década de 60, mas reduziu nas décadas posteriores.

C a devastação da Mata Atlântica remanescente vem sendo contida desde a década de 60.

D em 2000-2001, a área de Mata Atlântica preservada em relação ao período de 1990-1992 foi de 34,6%.

E a área preservada da Mata Atlântica nos anos 2000 e 2001 é maior do que a registrada no período de 1990-1992.

2005.

8.191 *Artemia* é um camarão primitivo que vive em águas salgadas, sendo considerado um fóssil vivo. Surpreendentemente, possui uma propriedade semelhante à dos vegetais que é a diapausa, isto é, a capacidade de manter ovos dormentes (embriões latentes) por muito tempo. Fatores climáticos ou alterações ambientais podem subitamente ativar a eclosão dos ovos, assim como, nos vegetais, tais alterações induzem a germinação de sementes. Vários estudos têm sido realizados com artemias, pois estes animais apresentam características que sugerem um potencial biológico: possuem alto teor de proteína e são capazes de se alimentar de partículas orgânicas e inorgânicas em suspensão. Tais características podem servir de parâmetro para uma avaliação do potencial econômico e ecológico da Artemia. Em um estudo foram consideradas as seguintes possibilidades:

I. A variação da população de *Artemia* pode ser usada como um indicador de poluição aquática.

II. A *Artemia* pode ser utilizada como um agente de descontaminação ambiental, particularmente em ambientes aquáticos.

III. A eclosão dos ovos é um indicador de poluição química.

IV. Os camarões podem ser utilizados como fonte alternativa de alimentos de alto teor nutritivo.

É correto apenas o que se afirma em

A I e II.

B II e III.

C I, II e IV.

D II, III e IV.

E I, II, III e IV.

2002.

8.192

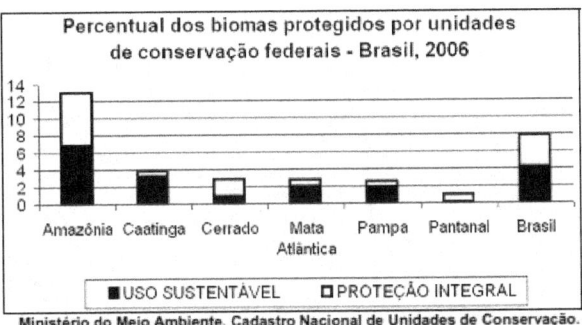

Analisando-se os dados do gráfico acima, que remetem a critérios e objetivos no estabelecimento de unidades de conservação no Brasil, constata-se que

A o equilíbrio entre unidades de conservação de proteção integral e de uso sustentável já atingido garante a preservação presente e futura da Amazônia.

B as condições de aridez e a pequena diversidade biológica observadas na Caatinga explicam por que a área destinada à proteção integral desse bioma é menor que a dos demais biomas brasileiros.

C o Cerrado, a Mata Atlântica e o Pampa, biomas mais intensamente modificados pela ação humana, apresentam proporção maior de unidades de proteção integral que de unidades de uso sustentável.

D o estabelecimento de unidades de conservação deve ser incentivado para a preservação dos recursos hídricos e a manutenção da biodiversidade.

E a sustentabilidade do Pantanal é inatingível, razão pela qual não foram criadas unidades de uso sustentável nesse bioma.

2008.

8.193 Os líquens são associações simbióticas, geralmente mutualistas, entre algas e fungos. Como alguns desses organismos são muito sensíveis à poluição ambiental, os líquens têm sido usados como bioindicadores da qualidade do ar. Suponha que determinada área apresentava grande diversidade de líquens. Porém, após a instalação de uma indústria no local, que passou a emitir grande quantidade de poluentes atmosféricos, tenha-se observado o aumento da abundância de certos líquens, mas uma redução geral da diversidade dos líquens.

A queda da diversidade de líquens relatada acima

A indica que, para se preservarem algumas "espécies" de líquens, devem-se eliminar outras.

B deve-se ao aumento da abundância de alguns líquens que são competidores.

C indica que nem todos os líquens são igualmente sensíveis ao impacto ambiental.

D é um processo normal, pois vem acompanhada de aumento na abundância de alguns líquens.

E deve-se ao fato de que a maioria dos líquens tem um sistema excretor eficiente para evitar que poluentes se acumulem em suas células.

2009 (2ª aplicação).

8.194 Atualmente, o comércio ilegal de vida silvestre, que inclui a fauna e seus produtos, movimenta de 10 a 20 bilhões de dólares por ano. É a terceira atividade ilícita do mundo, depois do tráfico de armas e de drogas. Países em desenvolvimento são os principais fornecedores de vida silvestre, com parte de suas populações sobrevivendo dessa atividade. O Brasil participa com cerca de 5% a 15% do total mundial, e a maioria dos animais silvestres comercializados ilegalmente é proveniente das regiões Norte, Nordeste e Centro-Oeste, sendo escoada para as regiões Sul e Sudeste pelas rodovias federais. Nos estados nordestinos, é comum a presença de pessoas, nas margens das rodovias, comercializando esses animais. Os principais pontos de destino são os estados do Rio de Janeiro e de São Paulo, onde são vendidos em feiras livres ou exportados por meio dos principais portos e aeroportos dessas regiões.

Primeiro relatório nacional sobre o tráfico de fauna silvestre. Disponível em: www.renctas.org.br/pt/informese/renctas_brasil_detail.asp?id=216. Acesso em: 26 ago. 2008. (adaptado).

O texto permite afirmar-se que o comércio ilegal de vida silvestre

A se deve mais a fatores culturais do que a fatores econômicos.

B movimenta mais recursos financeiros que o tráfico de armas e o de drogas.

C constitui importante fonte de renda para os países em desenvolvimento.

D é pouco expressivo no Brasil, se comparado ao dos países em desenvolvimento.

E é exemplo da relação entre condições socioeconômicas e impactos ambientais.

2009 (2ª aplicação).

8.195 A interferência do homem no meio ambiente tem feito com que espécies de seres vivos desapareçam muito mais rapidamente do que em épocas anteriores. Vários mecanismos de proteção ao planeta têm sido discutidos por cientistas, organizações e governantes. Entre esses mecanismos, destaca-se o acordado na Convenção sobre a Diversidade Biológica durante a Rio 92, que afirma que a nação tem direito sobre a variedade de vida contida em seu território e o dever de conservá-la utilizando-se dela de forma sustentável.

A dificuldade encontrada pelo Brasil em seguir o acordo da Convenção sobre a Diversidade Biológica decorre, entre outros fatores, do fato de a

A a extinção de várias espécies ter ocorrido em larga escala.

B alta biodiversidade no país impedir a sua conservação.

C utilização de espécies nativas de forma sustentável ser utópica.

D grande extensão de nosso território dificultar a sua fiscalização.

E classificação taxonômica de novas espécies ocorrer de forma lenta.

2010 (2ª aplicação).

8.196 Várias estratégias estão sendo consideradas para a recuperação da diversidade biológica de um ambiente degradado, dentre elas, a criação de vertebrados em cativeiro. Com esse objetivo, a iniciativa mais adequada, dentre as alternativas abaixo, seria criar

A machos de umas espécies e fêmeas de outras, para possibilitar o acasalamento entre elas e o surgimento de novas espécies.

B muitos indivíduos da espécie mais representativa, de forma a manter a identidade e a diversidade do ecossistema.

C muitos indivíduos de uma única espécie, para garantir uma população geneticamente heterogênea e mais resistente.

D um número suficiente de indivíduos, do maior número de espécies, que garanta a diversidade genética de cada uma delas.

E vários indivíduos de poucas espécies, de modo a garantir, para cada espécie, uma população geneticamente homogênea.

2001.

8.197 Numa região, originalmente ocupada por Mata Atlântica, havia, no passado, cinco espécies de pássaros de um mesmo gênero. Nos dias atuais, essa região se reduz a uma reserva de floresta primária, onde ainda ocorrem as cinco espécies, e a fragmentos de floresta degradada, onde só se encontram duas das cinco espécies. O desaparecimento das três espécies nas regiões degradadas pode ser explicado pelo fato de que, nessas regiões, ocorreu

A aumento do volume e da frequência das chuvas.

B diminuição do número e da diversidade de hábitats.

C diminuição da temperatura média anual.

D aumento dos níveis de gás carbônico e de oxigênio na atmosfera.

E aumento do grau de isolamento reprodutivo interespecífico.

2001.

8.198 A Mata Atlântica, que originalmente se estendia por todo o litoral brasileiro, do Ceará ao Rio Grande do Sul, ostenta hoje o triste título de uma das florestas mais devastadas do mundo. Com mais de 1 milhão de quilômetros quadrados, hoje restam apenas 5% da vegetação original, como mostram as figuras.

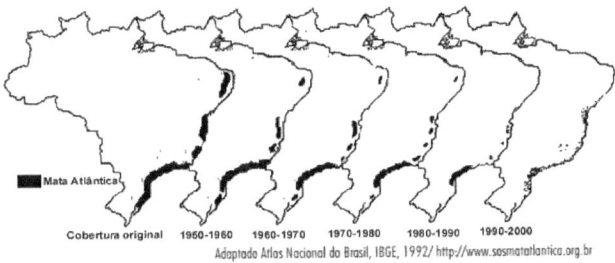

Adaptado Atlas Nacional do Brasil, IBGE, 1992/ http://www.sosmatatlantica.org.br

Considerando as características histórico-geográficas do Brasil e a partir da análise das figuras é correto afirmar que

A as transformações climáticas, especialmente na Região Nordeste, interferiram fortemente na diminuição dessa floresta úmida.

B nas três últimas décadas, o grau de desenvolvimento regional impediu que a devastação da Mata Atlântica fosse maior do que a registrada.

C as atividades agrícolas, aliadas ao extrativismo vegetal, têm se constituído, desde o período colonial, na principal causa da devastação da Mata Atlântica.

D a taxa de devastação dessa floresta tem seguido o sentido oposto ao do crescimento populacional de cada uma das Regiões afetadas.

E o crescimento industrial, na década de 50, foi o principal fator de redução da cobertura vegetal na faixa litorânea do Brasil, especialmente da região Nordeste.

2001.

8.199 A biodiversidade é garantida por interações das várias formas de vida e pela estrutura heterogênea dos hábitats. Diante da perda acelerada de biodiversidade, tem sido discutida a possibilidade de se preservarem espécies por meio da construção de "bancos genéticos" de sementes, óvulos e espermatozoides.

Apesar de os "bancos" preservarem espécimes (indivíduos), sua construção é considerada questionável do ponto de vista ecológico-evolutivo, pois se argumenta que esse tipo de estratégia

I. não preservaria a variabilidade genética das populações;

II. dependeria de técnicas de preservação de embriões, ainda desconhecidas;

III. não reproduziria a heterogeneidade dos ecossistemas.

Está correto o que se afirma em

A I, apenas.

B II, apenas.

C I e III, apenas.

D II e III, apenas.

E I, II e III

2003.

8.200 A biodiversidade diz respeito tanto a genes, espécies, ecossistemas, como a funções, e coloca problemas de gestão muito diferenciados. É carregada de normas de valor. Proteger a biodiversidade pode significar:

– a eliminação da ação humana, como é a proposta da ecologia radical;

– a proteção das populações cujos sistemas de produção e cultura repousam num dado ecossistema;

– a defesa dos interesses comerciais de firmas que utilizam a biodiversidade como matéria-prima, para produzir mercadorias.

(Adaptado de GARAY,I. & DIAS, B. **Conservação da biodiversidade em ecossistemas tropicais**)

De acordo com o texto, no tratamento da questão da biodiversidade no Planeta,

A o principal desafio é conhecer todos problemas dos ecossistemas, para conseguir protegê-los da ação humana.

B os direitos e os interesses comerciais dos produtores devem ser defendidos, independentemente do equilíbrio ecológico.

C deve-se valorizar o equilíbrio do meio ambiente, ignorando-se os conflitos gerados pelo uso da terra e seus recursos.

D o enfoque ecológico é mais importante do que o social, pois as necessidades das populações não devem constituir preocupação para ninguém.

E há diferentes visões em jogo, tanto as que só consideram aspectos ecológicos, quanto as que levam em conta aspectos sociais e econômicos.

2003.

8.201 A grande produção brasileira de soja, com expressiva participação na economia do país, vem avançando nas regiões do Cerrado brasileiro. Esse tipo de produção demanda grandes extensões de terra, o que gera preocupação, sobretudo

A econômica, porque desestimula a mecanização.

B social, pois provoca o fluxo migratório para o campo.

C climática, porque diminui a insolação na região.

D política, pois deixa de atender ao mercado externo.

E ambiental, porque reduz a biodiversidade regional.

2004.

8.202 Programas de reintrodução de animais consistem em soltar indivíduos, criados em cativeiro, em ambientes onde sua espécie se encontra ameaçada ou extinta. O mico-leão-dourado da Mata Atlântica faz parte de um desses programas. Como faltam aos micos criados em cativeiro habilidades para sobreviver em seu habitat, são formados grupos sociais desses micos com outros capturados na natureza, antes de soltá-los coletivamente. O gráfico mostra o número total de animais, em uma certa região, a cada ano, ao longo de um programa de reintrodução desse tipo.

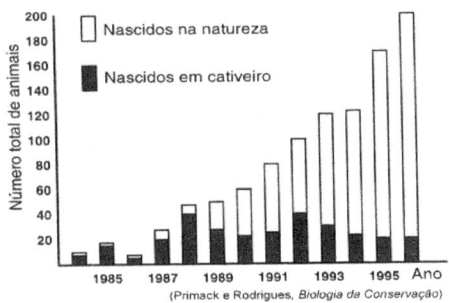

(Primack e Rodrigues, *Biologia da Conservação*)

A análise do gráfico permite concluir que o sucesso do programa se deveu

A à adaptação dos animais nascidos em cativeiro ao ambiente natural, mostrada pelo aumento do número de nascidos na natureza.

B ao aumento da população total, resultante da reintrodução de um número cada vez maior de animais.

C à eliminação dos animais nascidos em cativeiro pelos nascidos na natureza, que são mais fortes e selvagens.

D ao pequeno número de animais reintroduzidos, que se mantiveram isolados da população de nascidos na natureza.

E à grande sobrevivência dos animais reintroduzidos, que compensou a mortalidade dos nascidos na natureza.

2004.

8.203 A figura abaixo é parte de uma campanha publicitária.

Com Ciência Ambiental. n.º 10. abr./2007.

Essa campanha publicitária relaciona-se diretamente com a seguinte afirmativa:

A O comércio ilícito da fauna silvestre, atividade de grande impacto, é uma ameaça para a biodiversidade nacional.

B A manutenção do mico-leão-dourado em jaula é a medida que garante a preservação dessa espécie animal.

C O Brasil, primeiro país a eliminar o tráfico do mico-leão-dourado, garantiu a preservação dessa espécie.

D O aumento da biodiversidade em outros países depende do comércio ilegal da fauna silvestre brasileira.

E O tráfico de animais silvestres é benéfico para a preservação das espécies, pois garante-lhes a sobrevivência.

2007.

8.204 O gráfico abaixo, obtido a partir de dados do Ministério do Meio Ambiente, mostra o crescimento do número de espécies da fauna brasileira ameaçadas de extinção.

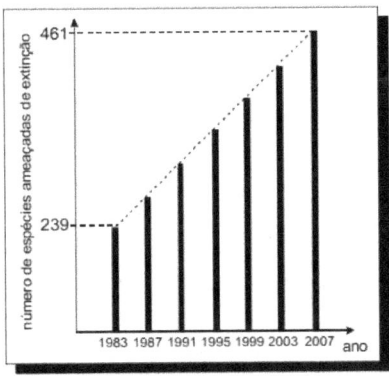

Se mantida, pelos próximos anos, a tendência de crescimento mostrada no gráfico, o número de espécies ameaçadas de extinção em 2011 será igual a

A 465.

B 493.

C 498.

D 538.

E 699.

2007.

8.205 Se a exploração descontrolada e predatória verificada atualmente continuar por mais alguns anos, pode-se antecipar a extinção do mogno. Essa madeira já desapareceu de extensas áreas do Pará, de Mato Grosso, de Rondônia, e há indícios de que a diversidade e o número de indivíduos existentes podem não ser suficientes para garantir a sobrevivência da espécie a longo prazo. A diversidade é um elemento fundamental na sobrevivência de qualquer ser vivo. Sem ela, perde-se a capacidade de adaptação ao ambiente, que muda tanto por interferência humana como por causas naturais.

Internet: <www.greenpeace.org.br> (com adaptações).

Com relação ao problema descrito no texto, é correto afirmar que

A a baixa adaptação do mogno ao ambiente amazônico é causa da extinção dessa madeira.

B a extração predatória do mogno pode reduzir o número de indivíduos dessa espécie e prejudicar sua diversidade genética.

C as causas naturais decorrentes das mudanças climáticas globais contribuem mais para a extinção do mogno que a interferência humana.

D a redução do número de árvores de mogno ocorre na mesma medida em que aumenta a diversidade biológica dessa madeira na região amazônica.

E o desinteresse do mercado madeireiro internacional pelo mogno contribuiu para a redução da exploração predatória dessa espécie.

2007.

8.206 Entre 8 mil e 3 mil anos atrás, ocorreu o desaparecimento de grandes mamíferos que viviam na América do Sul. Os mapas a seguir apresentam a vegetação dessa região antes e depois de uma grande mudança climática que tornou essa região mais quente e mais úmida.

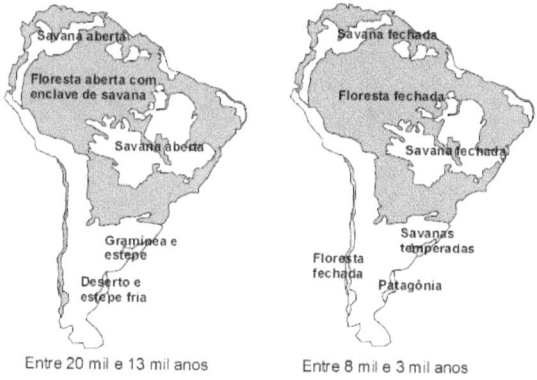

Entre 20 mil e 13 mil anos   Entre 8 mil e 3 mil anos

Revista Pesquisa Fapesp, n.º 98, 2004.

As hipóteses a seguir foram levantadas para explicar o desaparecimento dos grandes mamíferos na América do Sul.

I Os seres humanos, que só puderam ocupar a América do Sul depois que o clima se tornou mais úmido, mataram os grandes animais.

II Os maiores mamíferos atuais precisam de vastas áreas abertas para manterem o seu modo de vida, áreas essas que desapareceram da América do Sul com a mudança climática, o que pode ter provocado a extinção dos grandes mamíferos sul-americanos.

III A mudança climática foi desencadeada pela queda de um grande asteroide, a qual causou o desaparecimento dos grandes mamíferos e das aves.

É cientificamente aceitável o que se afirma

A apenas em I.

B apenas em II.

C apenas em III.

D apenas em I e III.

E em I, II e III.

8.207 Na região sul da Bahia, o cacau tem sido cultivado por meio de diferentes sistemas. Em um deles, o convencional, a primeira etapa de preparação do solo corresponde à retirada da mata e à queimada dos tocos e das raízes. Em seguida, para o plantio da quantidade máxima de cacau na área, os pés de cacau são plantados próximos uns dos outros. No cultivo pelo sistema chamado cabruca, os pés de cacau são abrigados entre as plantas de maior porte, em espaço aberto criado pela derrubada apenas das plantas de pequeno porte. Os cacaueiros dessa região têm sido atacados e devastados pelo fungo chamado vassoura-de-bruxa, que se reproduz em ambiente quente e árido por meio de esporos que se espalham no meio aéreo. As condições ambientais em que os pés de cacau são plantados e as condições de vida do fungo vassoura-de-bruxa, mencionadas acima, permitem supor-se que sejam mais intensamente atacados por esse fungo os cacaueiros plantados por meio do sistema

A convencional, pois os pés de cacau ficam mais expostos ao sol, o que facilita a reprodução do parasita.

B convencional, pois a proximidade entre os pés de cacau facilita a disseminação da doença.

C convencional, pois o calor das queimadas cria as condições ideais de reprodução do fungo.

D cabruca, pois os cacaueiros não suportam a sombra e, portanto, terão seu crescimento prejudicado e adoecerão.

E cabruca, pois, na competição com outras espécies, os cacaueiros ficam enfraquecidos e adoecem mais facilmente.

8.208 Muitas são as causas para a diminuição e a consequente extinção de diversas espécies vegetais e animais, entre as quais se destacam as provenientes da intervenção humana, tais como poluição, uso abusivo dos recursos naturais, expansão da fronteira agrícola, crescimento urbano industrial. A cada ano, aproximadamente 17 milhões de hectares de floresta tropical são desmatados. Estimativas sugerem que, se isso continuar, entre 5% e 10% das espécies que habitam as florestas tropicais estarão extintas nos próximos 30 anos. Em razão de tais fatores, os países desenvolvidos, muitos dos quais já têm sua biodiversidade comprometida, têm voltado a sua atenção para o Brasil, em relação à sua política de conservação da biodiversidade.

WWF. **O que é biodiversidade?** Disponível em: http://www.wwf.org.br/informacoes/questoes_ambientais/biodiversidade/. Acesso em: 06 dez. 2008 (adaptado).

Considerando-se a importância da biodiversidade para a preservação da vida, é correto afirmar que

A a alarmante preocupação com a destruição da biodiversidade é improcedente, já que os ecossistemas tropicais têm capacidade de regeneração.

B uma possível alternativa à extinção de espécies nativas nos ambientes tropicais seria a introdução de espécies exóticas em substituição àquelas que foram extintas.

C a elevada diversidade das florestas tropicais, apesar das taxas de extinção estimadas, impede que os ecossistemas sejam afetados pelo desaparecimento de espécies animais.

D o consumo de produtos florestais nos países desenvolvidos exerce pouca pressão sobre a biodiversidade brasileira, devido ao maior nível de conscientização naqueles países.

E a cultura de florestas, tendo em vista dada a necessidade de preservação e manutenção da biodiversidade em nível global, seria uma forma de reduzir a pressão sobre a biodiversidade das florestas nativas.

2009 (2ª aplicação).

8.209 A construção de barragens provoca um profundo impacto ecológico, que pode ser atenuado, em parte, pelo planejamento prévio de remoção da fauna atingida pela inundação local. Nas barragens construídas no Brasil, esse planejamento tem como principal objetivo a devolução dos animais a um ambiente semelhante ao original. Antes do fechamento das comportas, procura-se deslocar o maior número possível de animais; após o fechamento, com a elevação gradual das águas, procede-se à captura dos que vão ficando ilhados para transportá-los a locais preestabelecidos, ou retê-los e enviá-los a instituições de pesquisas.

LIZASO, N. M. **Rev. Bras. Zool**. V. 2, n° 2, Curitiba,1983. Disponível em: http://www.scielo.br (adaptado).

O procedimento de transporte dos animais e alocação em uma nova área livre de inundação, onde a espécie introduzida não existia antes do processo, tem como uma das consequências imediatas

A a sobrevivência destes animais, aumentando a biodiversidade e o equilíbrio ecológico no novo local.

B o aumento populacional das espécies introduzidas, sem interferência dos grupos já existentes.

C o benefício das espécies do novo local, pelo aumento de recursos e da possibilidade de sobrevivência de todas.

D a seleção artificial pelo aumento do número de espécies existentes no local e a variação populacional das espécies introduzidas.

E o desequilíbrio ecológico, pois a introdução das espécies causa variação na estrutura da comunidade existente no local.

2011 (2ª aplicação).

8.210 "A idade da pedra chegou ao fim, não porque faltassem pedras; a era do petróleo chegará igualmente ao fim, mas não por falta de petróleo".

Xeque Yamani, Ex-ministro do Petróleo da Arábia Saudita. O Estado de S. Paulo,

20/08/2001.

Considerando as características que envolvem a utilização das matérias-primas citadas no texto em diferentes contextos histórico-geográficos, é correto afirmar que, de acordo com o autor, a exemplo do que aconteceu na Idade da Pedra, o fim da era do Petróleo estaria relacionado

A à redução e esgotamento das reservas de petróleo.

B ao desenvolvimento tecnológico e à utilização de novas fontes de energia.

C ao desenvolvimento dos transportes e consequente aumento do consumo de energia.

D ao excesso de produção e consequente desvalorização do barril de petróleo.

E à diminuição das ações humanas sobre o meio ambiente.

2002.

8.211 Uma nova estratégia para o controle da dengue foi apresentada durante o Congresso Internacional de Medicina Tropical, no Rio de Janeiro, em 2012. O projeto traz uma abordagem nova e natural para o combate à doença e já está em fase de testes. O objetivo do programa é cessar a transmissão do vírus da dengue pelo *Aedes aegypti*, a partir da introdução da bactéria *Wolbachia* — que é naturalmente encontrada em insetos — nas populações locais de mosquitos. Quando essa bactéria é introduzida no *A. aegypti*, atua como uma "vacina", estimulando o sistema imunológico e bloqueando a multiplicação do vírus dentro do inseto.

Disponível em: http://portalsaude.saude.gov.br. Acesso em: 20 dez. 2012 (adaptado).

Qual o conceito fundamental relacionado a essa estratégia?

A Clonagem.

B Mutualismo.

C Parasitismo.

D Transgênese.

E Controle biológico.

2016 (2ª aplicação).

8.212 Os parasitoides são insetos diminutos, que têm hábitos bastante peculiares: suas larvas se desenvolvem dentro do corpo de outros animais. Em geral, cada parasitoide ataca hospedeiros de determinada espécie e, por isso, esses organismos vêm sendo amplamente usados para o controle biológico de pragas agrícolas.

SANTO, M. M. E. et al. Parasitoides, insetos benéficos e cruéis. **Ciência Hoje**, n. 291, abr. 2012 (adaptado).

O uso desses insetos na agricultura traz benefícios ambientais, pois diminui o(a)

A tempo de produção agrícola.

B diversidade de insetos-praga.

C aplicação de inseticidas tóxicos.

D emprego de fertilizantes agrícolas.

E necessidade de combate a ervas daninhas.

2015 (2ª aplicação).

8.213 A remoção de petróleo derramado em ecossistemas marinhos é complexa e muitas vezes envolve a adição de mais sustâncias ao ambiente. Para facilitar o processo de recuperação dessas áreas, pesquisadores têm estudado a bioquímica de bactérias encontradas em locais sujeitos a esse tipo de impacto. Eles verificaram que algumas dessas espécies utilizam as moléculas de hidrocarbonetos como fonte energética, atuando como biorremediadores, removendo o óleo do ambiente.

KREPSKY, N.; SILVA SOBRINHO, F.; CRAPEZ, M. A. C. **Ciência Hoje,** n. 223, jan.-fev. 2006 (adaptado).

Para serem eficientes no processo de biorremediação citado, as espécies escolhidas devem possuir

A células flageladas, que capturem as partículas de óleo presentes na água.

B altas taxas de mutação, para se adaptarem ao ambiente impactado pelo óleo.

C enzimas, que catalisem reações de quebra das moléculas constituintes do óleo.

D parede celular espessa, que impossibilite que as bactérias se contaminem com o óleo.

E capacidade de fotossíntese, que possibilite a liberação de oxigênio para a renovação do ambiente poluído.

2015 (2ª aplicação).

8.214 Quando um macho do besouro-da-cana localiza uma plantação de cana-de-açúcar, ele libera uma substância para que outros besouros também localizem essa plantação, o que causa sérios prejuízos ao agricultor. A substância liberada pelo besouro foi sintetizada em laboratório por um químico brasileiro. Com essa substância sintética, o agricultor pode fazer o feitiço virar contra o feiticeiro: usar a substância como isca e atrair os besouros para longe das plantações de cana.

Folha Ciência. In: **Folha de S. Paulo**, 25/5/2004 (com adaptações).

Assinale a opção que apresenta corretamente tanto a finalidade quanto a vantagem ambiental da utilização da substância sintética mencionada.

	Finalidade	**Vantagem ambiental**
A	Eliminar os besouros.	Reduzir as espécies que se alimentam da cana-de-açúcar.
B	Afastar os predadores da plantação.	Reduzir a necessidade de uso de agrotóxicos.
C	Exterminar os besouros.	Eliminar o uso de agrotóxicos.
D	Dispersar os besouros.	Evitar a incidência de novas pragas.
E	Afastar os predadores da plantação.	Aumentar a resistência dos canaviais.

2006.

8.215 O bicho-furão-dos-citros causa prejuízos anuais de US$ 50 milhões à citricultura brasileira, mas pode ser combatido eficazmente se um certo agrotóxico for aplicado à plantação no momento adequado. É possível determinar esse momento utilizando-se uma armadilha constituída de uma caixinha de papelão, contendo uma pastilha com o feromônio da fêmea e um adesivo para prender o macho. Verificando periodicamente a armadilha, percebe-se a época da chegada do inseto. Uma vantagem do uso dessas armadilhas, tanto do ponto de vista ambiental como econômico, seria

A otimizar o uso de produtos agrotóxicos.

B diminuir a população de predadores do bicho-furão.

C capturar todos os machos do bicho-furão.

D reduzir a área destinada à plantação de laranjas.

E espantar o bicho-furão das proximidades do pomar.

2004.

8.216 Pesticidas são contaminantes ambientais altamente tóxicos aos seres vivos e, geralmente, com grande persistência ambiental. A busca por novas formas de eliminação dos pesticidas tem aumentado nos últimos anos, uma vez que as técnicas atuais são economicamente dispendiosas e paliativas. A biorremediação de pesticidas utilizando microrganismos tem se mostrado uma técnica muito promissora para essa finalidade, por apresentar vantagens econômicas e ambientais. Para ser utilizado nesta técnica promissora, um microrganismo deve ser capaz de

A transferir o contaminante do solo para a água.

B absorver o contaminante sem alterá-lo quimicamente.

C apresentar alta taxa de mutação ao longo das gerações.

D estimular o sistema imunológico do homem contra o contaminante.

E metabolizar o contaminante, liberando subprodutos menos tóxicos ou atóxicos.

2012.

8.217 Adubação verde, uma das maneiras de cultivar e tratar bem o solo, é uma técnica agrícola que consiste no cultivo de espécies de plantas com elevado potencial de produção de massa vegetal, semeadas em rotação, sucessão e até em consórcio com culturas de interesse econômico. No cultivo em rotação, o adubo verde pode ser incorporado ao solo após a roçada para posterior plantio da cultura de interesse econômico, ou mantido em cobertura sobre a superfície do terreno, fazendo-se o plantio direto da cultura na palhada.

SILVA, A. C. F. Adubação verde e o manejo de cobertura do solo. **Jornal vanguarda**. 15 abr. 2010. Acesso em: www.jvanguarda.com.br (adaptado).

A técnica de adubação verde é vantajosa por

A permitir correção química refinada do solo.

B liberar gradualmente sais minerais diversos.

C viabilizar uma adubação rápida em regiões frias.

D permitir o arraste da massa vegetal, evitando excesso.

E limitar a respiração do solo, diminuindo nematoides indesejados.

2014 (3ª aplicação).

8.218 A modernização da agricultura, também conhecida como revolução verde, ficou marcada pela expansão da agricultura nacional. No entanto, trouxe consequências como o empobrecimento do solo, o aumento da erosão e dos custos de produção, entre outras. Atualmente, a preocupação com a agricultura sustentável tem suscitado práticas como a adubação verde, que consiste na incorporação ao solo de fitomassa de espécies vegetais distintas, sendo as mais difundidas as leguminosas.

ANUNCIAÇÃO, G. C. F. Disponível em: www.muz.ifsuldeminas.edu.br. Acesso em: 20 dez. 2012 (adaptado).

A utilização de leguminosas nessa prática de cultivo visa reduzir a

A utilização de agrotóxicos.

B atividade biológica do solo.

C necessidade do uso de fertilizantes.

D decomposição da matéria orgânica.

E capacidade de armazenamento de água no solo.

2016 (2ª aplicação).

8.219 Para o consumidor, é praticamente impossível identificar a diferença entre a sacola biodegradável e a comum, feita de polietileno – derivado do petróleo. Alguns governos municipais já exigem que os supermercados ofereçam sacolas biodegradáveis em substituição às sacolas comuns.

Disponível em: http://epocanegocios.globo.com. Acesso em: 1 ago. 2012.

A atitude tomada pelos governos municipais deve-se ao(à)

A maior resistência que os materiais biodegradáveis apresentam em relação aos comuns.

B escassez das matérias-primas derivadas do petróleo para produção das sacolas comuns.

C custo consideravelmente menor das sacolas biodegradáveis em relação ao das sacolas comuns.

D maior capacidade de produção das sacolas biodegradáveis, já que as fontes podem ser renováveis.

E rápida decomposição das sacolas biodegradáveis pela ação de bactérias, em comparação às sacolas comuns.

2016 (3ª aplicação).

8.220 Com o objetivo de substituir as sacolas de polietileno, alguns supermercados têm utilizado um novo tipo de plástico ecológico, que apresenta em sua composição amido de milho e uma resina polimérica termoplástica, obtida a partir de uma fonte petroquímica.

ERENO, D. Plásticos de vegetais. **Pesquisa Fapesp**, n. 179, jan. 2011 (adaptado).

Nesses plásticos, a fragmentação da resina polimérica é facilitada porque os carboidratos presentes

A dissolvem-se na água.

B absorvem água com facilidade.

C caramelizam por aquecimento e quebram.

D são digeridos por organismos decompositores.

E decompõem-se espontaneamente em contato com água e gás carbônico.

2014.

8.221 Desde os anos 1990, novas tecnologias para a produção de plásticos biodegradáveis foram pesquisadas em diversos países do mundo. No Brasil. Foi desenvolvido um plástico empregando-se derivados da cana-de-açúcar e uma bactéria recém-identificada, capaz de transformar açúcar em plástico.

"A bactéria se alimenta de açúcar, transformando o excedente do seu metabolismo em um plástico biodegradável chamado PHB (polihidroxibutirato). Sua vantagem é que, ao ser descartado, o bioplástico é degradado por microrganismos existentes no solo em no máximo um ano, ao contrário dos plásticos de origem petroquímica, que geram resíduos que demoram mais de 200 anos para se degradarem".

GOMES, A. C. Biotecnologia ajuda na conservação do ambiente. **Revista Eletrônica Vox**

Sciencia. Ano V, n. 28. São Paulo: Núcleo de Divulgação Científica José Gomes. Acesso em 30 abr. 2009 (adaptado).

A nova tecnologia, apresentada no texto, tem como consequência,

A a diminuição da matéria orgânica nos aterros e do mau cheiro nos lixões.

B a ampliação do uso de recursos não renováveis, especialmente, os plásticos.

C a diminuição do metabolismo de bactérias decompositoras presentes nos solos.

D a substituição de recursos não renováveis por renováveis para fabricar plásticos.

E o lançamento no meio ambiente de produtos plásticos inertes em relação ao ciclo da matéria.

1999 (prova anulada).

8.222 Para que um produto seja vendido como orgânico, a unidade produtora deve passar por um período de conversão, que, no caso do café, pode durar até três anos, deixando o agricultor com poucas alternativas de produção durante esse tempo. Outro aspecto importante é a preservação das características orgânicas do produto durante as fases de beneficiamento e comercialização, diante do risco de contaminação. O café orgânico tem sua competitividade diretamente ligada à minimização dos gastos com insumos por meio do aproveitamento de resíduos orgânicos pelo valor que agregam ao produto. Com isso, a cafeicultura orgânica apresenta alta eficiência no sistema de produção, relacionada ao estado nutricional do produto e à fertilidade do solo das lavouras.

Disponível em:
http://www.custoseagronegocioonline.com.br/numero1v2/Custos%2520do%2520cafe%25 20organico.pdf. Acesso em: 2 dez. 2008 (adaptado).

Apesar do custo mais alto, uma das vantagens do café organicamente cultivado é

A a técnica de cultivo, que favorece a conservação do solo.

B a eliminação dos resíduos orgânicos, que agrega valor ao produto.

C o período curto de conversão de uma propriedade não orgânica em orgânica.

D a manutenção de suas características orgânicas, embora seja perdido o seu valor nutricional.

E a remota possibilidade de contaminação durante o processo de distribuição e comercialização.

2009 (2ª aplicação).

8.223 Em nosso planeta a quantidade de água está estimada em 1,36 x 10^6 trilhões de toneladas. Desse total, calcula-se que cerca de 95% são de água salgada e dos 5% restantes, quase a metade está retida nos polos e geleiras. O uso de água do mar para obtenção de água potável ainda não é realidade em larga escala. Isso porque, entre outras razões,

A o custo dos processos tecnológicos de dessalinização é muito alto.

B não se sabe como separar adequadamente os sais nela dissolvidos.

C comprometeria muito a vida aquática dos oceanos.

D a água do mar possui materiais irremovíveis.

E a água salgada do mar tem temperatura de ebulição alta.

1999.

8.224 Líquens são associações de organismos utilizados para monitoramento da qualidade do ar. Em ambientes urbanos, uma técnica de amostragem para biomonitoramento da qualidade do ar é a utilização de gaiolas contendo líquens que concentrarão os poluentes atmosféricos, sendo então recolhidos e levados para análise do teor dos poluentes na área monitorada. Considerando-se que o monitoramento do ar, em ambientes urbanos, tem por finalidade verificar a quantidade de poluentes dispersos na atmosfera emitidos por atividades industriais, as gaiolas devem ser distribuídas

A dentro da indústria, para que os líquens concentrem o máximo de poluentes lançados na atmosfera, independentemente da direção dos ventos.

B próximo e distante das indústrias, para medir, respectivamente, os poluentes na área de emissão e os poluentes que são carreados pelos ventos.

C dentro de cada residência da área urbana, para que os líquens concentrem o máximo de poluentes industriais que chegam em cada casa da cidade.

D próximo das indústrias, independentemente da direção dos ventos, para que os líquens concentrem os poluentes dispersos na atmosfera.

E na saída das chaminés, para que seja concentrado nos líquens o máximo de poluentes emitidos para a atmosfera sem interferência dos ventos.

2011 (2ª aplicação).

8.225 Quando um reservatório de água é agredido ambientalmente por poluição de origem doméstica ou industrial, uma rápida providência é fundamental para diminuir os danos ecológicos. Como o monitoramento constante dessas águas demanda aparelhos caros e testes demorados, cientistas têm se utilizado de biodetectores, como peixes que são colocados em gaiolas dentro da água, podendo ser observados periodicamente. Para testar a resistência de três espécies de peixes, cientistas separaram dois grupos de cada espécie, cada um com cem peixes, totalizando seis grupos. Foi, então, adicionada a mesma quantidade de poluentes de origem doméstica e industrial, em separado. Durante o período de 24 horas, o número de indivíduos passou a ser contado de hora em hora. Os resultados são apresentados abaixo.

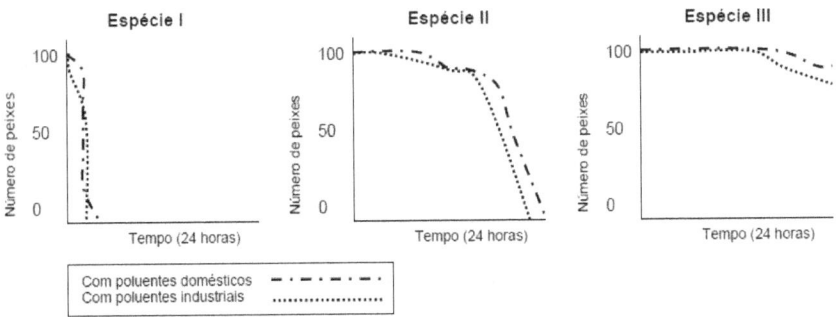

Pelos resultados obtidos, a espécie de peixe mais indicada para ser utilizada como detetora de poluição, a fim de que sejam tomadas providências imediatas, seria

A a espécie I, pois sendo menos resistente à poluição, morreria mais rapidamente após a contaminação.

B a espécie II, pois sendo a mais resistente, haveria mais tempo para testes.

C a espécie III, pois como apresenta resistência diferente à poluição doméstica e industrial, propicia estudos posteriores.

D as espécies I e III juntas, pois tendo resistência semelhante em relação à poluição permitem comparar resultados.

E as espécies II e III juntas, pois como são pouco tolerantes à poluição, propiciam um rápido alerta.

2005.

8.226 O lixo orgânico de casa – constituído de restos de verduras, frutas, legumes, cascas de ovo, aparas de grama, entre outros –, se for depositado nos lixões, pode contribuir para o aparecimento de animais e de odores indesejáveis. Entretanto, sua reciclagem gera um excelente adubo orgânico, que pode ser usado no cultivo de hortaliças, frutíferas e plantas ornamentais. A produção do adubo ou composto orgânico se dá por meio da compostagem, um processo simples que requer alguns cuidados especiais. O material que é acumulado diariamente em recipientes próprios deve ser revirado com auxílio de ferramentas adequadas, semanalmente, de forma a homogeneizá-lo. É preciso também umedecê-lo periodicamente. O material de restos de capina pode ser intercalado entre uma camada e outra de lixo da cozinha. Por meio desse método, o adubo orgânico estará pronto em aproximadamente dois a três meses.

Como usar o lixo orgânico em casa? **Ciência Hoje**, v. 42, jun. 2008 (adaptado).

Suponha que uma pessoa, desejosa de fazer seu próprio adubo orgânico, tenha seguido o procedimento descrito no texto, exceto no que se refere ao umedecimento periódico do composto. Nessa situação,

A o processo de compostagem produziria intenso mau cheiro.

B o adubo formado seria pobre em matéria orgânica que não foi transformada em composto.

C a falta de água no composto vai impedir que microrganismos decomponham a matéria orgânica.

D a falta de água no composto iria elevar a temperatura da mistura, o que resultaria na perda de nutrientes essenciais.

E apenas microrganismos que independem de oxigênio poderiam agir sobre a matéria orgânica e transformá-la em adubo.

2009.

8.227 Para a produção de adubo caseiro (compostagem), busca-se a decomposição aeróbica, que produz menos mau cheiro, seguindo estes passos:

I, Reserve um recipiente para depositar o lixo orgânico e monte a composteira em um local sombreado.

II. Deposite em apenas um dos lados da composteira o material orgânico e cubra-o com folhas.

III. Regue o material para umedecer a camada superficial.

IV. Proteja o material de chuvas intensas e do sol direto.

V. De dois e dois dias transfira o material para o outro lado para arejar.

Em cerca de dois meses o adubo estará pronto.

Processo de compostagem. Disponível em: www.ib.usp.br. Acesso em: 2 ago. 2012

(adaptado).

Dos procedimentos listados, o que contribui para o aumento da decomposição aeróbica é o

A I.

B II

C III

D IV

E V

2017 (2ª aplicação).

MUDANÇAS CLIMÁTICAS

8.228 Nos últimos 50 anos, as temperaturas de inverno na península antártica subiram quase 6° C. Ao contrário do esperado, o aquecimento tem aumentado a precipitação de neve. Isso ocorre porque o gelo marinho, que forma um manto impermeável sobre o oceano, está derretendo devido à elevação de temperatura, o que permite que mais umidade escape para a atmosfera. Essa umidade cai na forma de neve. Logo depois de chegar a essa região, certa espécie de pinguins precisa de solos nus para construir seus ninhos de pedregulhos. Se a neve não derrete a tempo, eles põem seus ovos sobre ela. Quando a neve finalmente derrete, os ovos se encharcam de água e goram.

Scientific American Brasil, ano 2, n.º 21, 2004, p.80 (com adaptações).

A partir do texto acima, analise as seguintes afirmativas.

I O aumento da temperatura global interfere no ciclo da água na península antártica.

II O aquecimento global pode interferir no ciclo de vida de espécies típicas de região de clima polar.

III A existência de água em estado sólido constitui fator crucial para a manutenção da vida em alguns biomas.

É correto o que se afirma

A apenas em I.

B apenas em II.

C apenas em I e II.

D apenas em II e III.

E em I, II e III.

2007.

8.229 Devido ao aquecimento global e à consequente diminuição da cobertura de gelo no Ártico, aumenta a distância que os ursos polares precisam nadar para encontrar alimentos. Apesar de exímios nadadores, eles acabam morrendo afogados devido ao cansaço. A situação descrita acima

A enfoca o problema da interrupção da cadeia alimentar, o qual decorre das variações climáticas.

B alerta para prejuízos que o aquecimento global pode acarretar à biodiversidade no Ártico.

C ressalta que o aumento da temperatura decorrente de mudanças climáticas permite o surgimento de novas espécies.

D mostra a importância das características das zonas frias para a manutenção de outros biomas na Terra.

E evidencia a autonomia dos seres vivos em relação ao habitat, visto que eles se adaptam rapidamente às mudanças nas condições climáticas.

2007.

8.230 O gráfico abaixo ilustra o resultado de um estudo sobre o aquecimento global. A curva mais escura e contínua representa o resultado de um cálculo em que se considerou a soma de cinco fatores que influenciaram a temperatura média global de 1900 a 1990, conforme mostrado na legenda do gráfico. A contribuição efetiva de cada um desses cinco fatores isoladamente é mostrada na parte inferior do gráfico.

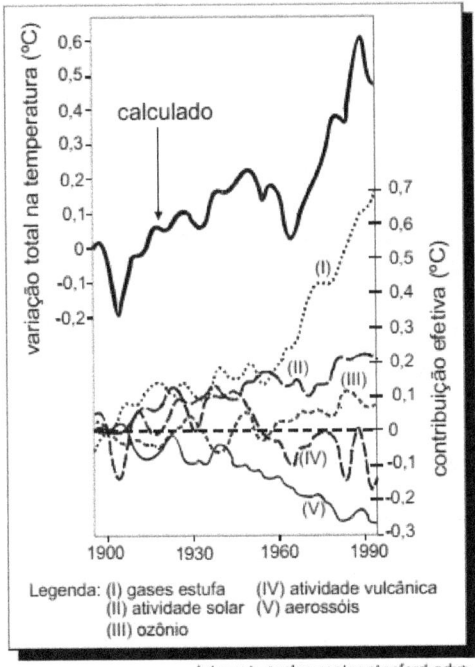

Internet: <solar-center.stanford.edu>.

Os dados apresentados revelam que, de 1960 a 1990, contribuíram de forma efetiva e positiva para aumentar a temperatura atmosférica:

A aerossóis, atividade solar e atividade vulcânica.

B atividade vulcânica, ozônio e gases estufa.

C aerossóis, atividade solar e gases estufa.

D aerossóis, atividade vulcânica e ozônio.

E atividade solar, gases estufa e ozônio.

2007.

8.231 Com base em projeções realizadas por especialistas, prevê-se, para o fim do século XXI, aumento de temperatura média, no planeta, entre 1,4° C e 5,8° C. Como consequência desse aquecimento, possivelmente o clima será mais quente e mais úmido bem como ocorrerá mais enchentes em algumas áreas e secas crônicas em outras. O aquecimento também provocará o desaparecimento de algumas geleiras, o que acarretará o aumento do nível dos oceanos e a inundação de certas áreas litorâneas. As mudanças climáticas previstas para o fim do século XXI

A provocarão a redução das taxas de evaporação e de condensação do ciclo da água.

B poderão interferir nos processos do ciclo da água que envolvem mudanças de estado físico.

C promoverão o aumento da disponibilidade de alimento das espécies marinhas.

D induzirão o aumento dos mananciais, o que solucionará os problemas de falta de água no planeta.

E causarão o aumento do volume de todos os cursos de água, o que minimizará os efeitos da poluição aquática.

2006.

8.232 Algumas atividades humanas têm adicionado à atmosfera quantidades significativas de gases que contribuem para o aumento do efeito estufa, ocasionando mudanças climáticas, como a elevação da temperatura média global. Prevê-se um aumento de temperatura entre 1,4 e 5,8 °C e do nível global do mar entre 0,09 m e 0,88 m até 2100, além de aumento na média anual de precipitação e de evaporação em nosso século. Fenômenos biológicos como a interação insetos-plantas podem ser afetados: os calendários de floração, maturação de frutos e quebra de dormência das sementes dos vegetais e de passagem das diversas fases dos insetos vêm sendo alterados. Com isso, algumas plantas ficam prontas para a polinização sem que seus polinizadores estejam prontos, ou vice-versa. BESUNSAN, N. O desafio das mudanças climáticas. In: **Seria melhor mandar ladrilhar?**

Biodiversidade: como, para que e por quê. Ed. UnB/Petrópolis, 2008 (adaptado).

Com base no texto, os impactos das mudanças climáticas previstos em nível mundial

A serão significativos apenas a partir de 2100, quando o nível global do mar ultrapassar o valor de 0,88 m, trazendo, então, consequências como a redução de praias e o aumento da salinidade marinha.

B irão gerar pequenos efeitos na biodiversidade, visto que a extinção de espécies sensíveis ao aquecimento global será compensada pelo surgimento de outras, mais tolerantes às temperaturas mais elevadas.

C serão mínimos na agricultura, visto que, com as tecnologias disponíveis, é perfeitamente possível a produção de frutos e sementes sem a presença dos polinizadores naturais das plantas de interesse econômico.

D aumentam com o tempo e atingem diversos parâmetros, desde climáticos, como aumento de temperatura, precipitação e evaporação, até biológicos, interferindo no ciclo de vida das espécies e nas suas interações.

E decorrem de fenômenos naturais, como o aumento da concentração de gases por atividade industrial, cujo efeito, na biodiversidade, se manifesta apenas nas espécies de pequeno porte, como insetos polinizadores.

2009 (2ª aplicação).

8.233 Com a onda de calor na Europa, as praias do mar Mediterrâneo ficaram repletas de turistas e de águas-vivas. Na ilha de Mallorca, na Espanha, esses animais tiraram os visitantes da água. Segundo a Cruz Vermelha, cerca de 3 mil pessoas foram tratadas só nessa região espanhola, durante o verão. No mesmo mar Mediterrâneo, só que em praias italianas, as águas-vivas espantaram banhistas e causaram prejuízos a quem vive de turismo. Um jornal declarou: "O mar ficou febril". Além do calor excessivo, outro motivo que trouxe os animais para perto da costa foi a diminuição do número de predadores naturais, como tartarugas e golfinhos. As águas-vivas ou medusas são belas e leves – 95% do seu corpo são formados por água – no entanto, suas células urticantes, que contêm uma toxina utilizada para se defenderem de predadores e para imobilizarem presas, causam queimaduras e urticárias nos humanos.

Disponível em: http://terramagazine.terra.com.br/interna/0,OI1090958-EI6580,00.html.

Acesso em: 24 set. 2009 (adaptado).

O desequilíbrio que acarretou a proliferação de águas vivas nas praias do Mediterrâneo está relacionado

A à substituição das tartarugas e golfinhos por outros predadores naturais.

B ao aumento do número de turistas, que representou um atrativo às águas-vivas.

C à deficiência de alimento disponível para esses animais na região do mar Mediterrâneo.

D a alterações no ambiente, tanto nas condições físicas como nas relações interespecíficas.

E à redução do número de seus predadores, devido ao excesso de toxina liberada por suas células urticantes.

2009 (2ª aplicação).

8.234 Um experimento realizado na Floresta Nacional dos Tapajós, no Pará, teve como objetivo identificar o papel da redução das chuvas sobre a floresta Amazônica decorrente do aquecimento global. Para tanto, entre os anos de 2000 a 2004, foi simulada uma situação de seca severa em uma área de vegetação nativa que media um hectare, denominada "área estudada". Os resultados obtidos foram comparados com os dados de outra área com tamanho, vegetação e estrutura similar e que não havia sido exposta à seca, denominada "área controle". Foi medida a quantidade de água no solo das duas áreas durante os períodos de chuva e de seca na floresta amazônica. A quantidade de água (em milímetros) encontrada na área estudada (pontos cinzas) e controle (pontos pretos) é mostrada no gráfico as seguir. As faixas verticais cinzas representam o período no qual os pesquisadores criaram uma seca artificial na área estudada, durante os períodos chuvosos.

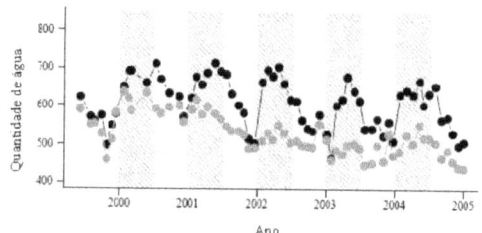

BRANDO, P. M. et al. Throughfall reduction experiment. In: **Philosophical Transaction of the Royal Society**. B, v.363, 2008, p.1839-1848. Disponível em: http://www.revistapesquisafapesp.br/?art=3772&bd=1&pg=1. Acesso em: 20 mar. 2009 (adaptado).

Analisando-se o gráfico, que revela o resultado direto da metodologia usada para criar secas artificiais, observa-se que

A não houve, durante o experimento, recuperação da quantidade de água no solo da área estudada.

B o volume de água no solo da área estudada, durante todos os períodos de seca natural, foi significativamente menor que o da área controle.

C uma demora de 4 anos é observada, até que se perceba a eficácia da metodologia de indução das secas artificiais criadas pelos pesquisadores.

D a área estudada apresenta um declínio efetivo na quantidade de água no solo, causado pela seca induzida, o que é evidente a partir do segundo ano de observação.

E a diferença mais significativa entre as áreas, durante os períodos de seca induzida, ocorreu entre os anos de 2002 e 2003, mostrando uma redução, em média, em torno de 60% na quantidade de água no solo.

2009 (2ª aplicação).

8.235 Confirmada pelos cientistas e já sentida pela população mundial, a mudança climática global é hoje o principal desafio socioambiental a ser enfrentado pela humanidade. Mudança climática é o nome que se dá ao conjunto de alterações nas condições do clima da Terra pelo acúmulo de seis tipos de gases na atmosfera – sendo os principais o dióxido de carbono (CO_2) e o metano (CH_4) – emitidos em quantidade excessiva através da queima de combustíveis (petróleo e carvão) e do uso inadequado do solo.

SANTILLI, M. Mudança climática global. **Almanaque Brasil Socioambiental 2008**. São Paulo, 2007 (adaptado).

Suponha que, em vez de superaquecimento, o planeta sofresse uma queda de temperatura, resfriando-se como numa era glacial, nesse caso

A a camada de geleiras, bem como o nível do mar, diminuiriam.

B as geleiras aumentariam, acarretando alterações no relevo do continente e no nível do mar.

C o equilíbrio do clima do planeta seria restabelecido, uma vez que ele está em processo de aquecimento.

D a fauna e a flora das regiões próximas ao círculo polar ártico e antártico nada sofreriam com a glaciação.

E os centros urbanos permaneceriam os mesmos, sem prejuízo à população humana e ao seu desenvolvimento.

2009 (prova anulada).

8.236 Entende-se por ciclo hidrológico a movimentação que a água, em seus três estados, sólido, líquido e gasoso, realiza entre os três grandes reservatórios existentes na Terra, a atmosfera, os oceanos e os continentes. O sol fornece a energia para proporcionar essa movimentação, uma vez que tal energia aumenta as demandas por evaporação da água líquida ou por derretimento quando em seu estado sólido. O aquecimento global, que está ocorrendo por causa do aumento dos gases causadores do efeito estufa, tem provocado:

i. derretimento do gelo das geleiras nas regiões polares;

ii. aumento da umidade na atmosfera em aproximadamente 6% para cada grau de aumento na temperatura média da Terra;

iii. mudanças no regime climático das várias regiões, algumas ficando mais áridas, e outras, mais quentes, e, ainda, o aumento de tempestades em outras regiões.

OLERIANO, E.S.; DIAS, H.C.T. A dinâmica da água em microbacias hidrográficas reflorestadas com eucalipto. Anais I Seminário de Recursos Hídricos da Bacia Hidrográfica do Paraíba do Sul: o Eucalipto e o Ciclo Hidrológico, Taubaté, Brasil, 07-09 novembro 2007, IPABHi, p. 215-222. Disponível em: http://www.agro.unitau.br/serhidro/doc/pdfs/215-222.pdf. Acesso em: 25 jun. 2008

(adaptado).

O aquecimento global está

A provocando o aumento do nível dos oceanos devido ao derretimento das geleiras.

B diminuindo nos últimos anos devido à menor emissão dos gases causadores do efeito estufa.

C mudando o regime climático nas várias regiões da Terra, ao diminuir a umidade atmosférica.

D provocando uma mudança no clima da Terra e, consequentemente, espera-se, nos próximos anos, a diminuição nas tempestades.

E afetando o ciclo hidrológico, que é a movimentação que a água no estado sólido e gasoso realiza entre a atmosfera, os oceanos e o continente.

2009 (2ª aplicação).

8.237 O Painel Intergovernamental de Mudanças Climáticas (na sigla em inglês, IPCC) prevê que nas próximas décadas o planeta passará por mudanças climáticas e propõe estratégias de mitigação e adaptação a elas. As estratégias de mitigação são direcionadas à causa dessas mudanças, procurando reduzir a concentração de gases de efeito estufa na atmosfera. As estratégias de adaptação, por sua vez, são direcionadas aos efeitos dessas mudanças, procurando preparar os sistemas humanos às mudanças climáticas já em andamento, de modo a reduzir seus efeitos negativos.

IPCC, 2014. **Climate Change 2014**: synthesis report. Disponível em: http://ar5-syr.ipcc.ch.

Acesso em: 22 out. 2015 (adaptado).

Considerando as informações do texto, qual ação representa uma estratégia de adaptação?

A Construção de usinas eólicas.

B Tratamento de resíduos sólidos.

C Aumento da eficiência de veículos.

D Adoção de agricultura sustentável de baixo carbono.

E Criação de diques de contenção em regiões costeiras.

2016 (1ª aplicação).

8.238 Os corais que formam o banco dos Abrolhos, na Bahia, podem estar extintos até 2050 devido a uma epidemia. Por exemplo, os corais-cérebro já tiveram cerca de 10% de sua população afetada pela praga-branca, a mais prevalente das seis doenças identificadas em Abrolhos, causada provavelmente por uma bactéria. Os cientistas atribuem a proliferação das patologias ao aquecimento global e à poluição marinha. O aquecimento global reduziria a imunidade dos corais ou estimularia os patógenos causadores desses males, trazendo novos agentes infecciosos.

FURTADO, F. **Peste branca no mar**. Ciência hoje. Rio de Janeiro, v. 42, n. 251, ago. 2008 (adaptado).

A fim de combater a praga-branca, a medida mais apropriada, segura e de efeitos mais duradouros seria

A aplicar antibióticos nas águas litorâneas de Abrolhos.

B substituir os aterros sanitários por centros de reciclagem de lixo.

C introduzir nas águas de Abrolhos espécies que se alimentem da bactéria causadora da doença.

D aumentar, mundialmente, o uso de transportes coletivos e diminuir a queima de derivados de petróleo.

E criar uma lei que proteja os corais, impedindo que mergulhadores e turistas se aproximem deles e os contaminem.

2010 (2ª aplicação).

EFEITO ESTUFA

8.239 Algumas estimativas apontam que, nos últimos cem anos, a concentração de gás carbônico na atmosfera aumentou em cerca de 40%, devido principalmente à utilização de combustíveis fósseis pela espécie humana. Alguns estudos demonstram que essa utilização em larga escala promove o aumento do efeito estufa.

Outros fatores de origem antrópica que aumentam o efeito estufa são

A chuva ácida e destruição da camada de ozônio.

B alagamento e inversão térmica.

C erosão e extinção das espécies.

D poluição das águas e do solo.

E queimada e desmatamento.

2013 (2ª aplicação).

8.240 A seca extrema que atingiu a região amazônica em 2005 provocou problemas de saúde em 90% da população pobre de Rio Branco (AC). A principal causa foi a fumaça liberada, em grandes quantidades, pelas queimadas, que se intensificaram devido ao clima. A concentração de fumaça ficou três vezes maior que o limite crítico estabelecido pelo Ministério do Meio Ambiente, e a de fuligem, mais do que dobrou.

Ciência hoje, Rio de Janeiro, v. 42, n.º. 252, p.54, set./2008 (adaptado).

A fumaça liberada pelas queimadas

A é responsável pelos altos índices pluviométricos na região amazônica.

B possui gases do efeito estufa e pode influenciar a temperatura global.

C pode tornar-se menor à medida que as fronteiras agrícolas do país aumentarem.

D é útil para a formação de nuvens, na manutenção da umidade relativa característica da região.

E é maior no período de cheias, pois possui mais matéria orgânica que no período de estiagem.

2009 (2ª aplicação).

8.241 Sabe-se que o aumento da concentração de gases como CO_2, CH_4 e N_2O na atmosfera é um dos fatores responsáveis pelo agravamento do efeito estufa. A agricultura é uma das atividades humanas que pode contribuir tanto para a emissão quanto para o sequestro desses gases, dependendo do manejo da matéria orgânica do solo.

ROSA, A. H.; COELHO, J. C. R. **Cadernos Temáticos de Química** Nova na Escola, São Paulo, n. 5, nov. 2003 (adaptado).

De que maneira as práticas agrícolas podem ajudar a minimizar o agravamento do efeito estufa?

A Evitando a rotação de culturas.

B Liberando o CO2 presente no solo.

C Aumentando a quantidade de matéria orgânica do solo.

D Queimando a matéria orgânica que se deposita no solo.

E Atenuando a concentração de resíduos vegetais do solo.

2013.

8.242 O aquecimento global, ocasionado pelo aumento do efeito estufa, tem como uma de suas causas a disponibilização acelerada de átomos de carbono para atmosfera. Essa disponibilização acontece, por exemplo, na queima de combustíveis fósseis, como a gasolina, os óleos e o carvão, que libera o gás carbônico (CO_2) para a atmosfera. Por outro lado, a produção de metano (CH_4), outro gás causador do efeito estufa, está associada à pecuária e à degradação de matéria orgânica em aterros sanitários.

Apesar dos problemas causados pela disponibilização acelerada dos gases citados, eles são imprescindíveis à vida na Terra e importantes para a manutenção do equilíbrio ecológico, porque, por exemplo o:

A metano é fonte de carbono para os organismos fotossintetizantes.

B metano é fonte de hidrogênio para os organismos fotossintetizantes.

C gás carbônico é fonte de energia para os organismos fotossintetizantes.

D gás carbônico é fonte de carbono inorgânico para os organismos fotossintetizantes.

E gás carbônico é a fonte de oxigênio molecular para os organismos aeróbios heterotróficos

2010 (2ª aplicação).

8.243 Segundo dados do Balanço Energético Nacional de 2008, do Ministério das Minas e Energia, a matriz energética brasileira é composta por hidrelétrica (80%), termelétrica (19,9%) e eólica (0,1%). Nas termelétricas, esse percentual é dividido conforme o combustível usado, sendo: gás natural (6,6%), biomassa (5,3%), derivados de petróleo (3,3%), energia nuclear (3,1%) e carvão mineral (1,6%). Com a geração de eletricidade da biomassa, pode-se considerar que ocorre uma compensação do carbono liberado na queima do material vegetal pela absorção desse elemento no crescimento das plantas. Entretanto, estudos indicam que as emissões de metano (CH_4) das hidrelétricas podem ser comparáveis às emissões de CO_2 das termelétricas.

MORET, A. S.; FERREIRA, I. A. As hidrelétricas do Rio Madeira e os impactos socioambientais da eletrificação no Brasil. **Revista Ciência Hoje.** V. 45, n° 265, 2009 (adaptado).

No Brasil, em termos do impacto das fontes de energia no crescimento do efeito estufa, quanto à emissão de gases, as hidrelétricas seriam consideradas como uma fonte

A limpa de energia, contribuindo para minimizar os efeitos deste fenômeno.

B eficaz de energia, tomando-se o percentual de oferta e os benefícios verificados.

C limpa de energia, não afetando ou alterando os níveis dos gases do efeito estufa.

D poluidora, colaborando com níveis altos de gases de efeito estufa em função de seu potencial de oferta.

E alternativa, tomando-se por referência a grande emissão de gases de efeito estufa das demais fontes geradoras.

2011.

8.244 De acordo com o relatório "A grande sombra da pecuária" (Livestock's Long Shadow), feito pela Organização das Nações Unidas para a Agricultura e a Alimentação, o gado é responsável por cerca de 18% do aquecimento global, uma contribuição maior que a do setor de transportes.

Disponível em: www.conpet.gov.br. Acesso em: 22 jun. 2010.

A criação de gado em larga escala contribui para o aquecimento global por meio da emissão de

A metano durante o processo de digestão.

B óxido nitroso durante o processo de ruminação.

C clorofluorcarbono durante o transporte de carne.

D óxido nitroso durante o processo respiratório.

E dióxido de enxofre durante o consumo de pastagens.

2011.

8.245 A atmosfera terrestre é composta pelos gases nitrogênio (N_2) e oxigênio (O_2), que somam cerca de 99%, e por gases traços, entre eles o gás carbônico (CO_2), vapor de água (H_2O), metano (CH_4), ozônio (O_3) e o óxido nitroso (N_2O), que compõem o restante 1% do ar que respiramos. Os gases traços, por serem constituídos por, pelo menos, três átomos, conseguem absorver o calor irradiado pela Terra, aquecendo o planeta. Esse fenômeno, que acontece há bilhões de anos, é chamado de efeito estufa. A partir da Revolução Industrial (século XIX), a concentração de gases traços na atmosfera, em particular o CO_2, tem aumentado significativamente, o que resultou no aumento da temperatura em escala global. Mais recentemente, outro fator tornou-se diretamente envolvido no aumento da concentração de CO_2 na atmosfera: o desmatamento.

BROWN, I. F.; ALECHANDRE, A. S. Conceitos básicos sobre clima, carbono, florestas e comunidades. A.G. Moreira & S. Schwartzman. As mudanças climáticas globais e os ecossistemas brasileiros. Brasília: Instituto de Pesquisa Ambiental da Amazônia, 2000

(adaptado).

Considerando o texto, uma alternativa viável para combater o efeito estufa é

A reduzir o calor irradiado pela Terra mediante a substituição da produção primária pela industrialização refrigerada.

B promover a queima da biomassa vegetal, responsável pelo aumento do efeito estufa devido à produção de CH_4.

C reduzir o desmatamento, mantendo-se, assim, o potencial da vegetação em absorver o CO_2 da atmosfera.

D aumentar a concentração atmosférica de H_2O, molécula capaz de absorver grande quantidade de calor.

E remover moléculas orgânicas polares da atmosfera, diminuindo a capacidade delas de reter calor.

2009.

8.246 As cidades industrializadas produzem grandes proporções de gases como o CO_2, o principal gás causador de efeito estufa. Isso ocorre por causa da quantidade de combustíveis fósseis queimados, principalmente no transporte, mas também em caldeiras industriais. Além disso, nessas cidades concentram-se as maiores áreas com solos asfaltados e concretados, o que aumenta a retenção de calor, formando o que se conhece por "ilhas de calor". Tal fenômeno ocorre porque esses materiais absorvem o calor e o devolvem para o ar sob a forma de radiação térmica.

Em áreas urbanas, devido à atuação conjunta do efeito estufa e das "ilhas de calor", espera-se que o consumo de energia elétrica

A diminua devido a utilização de caldeiras por indústrias metalúrgicas.

B aumente devido ao bloqueio da luz do sol pelos gases do efeito estufa.

C diminua devido à não necessidade de aquecer a água utilizada em indústrias.

D aumente devido à necessidade de maior refrigeração de indústrias e residências.

E diminua devido à grande quantidade de radiação térmica reutilizada.

2010.

8.247 Cientistas acreditam que a concentração de dióxido de carbono na atmosfera tem aumentado devido principalmente, à sua liberação durante a queima de combustíveis fósseis. O dióxido de carbono é um dos componentes da atmosfera que retém a radiação infravermelha na superfície da Terra, e o aumento na sua concentração contribui para o aquecimento global. Uma das medidas propostas para combater este problema é o consumo de biocombustíveis no lugar de combustíveis fósseis.

A citada medida se justifica porque o consumo de biocombustíveis

A é energeticamente menos eficiente que o consumo de combustíveis fósseis.

B libera menos dióxido de carbono na atmosfera que o consumo de combustíveis fósseis.

C não resulta na emissão de poluentes, como acontece com o consumo de combustíveis fósseis.

D não provoca o esgotamento de um recurso não renovável, como acontece com o consumo de combustíveis fósseis.

E não aumenta a concentração de dióxido de carbono na atmosfera, como acontece com o consumo de combustíveis fósseis.

2014 (3ª aplicação).

8.248 As florestas tropicais úmidas contribuem muito para a manutenção da vida no planeta, por meio do chamado sequestro de carbono atmosférico. Resultados de observações sucessivas, nas últimas décadas, indicam que a floresta amazônica é capaz de absorver até 300 milhões de toneladas de carbono por ano. Conclui-se, portanto, que as florestas exercem importante papel no controle

A das chuvas ácidas, que decorrem da liberação, na atmosfera, do dióxido de carbono resultante dos desmatamentos por queimadas.

B das inversões térmicas, causadas pelo acúmulo de dióxido de carbono resultante da não-dispersão dos poluentes para as regiões mais altas da atmosfera.

C da destruição da camada de ozônio, causada pela liberação, na atmosfera, do dióxido de carbono contido nos gases do grupo dos clorofluorcarbonos.

D do efeito estufa provocado pelo acúmulo de carbono na atmosfera, resultante da queima de combustíveis fósseis, como carvão mineral e petróleo.

E da eutrofização das águas, decorrente da dissolução, nos rios, do excesso de dióxido de carbono presente na atmosfera.

2006.

POLUIÇÃO AMBIENTAL

8.249 A poluição ambiental tornou-se grave problema a ser enfrentado pelo mundo contemporâneo. No gráfico seguinte, alguns países estão agrupados de acordo com as respectivas emissões médias anuais de CO_2 per capita.

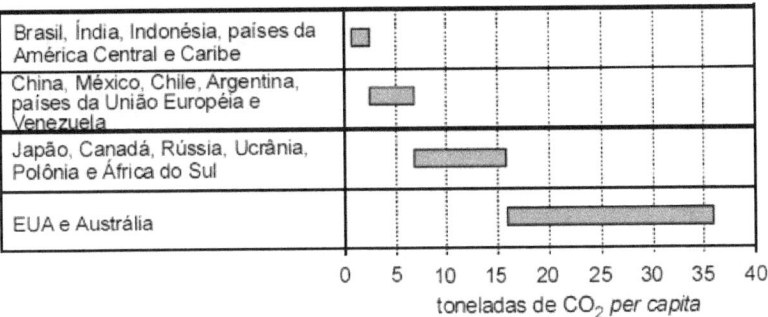

O Estado de S. Paulo, 22/7/2004 (com adaptações).

Considerando as características dos países citados, bem como as emissões médias anuais de CO_2 per capita indicadas no gráfico, assinale a opção correta.

A O índice de emissão de CO_2 per capita dos países da União Europeia se equipara ao de alguns países emergentes.

B A China lança, em média, mais CO_2 per capita na atmosfera que os EUA.

C A soma das emissões de CO_2 per capita de Brasil, Índia e Indonésia é maior que o total lançado pelos EUA.

D A emissão de CO_2 é tanto maior quanto menos desenvolvido é o país.

E A média de lançamento de CO_2 em regiões e países desenvolvidos é superior a 15 toneladas por pessoa ao ano.

2006.

8.250 O consumo diário de energia pelo ser humano vem crescendo e se diversificando ao longo da História, de acordo com as formas de organização da vida social. O esquema apresenta o consumo típico de energia de um habitante de diferentes lugares e em diferentes épocas.

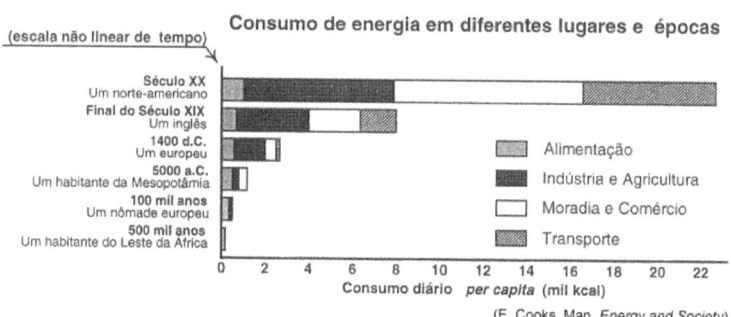

Consumo de energia em diferentes lugares e épocas

(E. Cooks, Man, *Energy and Society*)

Segundo esse esquema, do estágio primitivo ao tecnológico, o consumo de energia per capita no mundo cresceu mais de 100 vezes, variando muito as taxas de crescimento, ou seja, a razão entre o aumento do consumo e o intervalo de tempo em que esse aumento ocorreu. O período em que essa taxa de crescimento foi mais acentuada está associado à passagem

A do habitante das cavernas ao homem caçador.

B do homem caçador à utilização do transporte por tração animal.

C da introdução da agricultura ao crescimento das cidades.

D da Idade Média à máquina a vapor.

E da Segunda Revolução Industrial aos dias atuais.

2004.

8.251

ESTAÇÕES DA RMSP	QUALIDADE	ÍNDICE	POLUENTE
Parque D. Pedro II	BOA	6	MP_{10}
São Caetano do Sul	REGULAR	60	NO_2
Congonhas	BOA	15	MP_{10}
Osasco	INADEQUADA	175	CO
Pinheiros	MÁ	283	SO_2

MP_{10} – partículas inaláveis: aquelas cujo diâmetro aerodinâmico é menor que 10 μm.

CO – monóxido de carbono: gás incolor e inodoro que resulta da queima incompleta de combustíveis de origem orgânica (combustíveis fósseis, biomassa etc). Emitido principalmente por veículos automotores.

NO_2 – dióxido de nitrogênio: formado principalmente nos processos de combustão de veículos automotores. Dependendo das concentrações, o NO_2 pode causar prejuízos à saúde.

SO_2 – dióxido de enxofre: resulta principalmente da queima de combustíveis que contêm enxofre, como óleo diesel. Pode reagir com outras substâncias presentes no ar, formando partículas à base de sulfato responsáveis pela redução da visibilidade na atmosfera.

0-50	51-100	101-199	200-299	>299
BOA	REGULAR	INADEQUADA	MÁ	PÉSSIMA

Companhia de Tecnologia de Saneamento Ambiental - CETESB. **Padrões, índices.** http://www.cetesb.sp.gov.br. Acesso em: 22 jun. 2008.

A Companhia de Tecnologia de Saneamento Ambiental do Estado de São Paulo (CETESB) divulga continuamente dados referentes à qualidade do ar na região metropolitana de São Paulo. A tabela apresentada corresponde a dados hipotéticos que poderiam ter sido obtidos pela CETESB e, determinado dia. Se esses dados fossem verídicos, então, seria mais provável encontrar problemas de visibilidade

A no Parque Dom Pedro II.

B em São Caetano do Sul.

C em Congonhas.

D em Osasco.

E em Pinheiros.

2009 (prova anulada).

8.252 O monóxido de carbono (CO) é um gás extremamente tóxico. Ele interfere no processo respiratório dos vertebrados, pois se o CO estiver presente no ar, haverá no sangue uma "competição" entre o CO e o O_2.

Infelizmente, grande parte da população convive diariamente com a presença desse gás uma vez que ele é produzido em grandes quantidades

A nas queimadas em matas e florestas.

B na decomposição da matéria orgânica nos "lixões" urbanos.

C no abdômen de animais ruminantes criados em sistemas de confinamento.

D no processo de combustão incompleta de combustíveis fósseis.

E nas chaminés das indústrias que utilizam madeira de reflorestamento como combustível.

2018 (2ª aplicação).

8.253 Um dos índices de qualidade do ar diz respeito à concentração de monóxido de carbono (CO), pois esse gás pode causar vários danos à saúde. A tabela abaixo mostra a relação entre a qualidade do ar e a concentração de CO.

Qualidade do ar	Concentração de CO – ppm* (média de 8h)
Inadequada	15 a 30
Péssima	30 a 40
Crítica	Acima de 40

* ppm (parte por milhão) = 1 micrograma de CO por grama de ar 10^{-6} g

Para analisar os efeitos do CO sobre os seres humanos, dispõe-se dos seguintes dados:

Concentração de CO (ppm)	Sintomas em seres humanos
10	Nenhum
15	Diminuição da capacidade visual
60	Dores de cabeça
100	Tonturas, fraqueza muscular
270	Inconsciência
800	Morte

Suponha que você tenha lido em um jornal que na cidade de São Paulo foi atingido um péssimo nível de qualidade do ar. Uma pessoa que estivesse nessa área poderia:

A não apresentar nenhum sintoma.

B ter sua capacidade visual alterada.

C apresentar fraqueza muscular e tontura.

D ficar inconsciente.

E morrer.

1998.

8.254 O gráfico abaixo refere-se às variações das concentrações de poluentes na atmosfera, no decorrer de um dia útil, em um grande centro urbano.

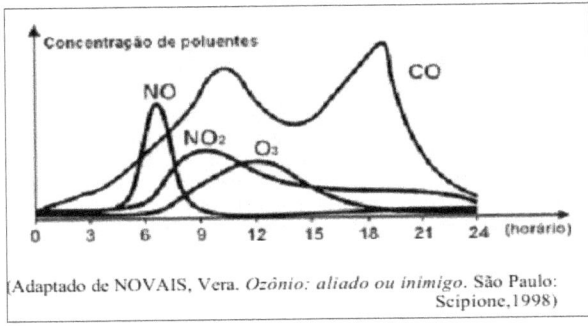

[Adaptado de NOVAIS, Vera. *Ozônio: aliado ou inimigo*. São Paulo: Scipione,1998)

As seguintes explicações foram dadas para essas variações:

I   A concentração de NO diminui, e a de NO_2 aumenta em razão da conversão de NO em NO_2.

II   A concentração de monóxido de carbono no ar está ligada à maior ou à menor intensidade de tráfego.

III   Os veículos emitem óxidos de nitrogênio apenas nos horários de pico de tráfego do período da manhã.

IV   Nos horários de maior insolação, parte do ozônio da estratosfera difunde-se para camadas mais baixas da atmosfera.

Dessas explicações, são plausíveis somente:

A I e II.

B I e III.

C II e III.

D II e IV.

E III e IV

2000.

8.255 O mar de Aral, um lago de água salgada localizado em área da antiga União Soviética, tem sido explorado por um projeto de transferência de água em larga escala desde 1960. Por meio de um canal com mais de 1.300 km, enormes quantidades de água foram desviadas do lago para a irrigação de plantações de arroz e algodão. Aliado às altas taxas de evaporação e às fortes secas da região, o projeto causou um grande desastre ecológico e econômico, e trouxe muitos problemas de saúde para a população. A salinidade do lago triplicou, sua área superficial diminuiu 58% e seu volume, 83%. Cerca de 85% das áreas úmidas da região foram eliminadas e quase metade das espécies locais de aves e mamíferos desapareceu. Além disso, uma grande área, que antes era o fundo do lago, foi transformada em um deserto coberto de sal branco e brilhante, visível em imagens de satélite.

MILLER JR., G. T. **Ciência Ambiental**. São Paulo: Editora Thompson, 2007 (adaptado).

Suponha que tenha sido observada, em uma vila rural localizada a 100 km de distância do mar de Aral, alguns anos depois da implantação do projeto descrito, significativa diminuição da produtividade das lavouras, aumento da salinidade das águas e problemas de saúde em sua população. Esses sintomas podem ser efeito

A da perda da biodiversidade da região.

B da seca dos rios da região sob a influência do projeto.

C da perda de áreas úmidas nos arredores do mar de Aral.

D do sal trazido pelo vento, do mar de Aral para a vila rural.

E dos herbicidas utilizados nas lavouras de arroz e algodão do projeto.

1999 (prova anulada).

8.256 Um dos processos usados no tratamento do lixo é a incineração, que apresenta vantagens e desvantagens. Em São Paulo, por exemplo, o lixo é queimado a altas temperaturas e parte da energia liberada é transformada em energia elétrica. No entanto, a incineração provoca a emissão de poluentes na atmosfera. Uma forma de minimizar a desvantagem da incineração, destacada no texto, é

A aumentar o volume do lixo incinerado para aumentar a produção de energia elétrica.

B fomentar o uso de filtros nas chaminés dos incineradores para diminuir a poluição do ar.

C aumentar o volume do lixo para baratear os custos operacionais relacionados ao processo.

D fomentar a coleta seletiva de lixo nas cidades para aumentar o volume de lixo incinerado.

E diminuir a temperatura de incineração do lixo para produzir maior quantidade de energia elétrica.

2011.

8.257 Se por um lado a Revolução Industrial instituiu um novo patamar de tecnologia e, com isso, uma melhoria na qualidade de vida da população, por outro lado, os resíduos decorrentes desse processo podem se acumular no ar, no solo e na água, causando desequilíbrios no ambiente.

O acúmulo dos resíduos provenientes dos processos industriais que utilizam combustíveis fósseis traz como consequência o(a)

A eutrofização dos corpos d'água, aumentando a produtividade dos sistemas aquáticos.

B precipitação de chuvas ácidas, danificando florestas, ecossistemas aquáticos e construções.

C mudança na salinidade dos mares, provocando a mortalidade de peixes e demais seres aquáticos.

D acúmulo de detritos, causando entupimento de bueiros e alagamento das ruas.

E presença de mosquitos, levando à disseminação de

doenças bacterianas e virais.

2014 (2ª aplicação).

8.258 Chuva ácida é o termo utilizado para designar precipitações com valores de pH inferiores a 5,6. As principais substâncias que contribuem para esse processo são os óxidos de nitrogênio e de enxofre provenientes da queima de combustíveis fósseis e, também, de fontes naturais. Os problemas causados pela chuva ácida ultrapassam fronteiras políticas regionais e nacionais. A amplitude geográfica dos efeitos da chuva ácida está relacionada principalmente com

A a circulação atmosférica e a quantidade de fontes emissoras de óxidos de nitrogênio e de enxofre.

B a quantidade de fontes emissoras de óxidos de nitrogênio e de enxofre e a rede hidrográfica.

C a topografia do local das fontes emissoras de óxidos de nitrogênio e de enxofre e o nível dos lençóis freáticos.

D a quantidade de fontes emissoras de óxidos de nitrogênio e de enxofre e o nível dos lençóis freáticos.

E a rede hidrográfica e a circulação atmosférica.

2006.

8.259 Um dos problemas ambientais decorrentes da industrialização é a poluição atmosférica. Chaminés altas lançam ao ar, entre outros materiais, o dióxido de enxofre (SO_2) que pode ser transportado por muitos quilômetros em poucos dias. Dessa forma, podem ocorrer precipitações ácidas em regiões distantes, causando vários danos ao meio ambiente (chuva ácida).

Com relação aos efeitos sobre o ecossistema, pode-se afirmar que:

I. as chuvas ácidas poderiam causar a diminuição do pH da água de um lago, o que acarretaria a morte

de algumas espécies, rompendo a cadeia alimentar.

II. as chuvas ácidas poderiam provocar acidificação do solo, o que prejudicaria o crescimento de certos vegetais.

III. as chuvas ácidas causam danos se apresentarem valor de pH maior que o da água destilada.

Dessas afirmativas está(ão) correta(s):

A I, apenas.

B III, apenas.

C I e II, apenas.

D II e III, apenas.

E I e III, apenas

1998.

8.260 Os clorofluorcarbonetos (CFCs) são substâncias formadas por moléculas que contêm átomos de carbono, flúor e cloro. Descobertos em 1930, eram considerados uma maravilha, pois substituíam, com grande eficiência, a amônia, utilizada em refrigeradores. A amônia é tóxica e tem odor desagradável, ao passo que os CFCs são inertes e não causam problemas aos seres humanos.

Consequentemente, as fábricas de geladeiras rapidamente passaram a utilizar os CFCs. No entanto, em 1974, dois químicos — Mário Molina e Sherwood Rowland — descobriram que esses gases reagiam com o O_3 da camada de ozônio, causando sérios problemas ambientais e aos seres vivos.

O que pode ser feito para evitar problemas ambientais devido à utilização dos clorofluorcarbonetos?

A Aumentar o preço dos refrigeradores, para desestimular o consumo.

B Banir a utilização de gases refrigerantes, já que todos causam problemas.

C Substituir gradativamente os CFCs por outros gases que não agridam a camada de ozônio.

D Parar de utilizar CFCs em refrigeradores e utilizá-los apenas em embalagens como a de spray para cosméticos.

E Comprar motores para refrigeradores em países nos quais a legislação não proíba a utilização desses gases.

2009 (2ª aplicação).

8.261 O gráfico apresenta a precipitação mensal acumulada no município de São Carlos, SP, ao longo do ano de 2008, contrastando com as médias mensais para o período de 1961 a 1990.

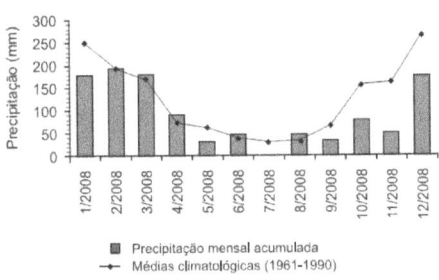

▣ Precipitação mensal acumulada
━◆━ Médias climatológicas (1961-1990)

CHIBA, W A C. e col. Estudo sazonal da contaminação por metais na água e sedimentos em uma sub-bacia na região sudeste do Brasil. **Brazilian Journal of Biology**, nov. 2011.

Considerando-se que a produção de agentes poluentes tem se mantido constante desde 1961 e que o escoamento pluvial seja a principal fonte de poluição dos rios da região, seria de se esperar que o volume de poluentes nos rios durante a primavera (setembro a dezembro) de 2008 fosse

A progressivamente menor a cada mês.

B semelhante à média histórica no verão.

C acima da média de verão para o mesmo ano.

D abaixo da média de inverno para o mesmo ano.

E menor que a média histórica no mesmo período.

2014 (3ª aplicação).

8.262 A poluição térmica, provocada principalmente pela má utilização da água na refrigeração das turbinas e caldeiras de usinas hidrelétricas e termelétricas, respectivamente, afeta o aspecto físico-químico e biológico dos cursos hídricos. A água empregada na manutenção dessas usinas deveria ser tratada termicamente, promovendo a liberação do calor, para posterior devolução ao meio ambiente. Contudo, ao ser despejada nos lagos e nos rios, sem qualquer controle ou fiscalização, causa sérios danos à vida aquática, pois reduz significativamente o tempo de vida de algumas espécies, afetando seus ciclos de reprodução.

Disponível em: www.brasilescola.com. Acesso em: 25 abr. 2010 (adaptado).

Um dos efeitos nocivos promovidos pela poluição térmica dos corpos hídricos pode ser identificado pelo(a)

A desenvolvimento excessivo do fitoplâncton, devido à eutrofização do meio aquático.

B prejuízo à respiração dos seres vivos, devido à redução da pressão parcial de oxigênio na água.

C bloqueio da entrada de raios solares na água, devido ao acúmulo de sedimentos na superfície.

D potenciação dos poluentes presentes, devido à diminuição da velocidade de degradação desses materiais.

E desequilíbrio dos organismos desses ecossistemas, devido ao aumento da concentração de dióxido de carbono.

2013 (2ª aplicação).

8.263 A indústria têxtil utiliza grande quantidade de corantes no processo de tingimento dos tecidos. O escurecimento das águas dos rios causados pelo despejo desses corantes pode desencadear uma série de problemas no ecossistema aquático. Considerando esse escurecimento das águas, o impacto negativo inicial que ocorre é o(a)

A eutrofização

B proliferação de algas.

C inibição da fotossíntese.

D fotodegradação da matéria orgânica.

E aumento da quantidade de gases dissolvidos.

2015.

8.264 Os esgotos domésticos constituem grande ameaça aos ecossistemas de lagos ou represas, pois deles decorrem graves desequilíbrios ambientais. Considere o gráfico abaixo, no qual no intervalo de tempo entre t 1e t 3, observou- se a estabilidade em ecossistema de lago, modificado a partir de t 3pelo maior despejo de esgoto.

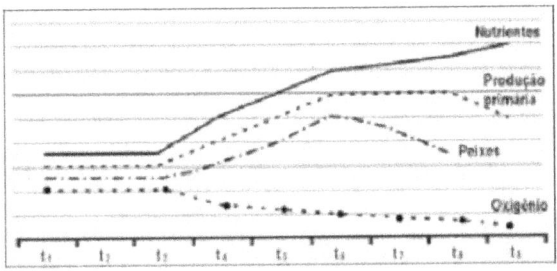

Assinale a interpretação que está de acordo com o gráfico.

A Entre t 3e t 6, a competição pelo oxigênio leva à multiplicação de peixes, bactérias e outros produtores.

B A partir de t 3, a decomposição do esgoto é impossibilitada pela diminuição do oxigênio disponível.

C A partir de t 6, a mortandade de peixes decorre da diminuição da população de produtores.

D A mortandade de peixes, a partir de t 6, é devida à insuficiência de oxigênio na água.

E A partir de t 3, a produção primária aumenta devido à diminuição dos consumidores.

2000.

8.265 A eutrofização é um dos fenômenos responsáveis pela mortalidade de parte das espécies aquáticas e, em regiões próximas a centros urbanos, pela perda da qualidade de vida da população, Um exemplo é a Lagoa da Pampulha, um dos mais conhecidos pontos turísticos da capital de Minas Gerais, onde as atividades de pesca e nado não são mais permitidas.

Para evitar a ocorrência desse fenômeno em lagos, deve-se

A manter inalterado seu volume de água.

B aumentar a população de algas planctônicas.

C Diminuir o teor de nutrientes despejados nas águas.

D impedir a fotossíntese das algas abaixo da superfície.

E aumentar a população de espécies do topo da cadeia alimentar.

2014 (2ª aplicação).

8.266 Observe o esquema que ilustra duas situações no ambiente marinho.

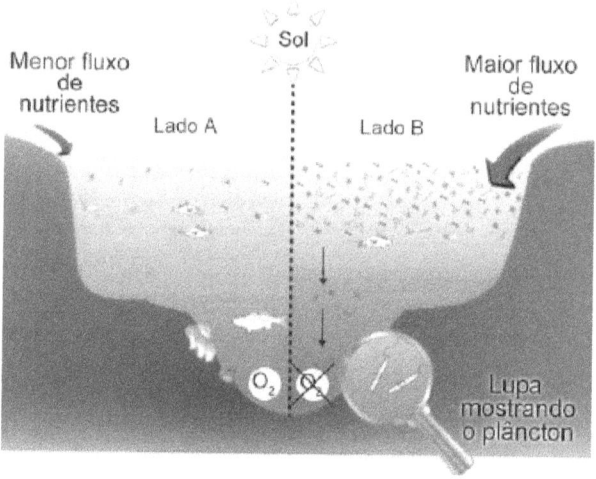

Disponível em: www.teachoceanscience.net. Acesso em: 7 jul. 2015 (adaptado).

Qual é o processo responsável pela diminuição da concentração de oxigênio no lado B do esquema?

A Lixiviação.

B Eutrofização.

C Volatilização.

D Fermentação.

E Bioacumulação.

2019 (2ª aplicação).

8.267 Para a produção de etanol combustível, as usinas retiram água do leito de rios próximos, reutilizando-a nas suas instalações. A vinhaça, resíduo líquido gerado nesse processo, é diluída para ser adicionada ao solo, utilizando uma técnica chamada de fertirrigação. Por meio desse procedimento, o fósforo e o potássio, essenciais à produção de cana-de-açúcar, são devolvidos ao solo, reduzindo o uso de fertilizantes sintéticos. Essa intervenção humana no destino da vinhaça tem como resultado a diminuição do impacto ambiental referente à

A erosão do solo.

B produção de chuva ácida.

C elevação da temperatura global.

D eutrofização de lagos e represas.

E contaminação de rios por pesticidas.

2013 (2ª aplicação).

8.268 Boa parte da água utilizada nas mais diversas atividades humanas não retorna ao ambiente com qualidade para ser novamente consumida. O gráfico mostra alguns dados sobre esse fato, em termos dos setores de consumo.

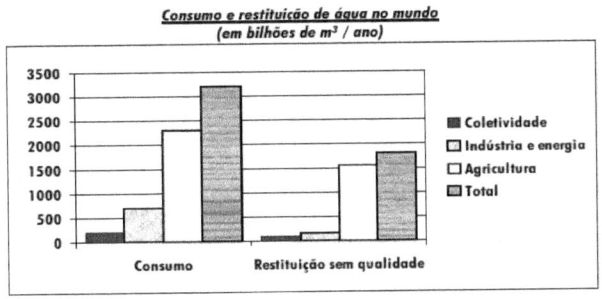

Fonte: Adaptado de MARGAT, Jean-François. A água ameaçada pelas atividades humanas. *In* WIKOWSKI, N. (Coord). *Ciência e tecnologia hoje.* São Paulo: Ensaio, 1994.

Com base nesses dados, é possível afirmar que

A mais da metade da água usada não é devolvida ao ciclo hidrológico.

B as atividades industriais são as maiores poluidoras de água.

C mais da metade da água restituída sem qualidade para o consumo contém algum teor de agrotóxico ou adubo.

D cerca de um terço do total da água restituída sem qualidade é proveniente das atividades energéticas.

E o consumo doméstico, dentre as atividades humanas, é o que mais consome e repõe água com qualidade.

2001.

8.269 Diretores de uma grande indústria siderúrgica, para evitar o desmatamento e adequar a empresa às normas de proteção ambiental, resolveram mudar o combustível dos fornos da indústria. O carvão vegetal foi então substituído pelo carvão mineral. Entretanto, foram observadas alterações ecológicas graves em um riacho das imediações, tais como a morte dos peixes e dos vegetais ribeirinhos. Tal fato pode ser justificado em decorrência

A da diminuição de resíduos orgânicos na água do riacho, reduzindo a demanda de oxigênio na água.

B do aquecimento da água do riacho devido ao monóxido de carbono liberado na queima do carvão.

C da formação de ácido clorídrico no riacho a partir de produtos da combustão na água, diminuindo o pH.

D do acúmulo de elementos no riacho, tais como, ferro, derivados do novo combustível utilizado.

E da formação de ácido sulfúrico no riacho a partir dos óxidos de enxofre liberados na combustão.

2005.

8.270 A instalação de uma indústria de processamento de pescados, próxima a uma aldeia de pescadores, situada à beira-mar, criou um conflito de interesses. A administração pública e os investidores defendem que haverá geração de renda, melhorando a qualidade de vida da população. Os moradores estão receptivos ao empreendimento, mas argumentam que, sem o devido controle, as atividades da indústria podem poluir a água do mar próxima à aldeia.

Uma maneira adequada, do ponto de vista social e ambiental, de minimizar a poluição na água do mar próxima à aldeia, pela instalação da fábrica, é a

A destinação apropriada dos efluentes líquidos.

B instalação de filtros nas chaminés da indústria.

C tratamento da água consumida pela comunidade.

D remoção da população para uma região afastada.

E realização de análise na água do mar próxima à aldeia.

2012 (2ª aplicação).

8.271 O despejo de dejetos de esgotos domésticos e industriais vem causando sérios problemas aos rios brasileiros. Esses poluentes são ricos em substâncias que contribuem para a eutrofização de ecossistemas, que é um enriquecimento da água por nutrientes, o que provoca um grande crescimento bacteriano e, por fim, pode promover escassez de oxigênio.

Uma maneira de evitar a diminuição da concentração de oxigênio no ambiente é:

A Aquecer as águas dos rios para aumentar a velocidade de decomposição dos dejetos.

B Retirar do esgoto os materiais ricos em nutrientes para diminuir a sua concentração nos rios.

C Adicionar bactérias anaeróbicas às águas dos rios para que elas sobrevivam mesmo sem oxigênio.

D Substituir produtos não degradáveis por biodegradáveis para que as bactérias possam utilizar os nutrientes.

E Aumentar a solubilidade dos dejetos no esgoto para que os nutrientes fiquem mais acessíveis às bactérias.

2010.

8.272 Um agricultor, buscando o aumento da produtividade de sua lavoura, utilizou o adubo NPK (nitrogênio, fósforo e potássio) com alto teor de sais minerais. A irrigação dessa lavoura é feita por canais que são desviados de um rio próximo dela. Após algum tempo, notou-se uma grande mortandade de peixes no rio que abastece os canais, devido à contaminação das águas pelo excesso de adubo usado pelo agricultor. Que processo biológico pode ter sido provocado na água do rio pelo uso do adubo NPK?

A Lixiviação, processo em que ocorre a lavagem do solo, que acaba disponibilizando os nutrientes para a água do rio.

B Acidificação, processo em que os sais, ao se dissolverem na água do rio, formam ácidos.

C Eutrofização, ocasionada pelo aumento de fósforo e nitrogênio dissolvidos na água, que resulta na proliferação do fitoplâncton.

D Aquecimento, decorrente do aumento de sais dissolvidos na água do rio, que eleva sua temperatura.

E Denitrificação, processo em que o excesso de nitrogênio que chega ao rio é disponibilizado para a atmosfera, prejudicando o desenvolvimento dos peixes.

2010 (2ª aplicação).

8.273 Numa rodovia pavimentada, ocorreu o tombamento de um caminhão que transportava ácido sulfúrico concentrado. Parte da sua carga fluiu para um curso d'água não poluído que deve ter sofrido, como consequência,

I. mortandade de peixes acima do normal no local do derrame de ácido e em suas proximidades.

II. variação do pH em função da distância e da direção da corrente de água.

III. danos permanentes na qualidade de suas águas.

IV. aumento momentâneo da temperatura da água no local do derrame.

É correto afirmar que, dessas consequências, apenas podem ocorrer

A I e II.

B II e III.

C II e IV.

D I, II e IV.

E II, III e IV

2001.

8.274 A possível escassez de água é uma das maiores preocupações da atualidade, considerada por alguns especialistas como o desafio maior do novo século. No entanto, tão importante quanto aumentar a oferta é investir na preservação da qualidade e no reaproveitamento da água de que dispomos hoje.

A ação humana tem provocado algumas alterações quantitativas e qualitativas da água:

I. Contaminação de lençóis freáticos.

II. Diminuição da umidade do solo.

III. Enchentes e inundações.

Pode-se afirmar que as principais ações humanas associadas às alterações I, II e III são, respectivamente,

A uso de fertilizantes e aterros sanitários / lançamento de gases poluentes / canalização de córregos e rios.

B lançamento de gases poluentes / lançamento de lixo nas ruas / construção de aterros sanitários.

C uso de fertilizantes e aterros sanitários / desmatamento / impermeabilização do solo urbano.

D lançamento de lixo nas ruas / uso de fertilizantes / construção de aterros sanitários.

E construção de barragens / uso de fertilizantes / construção de aterros sanitários.

2001.

8.275 A possível escassez de água é uma das maiores preocupações da atualidade, considerada por alguns especialistas como o desafio maior do novo século. No entanto, tão importante quanto aumentar a oferta é investir na preservação da qualidade e no reaproveitamento da água de que dispomos hoje.

Algumas medidas podem ser propostas com relação aos problemas da água:

I. Represamento de rios e córregos próximo às cidades de maior porte.

II. Controle da ocupação urbana, especialmente em torno dos mananciais.

III. Proibição do despejo de esgoto industrial e doméstico sem tratamento nos rios e represas.

IV. Transferência de volume de água entre bacias hidrográficas para atender as cidades que já apresentam alto grau de poluição em seus mananciais.

As duas ações que devem ser tratadas como prioridades para a preservação da qualidade dos recursos hídricos são

A I e II.

B I e IV.

C II e III.

D II e IV.

E III e IV.

2001.

8.276 Um rio que é localmente degradado por dejetos orgânicos nele lançados pode passar por um processo de autodepuração. No entanto, a recuperação depende, entre outros fatores, da carga de dejetos recebida, da extensão e do volume do rio. Nesse processo, a distribuição das populações de organismos consumidores e decompositores varia, conforme mostra o esquema:

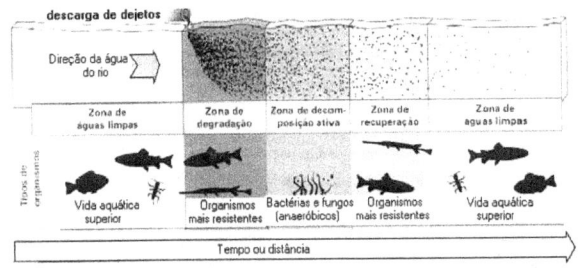

(B. Braga et al. *Introdução à Engenharia Ambiental*)

Com base nas informações fornecidas pelo esquema, são feitas as seguintes considerações sobre o processo de depuração do rio:

I. a vida aquática superior pode voltar a existir a partir de uma certa distância do ponto de lançamento dos dejetos;

II. os organismos decompositores são os que sobrevivem onde a oferta de oxigênio é baixa ou inexistente e a matéria orgânica é abundante;

III. as comunidades biológicas, apesar da poluição, não se alteram ao longo do processo de recuperação.

Está correto o que se afirma em

A I, apenas.

B II, apenas.

C III, apenas.

D I e II, apenas.

E I, II e III.

2004.

8.277 À produção industrial de celulose e de papel estão associados alguns problemas ambientais. Um exemplo são os odores característicos dos compostos voláteis de enxofre (mercaptanas) que se formam durante a remoção da lignina da principal matéria-prima para a obtenção industrial das fibras celulósicas que formam o papel: a madeira. É nos estágios de branqueamento que se encontra um dos principais problemas ambientais causados pelas indústrias de celulose. Reagentes como cloro e hipoclorito de sódio reagem com a lignina residual, levando à formação de compostos organoclorados. Esses compostos, presentes na água industrial, despejada em grande quantidade nos rios pelas indústrias de papel, não são biodegradáveis e acumulam-se nos tecidos vegetais e animais, podendo levar a alterações genéticas.

Celênia P. Santos et al. Papel: como se fabrica? In: **Química nova na escola**, n.º 14, nov./2001, p. 3-7 (com adaptações).

Para se diminuírem os problemas ambientais decorrentes da fabricação do papel, é recomendável

A a criação de legislação mais branda, a fim de favorecer a fabricação de papel biodegradável.

B a diminuição das áreas de reflorestamento, com o intuito de reduzir o volume de madeira utilizado na obtenção de fibras celulósicas.

C a distribuição de equipamentos de desodorização à população que vive nas adjacências de indústrias de produção de papel.

D o tratamento da água industrial, antes de retorná-la aos cursos d'água, com o objetivo de promover a degradação dos compostos orgânicos solúveis.

E o recolhimento, por parte das famílias que habitam as regiões circunvizinhas, dos resíduos sólidos gerados pela indústria de papel, em um processo de coleta seletiva de lixo

2006.

8.278 O ambiente marinho pode ser contaminado com rejeitos radioativos provenientes de testes com armas nucleares. Os materiais radioativos podem se acumular nos organismos. Por exemplo, o estrôncio-90 é quimicamente semelhante ao cálcio e pode substituir esse elemento nos processos biológicos.

FIGUEIRA, R. C. L.; CUNHA, I. I. L. A contaminação dos oceanos por radionuclídeos antropogênicos. **Química Nova na Escola**, n. 1, 1998 (adaptado).

Um pesquisador analisou as seguintes amostras coletadas em uma região marinha próxima a um local que manipula o estrôncio radioativo: coluna vertebral de tartarugas, concha de moluscos, endoesqueleto de ouriços-do-mar, sedimento de recife de corais e tentáculos de polvo. Em qual das amostras analisadas a radioatividade foi menor?

A Concha de moluscos.

B Tentáculos de polvo.

C Sedimento de recife de corais.

D Coluna vertebral de tartarugas.

E Endoesqueleto de ouriços-do-mar.

2016 (2ª aplicação).

8.279 Em uma região de intensa produtividade agrícola, foram detectados problemas de saúde recorrentes na população. Intrigados com o fato, pesquisadores iniciaram estudos nas águas e nos solos da região e observaram que os rios estavam contaminados com grande quantidade de agrotóxicos e os solos tinham elevadas concentrações de metais pesados, tais como chumbo e mercúrio.

Em relação ao uso de agrotóxicos, a partir da situação hipotética descrita no texto, observa-se que

A os processos naturais são suficientes para purificar o solo e a água contaminados por agrotóxicos nessa região.

B o controle do consumo de peixes provenientes dos rios contaminados erradicaria a causa dos problemas de saúde.

C a população local deve consumir água filtrada ou fervida, medidas importantes para a eliminação de metais pesados.

D a proibição de se construir em áreas onde o solo e a água estão contaminados por agrotóxicos bastaria para impedir a contaminação das pessoas com metais pesados.

E os estudos mais aprofundados de medidas que impeçam a descarga de agrotóxicos e as iniciativas relativas ao correto manejo do solo são indispensáveis ao caso.

2011 (2ª aplicação).

8.280 Desde que o homem começou a explorar os recursos do planeta, vem provocando impactos sobre o meio ambiente. A ilustração mostra, de forma bem-humorada, uma consequência desses impactos.

Em relação ao impacto sugerido pela figura, trata-se de uma consequência direta de ações do homem, que mostram sua

A incapacidade de se adaptar a ambientes desfavoráveis, observada ao longo de sua história evolutiva.

B capacidade de prever os impactos de suas intervenções no meio ambiente, a médio e longo prazos.

C preocupação em associar suas atividades com os benefícios e prejuízos causados ao meio ambiente.

D dificuldade de diferenciar as ações que não interferem no meio ambiente, a curto prazo, das que podem originar catástrofes a longo prazo.

E capacidade de priorizar as práticas de desenvolvimento social e tecnológico, as quais não provocam degradação do meio ambiente.

2011 (2ª aplicação).

8.281

A Montanha Pulverizada

Esta manhã acordo e não a encontro.

Britada em bilhões de lascas

deslizando em correia transportadora

entupindo 150 vagões no trem-monstro de 5 locomotivas

— trem maior do mundo, tomem nota —

foge minha serra, vai

deixando no meu corpo a paisagem

mísero pó de ferro, e este não passa.

Carlos Drummond de Andrade. **Antologia poética**. Rio de Janeiro: Record, 2000.

A situação poeticamente descrita acima sinaliza, do ponto de vista ambiental, para a necessidade de

I manter-se rigoroso controle sobre os processos de instalação de novas mineradoras.

II criarem-se estratégias para reduzir o impacto ambiental no ambiente degradado.

III reaproveitarem-se materiais, reduzindo-se a necessidade de extração de minérios.

É correto o que se afirma

A apenas em I.

B apenas em II.

C **apenas em I e II.**

D apenas em II e III.

E em I, II e III.

2006.

8.282

International Water and Sanitation Center (Centro Internacional de Água e Saneamento).
Disponível em: http://www.irc.nl/index.php; http://esa.un.org/iys/. Acesso em: 01 abr. 2008
(adaptado).

A imagem acima, foi utilizada em uma campanha da Organização das Nações Unidas para alertar sobre a falta de acesso de parcela significativa da população à água e ao esgoto tratado mundial. Em relação a esse tema, a escolha da imagem

A é significativa, pois sugere que a construção de um sanitário público resolveria o problema de coleta e tratamento do esgoto e da contaminação dos cursos d'água e do lençol freático.

B é frágil, pois distorce as questões do acesso à água, a qual é um recurso abundante, e os problemas de escassez e de falta de saneamento, restritos a um número reduzido de países.

C é indicativa de um fenômeno complexo, pois a alta densidade demográfica em algumas regiões, sem condições adequadas de acesso aos serviços essenciais, impacta o meio ambiente e compromete a qualidade de vida.

D é adequada, pois explora uma situação de contaminação dos recursos hídricos pelo despejo de fezes e urina *in natura* nos cursos d'água, fenômeno restrito às áreas periféricas das grandes cidades dos países periféricos.

E é propícia para que se entenda o impacto ambiental nos grandes aglomerados urbanos, fenômeno que se repete nos países mais ricos, fortemente afetados pela falta de saneamento, como evidenciam as ondas migratórias recentes.

2009 (2ª aplicação).

8.283 Algumas toneladas de medicamentos para uso humano e veterinário são produzidas por ano. Os fármacos são desenvolvidos para serem estáveis mantendo suas propriedades químicas de forma a atender a um propósito terapêutico. Após o consumo de fármacos, parte de sua dosagem é excretada de forma inalterada, persistindo no meio ambiente. Em todo o mundo, antibióticos, hormônios, anestésicos, anti-inflamatórios, entre outros, são detectados em concentrações preocupantes no esgoto doméstico, em águas superficiais e de subsolo. Dessa forma, a ocorrência de fármacos residuais no meio ambiente pode apresentar efeitos adversos em organismos aquáticos e terrestres.

BILA, D. M.; DEZOTTI, M. Fármacos no meio ambiente. **Química Nova**, v. 26, n. 4, ago.

2003 (adaptado).

Qual ação minimiza a permanência desses contaminantes nos recursos hídricos?

A Utilização de esterco como fertilizante na agricultura.

B Ampliação das redes de coleta de esgoto na zona urbana.

C Descarte dos medicamentos fora do prazo de validade em lixões.

D Desenvolvimento de novos processos nas estações de tratamento de efluentes.

E Reuso dos lodos provenientes das estações de tratamento de esgoto na agricultura.

2019 (1ª aplicação).

8.284 O Protocolo de Kyoto, uma convenção das Nações Unidas que é marco sobre mudanças climáticas, estabelece que os países mais industrializados devem reduzir até 2012 a emissão dos gases causadores do efeito estufa em pelo menos 5% em relação aos níveis de 1990. Essa meta estabelece valores superiores ao exigido para países em desenvolvimento. Até 2001, mais de 120 países, incluindo nações industrializadas da Europa e da Ásia, já haviam ratificado o protocolo. No entanto, nos EUA, o presidente George W. Bush anunciou que o país não ratificaria .Kyoto., com os argumentos de que os custos prejudicariam a economia americana e que o acordo era pouco rigoroso com os países em desenvolvimento.

Adaptado do Jornal do Brasil, 11/04/2001.

Na tabela encontram-se dados sobre a emissão de CO_2

Países	Emissões de CO_2 desde 1950 (bilhões de toneladas)	Emissões anuais de CO_2 per capita
Estados Unidos	186,1	16 a 36
União Européia	127,8	7 a 16
Rússia	68,4	7 a 16
China	57,6	2,5 a 7
Japão	31,2	7 a 16
Índia	15,5	0,8 a 2,5
Polônia	14,4	7 a 16
África do Sul	8,5	7 a 16
México	7,8	2,5 a 7
Brasil	6,6	0,8 a 2,5

World Resources 2000/2001.

Considerando os dados da tabela, assinale a alternativa que representa um argumento que se contrapõe à justificativa dos EUA de que o acordo de Kyoto foi pouco rigoroso com países em desenvolvimento.

A A emissão acumulada da União Europeia está próxima à dos EUA.

B Nos países em desenvolvimento as emissões são equivalentes às dos EUA.

C A emissão per capita da Rússia assemelha-se à da União Europeia.

D As emissões de CO_2 nos países em desenvolvimento citados são muito baixas.

E A África do Sul apresenta uma emissão anual per capita relativamente alta.

2002.

8.285 Um grupo de estudantes, saindo de uma escola, observou uma pessoa catando latinhas de alumínio jogadas na calçada. Um deles considerou curioso que a falta de civilidade de quem deixa lixo pelas ruas acaba sendo útil para a subsistência de um desempregado. Outro estudante comentou o significado econômico da sucata recolhida, pois ouvira dizer que a maior parte do alumínio das latas estaria sendo reciclada. Tentando sintetizar o que estava sendo observado, um terceiro estudante fez três anotações, que apresentou em aula no dia seguinte:

I. A catação de latinhas é prejudicial à indústria de alumínio;

II. A situação observada nas ruas revela uma condição de duplo desequilíbrio: do ser humano com a natureza e dos seres humanos entre si;

III. Atividades humanas resultantes de problemas sociais e ambientais podem gerar reflexos(refletir) na economia.

Dessas afirmações, você tenderia a concordar, apenas, com

A I e II

B I e III

C II e III

D II

E III

2003.

8.286 Os impactos da construção de represas são relativamente bem documentados para muitas bacias hidrográficas. Estes impactos estão relacionados ao tamanho, volume, tempo de retenção de água do reservatório, localização geográfica e posição no trajeto do rio. As alterações na região produzem efeitos e impactos, tais como

A elevação da taxa de reprodução dos peixes da região pelo aumento da área inundada.

B diminuição da quantidade de CO_2 na atmosfera pela formação do reservatório.

C maior incidência de doenças endêmicas transmitidas por mosquitos da região.

D alteração dos níveis de precipitação pela ampliação do lençol freático.

E aumento na quantidade de água no ciclo hidrográfico da bacia atingida.

2014 (3ª aplicação).

8.287 Ao se caracterizarem os aspectos ambientais do setor sucroalcooleiro, é preciso analisar dois setores: o setor agrícola, que se refere às atividades desenvolvidas na área que a cultura da cana-de-açúcar ocupa, e o setor industrial, que está relacionado à fabricação de açúcar e álcool.

ALVARENGA, R. P.; QUEIROZ, T. R. **Produção mais limpa e aspectos ambientais na indústria sucroalcooleira**. Disponível em: www.advancesincleanerproduction.net. Acesso em: 3 ago. 2012 (adaptado).

Para essa atividade produtiva, como impacto ambiental causado pelo setor industrial, tem-se o(a)

A compactação do solo.

B assoreamento dos rios.

C desmatamento de áreas.

D queima da cana-de-açúcar.

E geração de resíduos poluidores.

2014 (2ª aplicação).

8.288 A economia moderna depende da disponibilidade de muita energia em diferentes formas, para funcionar e crescer. No Brasil, o consumo total de energia pelas indústrias cresceu mais de quatro vezes no período entre 1970 e 2005. Enquanto os investimentos em energias limpas e renováveis, como solar e eólica, ainda são incipientes, ao se avaliar a possibilidade de instalação de usinas geradoras de energia elétrica, diversos fatores devem ser levados em consideração, tais como os impactos causados ao ambiente e às populações locais.

RICARDO, B.; CAMPANILI, M. **Almanaque Brasil Socioambiental**. São Paulo: Instituto Socioambiental, 2007 (adaptado).

Em uma situação hipotética, optou-se por construir uma usina hidrelétrica em região que abrange diversas quedas d'água em rios cercados por mata, alegando-se que causaria impacto ambiental muito menor que uma usina termelétrica. Entre os possíveis impactos da instalação de uma usina hidrelétrica nessa região, inclui-se

A a poluição da água por metais da usina.

B a destruição do habitat de animais terrestres.

C o aumento expressivo na liberação de CO_2 para a atmosfera.

D o consumo não renovável de toda água que passa pelas turbinas.

E o aprofundamento no leito do rio, com a menor deposição de resíduos no trecho de rio anterior à represa.

2009.

8. 289 Considere os seguintes acontecimentos ocorridos no Brasil:

- Goiás, 1987 - Um equipamento contendo césio radioativo, utilizado em medicina nuclear, foi encontrado em um depósito de sucatas e aberto por pessoa que desconhecia o seu conteúdo. Resultado: mortes e consequências ambientais sentidas até hoje.

- Distrito Federal, 1999 - Cilindros contendo cloro, gás bactericida utilizado em tratamento de água, encontrados em um depósito de sucatas, foram abertos por pessoa que desconhecia o seu conteúdo. Resultado: mortes, intoxicações e consequências ambientais sentidas por várias horas.

Para evitar que novos acontecimentos dessa natureza venham a ocorrer, foram feitas as seguintes propostas para a atuação do Estado:

I. Proibir o uso de materiais radioativos e gases tóxicos.

II. Controlar rigorosamente a compra, uso e destino de materiais radioativos e de recipientes contendo gases tóxicos.

III. Instruir usuários sobre a utilização e descarte destes materiais.

IV. Realizar campanhas de esclarecimentos à população sobre os riscos da radiação e da toxicidade de determinadas substâncias.

Dessas propostas, são adequadas apenas

A I e II.

B I e III.

C II e III.

D I, III e IV.

E II, III e IV.

2001.

8.290 Um problema ainda não resolvido da geração nuclear de eletricidade é a destinação dos rejeitos radiativos, o chamado "lixo atômico". Os rejeitos mais ativos ficam por um período em piscinas de aço inoxidável nas próprias usinas antes de ser, como os demais rejeitos, acondicionados em tambores que são dispostos em áreas cercadas ou encerrados em depósitos subterrâneos secos, como antigas minas de sal. A complexidade do problema do lixo atômico, comparativamente a outros lixos com substâncias tóxicas, se deve ao fato de

A emitir radiações nocivas, por milhares de anos, em um processo que não tem como ser interrompido artificialmente.

B acumular-se em quantidades bem maiores do que o lixo industrial convencional, faltando assim locais para

reunir tanto material.

C ser constituído de materiais orgânicos que podem contaminar muitas espécies vivas, incluindo os próprios seres humanos.

D exalar continuamente gases venenosos, que tornariam o ar irrespirável por milhares de anos.

E emitir radiações e gases que podem destruir a camada de ozônio e agravar o efeito estufa.

2005.

8.291 O fenômeno da piracema (subida do rio) é um importante mecanismo que influencia a reprodução de algumas espécies de peixes, pois induz o processo que estimula a queima de gordura e ativa mecanismos hormonais complexos, preparando-os para a reprodução. Intervenções antrópicas nos ambientes aquáticos, como a construção de barragens, interferem na reprodução desses animais.

MALTA, P. Impacto ambiental das barragens hidrelétricas.

Disponível em: http://futurambiental.com.

Acesso em: 10 mai. 2013 (adaptado).

Essa intervenção antrópica prejudica a piracema porque reduz o(a)

A percurso de migração.

B longevidade dos indivíduos.

C disponibilidade de alimentos.

D período de migração da espécie.

E número de espécies de peixes no local.

2017 (1ª aplicação).

8.292 Moradores de três cidades, aqui chamadas de X, Y e Z, foram indagados quanto aos tipos de poluição que mais afligiam as suas áreas urbanas. Nos gráficos abaixo estão representadas as porcentagens de reclamações sobre cada tipo de poluição ambiental.

Considerando a queixa principal dos cidadãos de cada cidade, a primeira medida de combate à poluição em cada uma delas seria, respectivamente: (Gabarito = E)

	X	Y	Z
A	Manejo de lixo	Esgotamento sanitário	Controle emissão de gases
B	Controle de despejo industrial	Manejo de lixo	Controle emissão de gases
C	Manejo de lixo	Esgotamento sanitário	Controle de despejo industrial
D	Controle emissão de gases	Controle de despejo industrial	Esgotamento sanitário
E	Controle de despejo industrial	Manejo de lixo	Esgotamento sanitário

2005.

8.293 O flúor tem sido adicionado à água para prevenir cáries. Contudo, o Conselho Nacional de Pesquisas norte-americano publicou um relatório em que a adição de flúor na água é condenada. O relatório concluiu que o atual limite de fluoreto na água potável, indicado pela Agência de Proteção Ambiental norte-americana – 4 mg/L – deveria ser diminuído por causa dos altos riscos, tanto para crianças como para adultos. O fluoreto, apesar de prevenir uma doença, acaba causando outras, pois age sobre os tecidos do corpo que contêm cálcio e 99% do fluoreto ingerido não são excretados, permanecendo no corpo.

FAGIN, D. Controvérsias sobre o flúor. **Scientific American Brasil**. Edição 69. Fevereiro de 2008. Disponível em: http://www2.uol.com.br/sciam/reportagens/controversias_sobre_o_fluor_4.html. Acesso em: 08 nov. 2008 (adaptado).

Os médicos do posto de saúde de uma pequena cidade começaram uma pesquisa e perceberam que uma parcela dos cidadãos apresentava problemas nas articulações e vários tipos de deformidades na arcada dentária. Suspeitando que a água da região pudesse possuir mais fluoreto que o permitido pela Agência de Proteção Ambiental, os médicos deveriam ter

A pedido aos pacientes que bebessem diariamente mais água dessa região.

B diminuído o atendimento às pessoas com essas patologias e atendido apenas os casos graves.

C ficado indiferentes à situação e ter feito o tratamento dos pacientes conforme o caso.

D realizado mais exames nos pacientes e ter pedido o exame da água da região, alertando as autoridades, se necessário.

E tomado medidas para proteger exclusivamente o meio ambiente físico, a fauna e a flora, que estariam sendo agredidos pela presença de fluoretos na água.

2009 (2ª aplicação).

8.294 No Brasil, mais de 66 milhões de pessoas beneficiam-se hoje do abastecimento de água fluoretada, medida que vem reduzindo, em cerca de 50%, a incidência de cáries. Ocorre, entretanto, que profissionais da saúde muitas vezes prescrevem flúor oral ou complexos vitamínicos com flúor para crianças ou gestantes, levando à ingestão exagerada da substância. O mesmo ocorre com o uso abusivo de algumas marcas de água mineral que contêm flúor. O excesso de flúor -fluorose -nos dentes pode ocasionar desde efeitos estéticos até defeitos estruturais graves.

Foram registrados casos de fluorose tanto em cidades com água fluoretada pelos poderes públicos como em outras, abastecidas por lençóis freáticos que naturalmente contêm flúor.

(Adaptado da **Revista da Associação Paulista de Cirurgiões Dentistas** - **APCD**, vol. 53, nº.1, jan./fev. 1999)

Com base nesse texto, são feitas as afirmações abaixo.

I A fluoretação da água é importante para a manutenção do esmalte dentário, porém não pode ser excessiva.

II Os lençóis freáticos citados contêm compostos de flúor, em concentrações superiores às existentes na água tratada.

III As pessoas que adquiriram fluorose podem ter utilizado outras fontes de flúor além da água de abastecimento público, como, por exemplo, cremes dentais e vitaminas com flúor.

Pode- se afirmar que, apenas:

A I é correta.

B II é correta.

C III é correta.

D I e III são corretas.

E II e III são corretas

2000.

8.295 A necessidade de água tem tornado cada vez mais importante a reutilização planejada desse recurso. Entretanto, os processos de tratamento de águas para seu reaproveitamento nem sempre as tornam potáveis, o que leva a restrições em sua utilização.

Assim, dentre os possíveis empregos para a denominada "água de reuso", recomenda-se

A o uso doméstico, para preparo de alimentos.

B o uso em laboratórios, para a produção de fármacos.

C o abastecimento de reservatórios e mananciais.

D o uso individual, para banho e higiene pessoal.

E o uso urbano, para lavagem de ruas e áreas públicas.

2004.

8.296 Encontram-se descritas a seguir algumas das características das águas que servem três diferentes regiões.

Região I - Qualidade da água pouco comprometida por cargas poluidoras, casos isolados de mananciais comprometidos por lançamento de esgotos; assoreamento de alguns mananciais.

Região II - Qualidade comprometida por cargas poluidoras urbanas e industriais; área sujeita a inundações; exportação de carga poluidora para outras unidades hidrográficas.

Região III - Qualidade comprometida por cargas poluidoras domésticas e industriais e por lançamento de esgotos; problemas isolados de inundação; uso da água para irrigação.

De acordo com essas características, pode- se concluir que:

A a região I é de alta densidade populacional, com pouca ou nenhuma estação de tratamento de esgoto.

B na região I ocorrem tanto atividades agrícolas como industriais, com práticas agrícolas que estão evitando a erosão do solo.

C a região II tem predominância de atividade agrícola, muitas pastagens e parque industrial inexpressivo.

D na região III ocorrem tanto atividades agrícolas como industriais, com pouca ou nenhuma estação de tratamento de esgotos.

E a região III é de intensa concentração industrial e urbana, com solo impermeabilizado e com amplo tratamento de esgotos.

2000.

8.297 Um dos grandes problemas das regiões urbanas é o acúmulo de lixo sólido e sua disposição. Há vários processos para a disposição do lixo, dentre eles o aterro sanitário, o depósito a céu aberto e a incineração. Cada um deles apresenta vantagens e desvantagens.

Considere as seguintes vantagens de métodos de disposição do lixo:

I   diminuição do contato humano direto com o lixo;

II   produção de adubo para agricultura;

III   baixo custo operacional do processo;

IV   redução do volume de lixo.

A relação correta entre cada um dos processos para a disposição do lixo e as vantagens apontadas é:

Aterro sanitário	Depósito a céu aberto	Incineração
A	I	II	I
B	I	III	IV
C	II	IV	I
D	II	I	IV
E	III	II	I

2000.

8.298 O lixão que recebia 130 toneladas de lixo e contaminava a região com seu chorume (líquido derivado da decomposição de compostos orgânicos) foi recuperado, transformando-se em um aterro sanitário controlado, mudando a qualidade de vida e a paisagem e proporcionando condições dignas de trabalho para os que dele subsistiam.

Revista Promoção da Saúde da Secretaria de Políticas da Saúde. Ano 1, nº 4, dez. 2000 (adaptado).

Quais procedimentos técnicos tornam o aterro sanitário mais vantajoso que o lixão, em relação às problemáticas abordadas no texto?

A O lixo é recolhido e incinerado pela combustão a altas temperaturas.

B O lixo hospitalar é separado para ser enterrado e sobre ele, colocada cal virgem.

C O lixo orgânico e inorgânico é encoberto, e o chorume canalizado para ser tratado e neutralizado.

D O lixo orgânico é completamente separado do lixo inorgânico, evitando a formação de chorume.

E O lixo industrial é separado e acondicionado de forma adequada, formando uma bolsa de resíduos.

2010.

DESMATAMENTO

8.299 O gráfico abaixo mostra a área desmatada da Amazônia, em km^2, a cada ano, no período de 1988 a 2008.

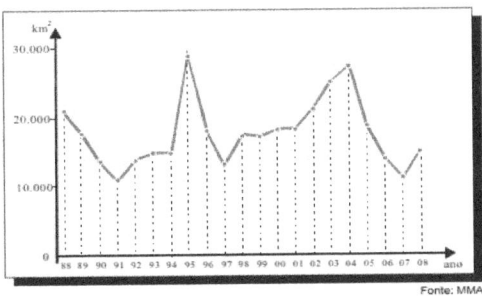

Fonte: MMA.

As informações do gráfico indicam que

A o maior desmatamento ocorreu em 2004.

B a área desmatada foi menor em 1997 que em 2007.

C a área desmatada a cada ano manteve-se constante entre 1998 e 2001.

D a área desmatada por ano foi maior entre 1994 e 1995 que entre 1997 e 1998.

E o total de área desmatada em 1992, 1993 e 1994 é maior que 60.000 km2.

2008.

8.300 A doença de Chagas afeta mais de oito milhões de brasileiros, sendo comum em áreas rurais. É uma doença causada pelo protozoário *Trypanosoma cruzi* e transmitida por insetos conhecidos como barbeiros ou chupanças.

Uma ação do homem sobre o meio ambiente que tem contribuído para o aumento dessa doença é

A o consumo de carnes de animais silvestres que são hospedeiros do vetor da doença.

B a utilização de adubos químicos na agricultura que aceleram o ciclo reprodutivo do barbeiro.

C a ausência de saneamento básico que favorece a proliferação do protozoário em regiões habitadas por humanos.

D a poluição dos rios e lagos com pesticidas que exterminam o predador das larvas do inseto transmissor da doença.

E o desmatamento que provoca a migração ou o desaparecimento dos animais silvestres dos quais o barbeiro se alimenta.

2012.

8.301 Em 2003, deu-se início às discussões do Plano Amazônia Sustentável, que rebatiza o Arco do Desmatamento, uma extensa faixa que vai de Rondônia ao Maranhão, como Arco do Povoamento Adensado, a fim de reconhecer as demandas da população que vive na região. A Amazônia Ocidental, em contraste, é considerada nesse plano como uma área ainda amplamente preservada, na qual se pretende encontrar alternativas para tirar mais renda da floresta em pé do que por meio do desmatamento. O quadro apresenta as três macrorregiões e três estratégias que constam do Plano.

Estratégias:

I. Pavimentação de rodovias para levar a soja até o rio Amazonas, por onde será escoada.

II. Apoio à produção de fármacos, extratos e couros vegetais.

III. Orientação para a expansão do plantio de soja, atraindo os produtores para áreas já desmatadas e atualmente abandonadas.

Considerando as características geográficas da Amazônia, aplicam-se às macrorregiões Amazônia Ocidental, Amazônia Central e Arco do Povoamento Adensado, respectivamente, as estratégias

A I, II e III.

B I, III e II.

C III, I e II.

D II, I e III.

E III, II e I.

2004.

USO DE TECNOLOGIAS AMBIENTAIS

8.302 Garrafas PET (politereftalato de etileno) têm sido utilizadas em mangues, onde as larvas de ostras e de mariscos, geradas na reprodução dessas espécies, aderem ao plástico. As garrafas são retiradas do mangue, limpas daquilo que não interessa e colocadas nas "fazendas" de criação, no mar.

GALEMBECK, F. **Ciência Hoje**, São Paulo, v. 47, n. 280, abr. 2011 (adaptado).

Nessa aplicação, o uso do PET é vantajoso, pois

A diminui o consumo de garrafas plásticas.

B possui resistência mecânica e alta densidade.

C decompõe-se para formar petróleo a longo prazo.

D é resistente ao sol, à água salobra, a fungos e bactérias.

E é biodegradável e poroso, auxiliando na aderência de larvas e mariscos.

2013 (2ª aplicação).

8.303 A ocupação predatória associada à expansão da fronteira agropecuária e acelerada pelo plantio da soja tem deflagrado, com a perda da cobertura vegetal, a diminuição da biodiversidade, a erosão do solo, a escassez e a contaminação dos recursos hídricos no bioma cerrado. Segundo ambientalistas, o cerrado brasileiro corre o risco de se transformar em um deserto. A respeito desse assunto, analise as afirmações abaixo.

I Considerando-se que, em 2006, restem apenas 25% da cobertura vegetal original do cerrado e que, desse percentual, 3% sejam derrubados a cada ano, estima-se que, em 2030, o cerrado brasileiro se transformará em deserto.

II Sabe-se que a eventual extinção do bioma cerrado, dada a pobreza que o caracteriza, não causará impacto sistêmico no conjunto dos biomas brasileiros.

III A substituição de agrotóxicos por bioinseticidas reduz a contaminação dos recursos hídricos no bioma cerrado.

É correto o que se afirma

A apenas em I.

B apenas em III.

C apenas em I e II.

D apenas em II e III.

E em I, II e III.

2006.

8.304 No verão de 2000 foram realizadas, para análise, duas coletas do lixo deixado pelos frequentadores em uma praia no litoral brasileiro. O lixo foi pesado, separado e classificado. Os resultados das coletas feitas estão na tabela a seguir.

DADOS OBTIDOS (em área de cerca de 1900 m²)		
COLETA DE LIXO	1ª coleta	2ª coleta
PESO TOTAL	8,3 kg	3,2 kg
Itens de Plástico	399 (86,4%)	174 (88,8%)
Itens de Vidro	10 (2,1%)	03 (1,6%)
Itens de Metal	14 (3,0%)	07 (3,6%)
Itens de Papel	17 (3,7%)	06 (3,0%)
NÚMERO DE PESSOAS NA PRAIA	270	80

Adaptado de *Ciência Hoje*

Embora fosse grande a venda de bebidas em latas nessa praia, não se encontrou a quantidade esperada dessas embalagens no lixo coletado, o que foi atribuído à existência de um bom mercado para a reciclagem de alumínio. Considerada essa hipótese, para reduzir o lixo nessa praia, a iniciativa que mais diretamente atende à variedade de interesses envolvidos, respeitando a preservação ambiental, seria

A proibir o consumo de bebidas e de outros alimentos nas praias.

B realizar a coleta de lixo somente no período noturno.

C proibir a comercialização apenas de produtos com embalagem.

D substituir embalagens plásticas por embalagens de vidro.

E incentivar a reciclagem de plásticos, estimulando seu recolhimento.

2004.

8.305 Para se adequar às normas ambientais atuais, as construtoras precisam prever em suas obras a questão do uso de materiais de modo a minimizar os impactos causados no local. Entre esses materiais está o chamado concregrama ou pisograma, que é um tipo de revestimento composto por peças de concreto com áreas vazadas, preenchidas com solo gramado. As figuras apresentam essas duas formas de piso feitos de concreto.

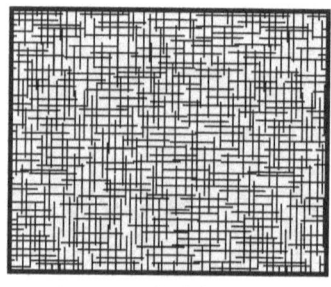 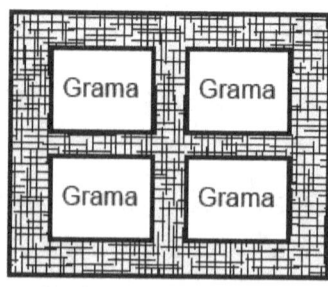

Piso tradicional de concreto   **Piso concregrama**

PONTES, K. L. F. **Estudo de caso de um protótipo experimental** [...]. Disponível em: http://monografias.poli.ufrj.br. Acesso em: 9 maio 2017 (adaptado).

A utilização desse tipo de piso em uma obra tem o objetivo de evitar, no solo, a

A impermeabilização.

B diminuição da temperatura.

C acumulação de matéria orgânica.

D alteração do pH.

E salinização.

2017 (1ª aplicação).

8.306 As larvas do inseto do bicho-da-farinha (*Tenebrio molitor*) conseguem se alimentar de isopor descartado (poliestireno expandido), transformando-o em dióxido de carbono e outros componentes. Dessa forma, essas larvas contribuem para a redução dos impactos negativos causados pelo acúmulo de isopor no ambiente.

Disponível em: www.bbc.com. Acesso em: 29 out. 2015 (adaptado).

A redução dos impactos causados pelo acúmulo de isopor é resultante de qual processo desempenhado pelas larvas do bicho-da-farinha?

A Bioindicação.

B Biomarcação.

C Biodegradação.

D Bioacumulação.

E Biomonitoramento.

2018 (2ª aplicação).

8.307 Um alimento orgânico deve apresentar em sua embalagem o selo de uma instituição certificadora, garantindo ao consumidor que, além de ser um alimento isento de agrotóxicos, também é produzido com técnicas planejadas e controladas. A técnica de produção desses alimentos causa menor impacto aos recursos naturais, contribuindo para melhorar a qualidade de vida das pessoas.

Nesse sistema de produção de alimentos vegetais, o controle de insetos é manejado por meio do(a)

A prática de adubação verde.

B emprego da compostagem.

C controle da irrigação do solo.

D utilização de predadores naturais.

E uso de sementes inoculadas com Rhizobium.

2019 (1ª aplicação).

BIOLOGIA DA CONSERVAÇÃO

8.308 Corredores ecológicos visam mitigar os efeitos da fragmentação dos ecossistemas promovendo a ligação entre diferentes áreas, com o objetivo de proporcionar o deslocamento de animais, a dispersão de sementes e o aumento da cobertura vegetal. São instituídos com base em informações como estudos sobre o deslocamento de espécies, sua área de vida (área necessária para o suprimento de suas necessidades vitais e reprodutivas) e a distribuição de suas populações.

Disponível em: www.mma.gov.br. Acesso em: 30 nov. 2017 (adaptado).

Nessa estratégia, a recuperação da biodiversidade é efetiva porque

A propicia o fluxo gênico.

B intensifica o manejo das espécies.

C amplia o processo de ocupação humana.

D aumenta o número de indivíduos nas populações.

E favorece a formação de ilhas de proteção integral.

2018 (1ª aplicação).

8.309 Um agricultor adquiriu alguns alqueires de terra para cultivar e residir no local. O desenho abaixo representa parte de suas terras.

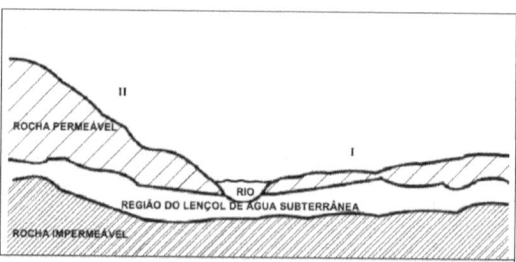

Pensando em construir sua moradia no lado I do rio e plantar no lado II, o agricultor consultou seus vizinhos e escutou as frases abaixo. Assinale a frase do vizinho que deu a sugestão mais correta.

A "O terreno só se presta ao plantio, revolvendo o solo com arado."

B "Não plante neste local, porque é impossível evitar a erosão".

C "Pode ser utilizado, desde que se plante em curvas de nível".

D "Você perderá sua plantação, quando as chuvas provocarem inundação".

E "Plante forragem para pasto".

1999.

8.310 No quadro estão apresentadas informações sobre duas estratégias de sobrevivência que podem ser adotadas por algumas espécies de seres vivos.

	Estratégia 1	Estratégia 2
Hábitat	Mais instável e imprevisível	Mais estável e previsível
Potencial biótico	Muito elevado	Baixo
Duração da vida	Curta e com reprodução precoce	Longa e com reprodução tardia
Descendentes	Muitos e com tamanho corporal pequeno	Poucos e com tamanho corporal maior
Tamanho populacional	Variável	Constante

Na recuperação de uma área desmatada deveriam ser reintroduzidas primeiramente as espécies que adotam qual estratégia?

A Estratégia 1, pois essas espécies produzem descendentes pequenos, o que diminui a competição com outras espécies.

B Estratégia 2, pois essas espécies têm uma longa duração da vida, o que favorece a produção de muitos descendentes.

C Estratégia 1, pois essas espécies apresentam um elevado potencial biótico, o que facilita a rápida recolonização da área desmatada.

D Estratégia 2, pois essas espécies estão adaptadas a hábitats mais estáveis, o que corresponde ao ambiente de uma área desmatada.

E Estratégia 2, pois essas espécies apresentam um tamanho populacional constante, o que propicia uma recolonização mais estável da área desmatada.

2019 (1ª aplicação).

8.311 Segundo o pensamento religioso de Padre Cícero Romão Batista (1844-1934), a ação humana do camponês sobre a natureza deveria seguir alguns princípios norteadores, os quais ficaram conhecidos na cultura popular brasileira como "os preceitos ecológicos do Padre Cícero". Dentre esses preceitos, destaca-se:

"Não plante em serra acima, nem faça roçado em ladeira muito em pé: deixe o mato protegendo a terra para que a água não a arraste e não se perca a sua riqueza."

FIGUEIREDO, J. B. A. **Educação ambiental dialógica**: as contribuições de Paulo freire e a cultura popular nordestina. Fortaleza: UFC, 2007.

Comparando o pensamento do Padre Cícero com o atual conhecimento científico, pode-se encontrar elementos de convergência, já que a prática citada contribui primariamente para evitar (o)a

A erosão.

B salinização.

C eutrofização.

D assoreamento.

E desertificação.

2019 (1ª aplicação).

GABARITOS

Questão	Gabarito	Ano
MÓDULO		
Seção		
MÓDULO 1: BASES MOLECULARES DA VIDA NA TERRA		
Água		
1.1	C	2009
1.2	C	2004
1.3	D	2005
1.4	C	2001
1.5	A	2010
Carbono		
1.6	D	2014
Micronutrientes (vitaminas e minerais)		
1.7	B	2017
1.8	C	2014
1.9	C	2018
1.10	D	2005
Macromoléculas (lipídeos, carboidratos, proteínas e ácidos nucleicos)		
1.11	A	2016
1.12	B	2014
1.13	A	2007
1.14	C	2016
1.15	A	2017
1.16	E	2012
1.17	D	2014
1.18	E	2016
1.19	A	2005
1.20	D	2009
Reações metabólicas		
1.21	C	2010

1.22	D	2017

MÓDULO 2 - BIOLOGIA CELULAR

Membranas biológicas

2.1	B	2019
2.2	A	2017
2.3	E	2017
2.4	E	2012
2.5	C	2014
2.6	E	2019
2.7	A	2012
2.8	D	2009

Citoplasma e organelas

2.9	E	2016
2.10	E	2012
2.11	A	2013
2.12	C	2015
2.13	C	2016
2.14	D	2018
2.15	D	2014
2.16	B	2016
2.17	B	2013
2.18	E	2013
2.19	A	2009
2.20	D	2013
2.21	B	2017
2.22	D	2018
2.23	A	2016
2.24	B	2019

Núcleo celular, mitose e síntese de proteínas

2.25	E	2018
2.26	C	2017
2.27	A	2016

2.28	C	2016
2.29	A	2004
2.30	C	2011
2.31	E	2018

Expressão gênica: do gene à proteína

2.32	A	2018
2.33	D	2019
2.34	D	2009
2.35	D	2008
2.36	C	2015
2.37	D	2007
2.38	C	2016

Regulação da expressão gênica

2.39	C	2008
2.40	E	2012
2.41	E	2011
2.42	C	2009
2.43	D	2015
2.44	D	2011

Metabolismo energético

2.45	A	2011
2.46	C	2019
2.47	B	2012
2.48	A	2012
2.49	B	2016
2.50	E	2015
2.51	C	2018
2.52	E	2010
2.53	A	2009
2.54	B	2017
2.55	A	2017
2.56	A	2013

2.57	C	2009
MÓDULO 3 – REPRODUÇÃO, DESENVOLVIMENTO E DIVERSIDADE CELULAR		
Meiose e ciclos de vida sexuada		
3.1	E	2009
3.2	B	2018
3.3	C	2016
Desenvolvimento embrionário e reprodução humana		
3.4	A	2011
3.5	D	2009
Diversidade celular dos vertebrados		
3.6	D	2012
3.7	D	2005
3.8	E	2011
3.9	B	2015
3.10	E	2017
3.11	E	2019
MÓDULO 4 - GENÉTICA E BIOTECNOLOGIA		
Mendel e herança genética		
4.1	B	2018
4.2	B	2009
4.3	E	2009
4.4	B	2011
4.5	B	2014
4.6	A	2014
4.7	E	2014
4.8	A	2016
4.9	B	2017
4.10	D	2012
4.11	C	2015
4.12	B	2009
4.13	C	2018
Base cromossômica da herança		

4.14	B	2013
4.15	A	2016
4.16	D	2014
4.17	D	2017
4.18	D	2017
4.19	E	2015
A base molecular da hereditariedade		
4.20	D	2014
Genética e biotecnologia		
4.21	C	2017
4.22	A	1998
4.23	E	2015
4.24	C	2017
4.25	D	2016
4.26	B	2012
4.27	C	2013
4.28	E	2018
4.29	A	2019
4.30	D	2009
4.31	B	2011
4.32	D	2011
4.33	A	2009
4.34	D	2011
4.35	C	2013
4.36	C	2010
4.37	B	2015
4.38	B	2005
4.39	E	2014
4.40	D	2019
4.41	E	2017
4.42	E	2012

4.43	E	2016
4.44	C	2005
4.45	D	2019

MÓDULO 5 - EVOLUÇÃO BIOLÓGICA

Origem da vida na terra		
5.1	C	2003
5.2	C	2012
5.3	A	2016

Fundamentos da evolução biológica		
5.4	C	2018
5.5	B	2010
5.6	A	2014
5.7	C	2019
5.8	A	2001
5.9	C	2009
5.10	E	2009
5.11	E	2014
5.12	E	2009
5.13	A	2010
5.14	B	2012
5.15	D	2005
5.16	C	2009
5.17	B	2016
5.18	C	2014
5.19	D	2018
5.20	E	2015
5.21	B	2013
5.22	B	2007
5.23	C	2011
5.24	B	2012
5.25	E	2009
5.26	E	2009

Origem de novas espécies e dos grandes grupos de seres vivos		
5.27	E	2003
5.28	D	2009
5.29	A	2016
5.30	B	2007
5.31	E	1999
5.32	D	1999
5.33	B	1999
5.34	C	2006
5.35	C	2005
5.36	A	2000
5.37	A	2002
5.38	B	2002
5.39	E	2005
5.40	C	2006
5.41	C	2009
5.42	D	2000
5.43	D	2009
MÓDULO 6 - CLASSIFICAÇÃO BIOLÓGICA E DIVERSIDADE DOS SERES VIVOS		
Sistemática e classificação biológica		
6.1	C	2017
6.2	B	2011
6.3	C	2014
6.4	C	2015
6.5	C	2016
6.6	B	2013
6.7	B	2005
6.8	D	2017
6.9	B	1998
6.10	B	1998
6.11	C	1998
6.12	C	2012

Vírus		
6.13	E	2009
6.14	B	2015
6.15	A	2006
6.16	C	2010
6.17	C	2002
6.18	B	2011
6.19	B	2013
6.20	D	2014
6.21	A	2011
6.22	B	2007
6.23	D	2001
6.24	C	2011
6.25	B	2015
6.26	C	2010
Procariontes		
6.27	E	2017
6.28	E	2016
6.29	E	2003
6.30	B	2007
6.31	C	1999
6.32	E	2010
6.33	A	2010
6.34	B	2015
6.35	B	2004
6.36	D	2012
6.37	E	1999
6.38	A	2003
Protistas (algas e protozoários)		
6.39	C	2019
6.40	C	1998
6.41	C	2014

6.42	C	2009
6.43	C	2014
6.44	A	2007
6.45	C	2018
6.46	A	2016
6.47	D	2003
6.48	E	2014
6.49	C	2003
6.50	D	2005
Fungos		
6.51	D	2019
Plantas		
6.52	C	2019
6.53	E	2005
6.54	D	2010
6.55	E	2018
6.56	D	2012
6.57	C	1998
6.58	E	2006
6.59	C	2015
6.60	A	2010
6.61	A	2010
6.62	C	2014
6.63	C	2018
Animais		
6.64	D	1998
6.65	A	2016
6.66	B	1998
6.67	A	2018
6.68	B	2011
6.69	E	1998
6.70	C	2005

6.71	E	2015
6.72	D	2017
6.73	E	2019
6.74	C	2013
6.75	A	2005
6.76	E	2011
6.77	A	2016
6.78	E	2010
6.79	B	2005
6.80	D	2015
6.81	E	2018

MÓDULO 7 - ANATOMIA E FISIOLOGIA HUMANAS

Alimentação e nutrientes

7.1	D	2019
7.2	E	2014
7.3	C	2012
7.4	E	2008
7.5	C	2015
7.6	D	2006
7.7	E	2010

Digestão

7.8	B	2018
7.9	E	2019
7.10	E	2012
7.11	C	2015
7.12	D	2010
7.13	E	2013
7.14	D	2009

Excreção

7.15	A	2019
7.16	A	2019
7.17	D	2015

Respiração		
7.18	D	2019
Circulação sanguínea e linfática		
7.19	E	2011
7.20	D	2015
7.21	B	2013
7.22	A	2001
7.23	A	2014
7.24	A	2011
7.25	D	2015
7.26	B	2017
Sistema endócrino		
7.27	A	2013
7.28	D	2014
7.29	D	2000
7.30	E	2018
7.31	C	2019
Sistema imunitário e imunização		
7.32	B	2010
7.33	A	2013
7.34	D	2009
7.35	D	2014
7.36	B	2003
7.37	E	2011
7.38	A	2009
7.39	B	1999
7.40	A	2010
Sistema nervoso		
7.41	C	2009
7.42	D	1998
7.43	A	2010
Órgãos sensoriais		

7.44	B	2015
7.45	A	2017
7.46	E	2018
7.47	E	2019
7.48	D	2009
7.49	D	2019
7.50	A	2013
Revestimento, suporte e movimento		
7.51	B	2017

MÓDULO 8 - ECOLOGIA

A vida e o ambiente físico

8.1	E	2009
8.2	D	2010
8.3	A	2002
8.4	A	2010
8.5	E	2002
8.6	C	2005

Biomas e regiões fitogeográficas

8.7	A	2006
8.8	B	2010
8.9	C	2012
8.10	C	2016
8.11	B	2014
8.12	E	2016
8.13	E	2019
8.14	B	2014
8.15	E	2013
8.16	D	2016
8.17	A	2017
8.18	C	2014
8.19	C	2016

8.20	D	2013
8.21	E	2009
8.22	C	2017
8.23	B	2018

Fluxos de energia nos ecossistemas		
8.24	B	2012
8.25	D	2003
8.26	A	2010
8.27	E	2011
8.28	E	2012
8.29	C	2016
8.30	B	2013
8.31	E	2009
8.32	D	2008
8.33	E	2008
8.34	A	2015
8.35	B	1999
8.36	B	2012
8.37	C	2012
8.38	B	2002
8.39	B	2013
8.40	B	2015
8.41	E	2002
8.42	C	2009
8.43	E	2017
8.44	D	2014
8.45	C	2014
8.46	E	1999

Ciclos biogeoquímicos		
8.47	A	2014
8.48	C	2009
8.49	D	1998

8.50	C	1999
8.51	A	2000
8.52	B	2008
8.53	E	2008
8.54	B	2008
8.55	C	2006
8.56	D	1999
8.57	B	2003
8.58	A	2004
8.59	D	2015
8.60	D	2016
8.61	E	2014
8.62	D	2010
8.63	D	2009
8.64	A	2016
8.65	A	2016
8.66	D	2015
8.67	D	2015
8.68	D	2011
8.69	E	2014
8.70	C	2014
8.71	A	2017
8.72	E	2019
8.73	E	2010
8.74	B	2011
8.75	A	2016
8.76	A	2010
8.77	E	2009
8.78	E	2001
8.79	A	2001
8.80	D	2003
Dinâmica das populações		

8.81	C	2017
8.82	C	2002
8.83	D	1999
8.84	E	1998
8.85	D	2018
Relações ecológicas		
8.86	D	2012
8.87	C	2018
8.88	B	2013
8.89	C	2010
8.90	A	2009
8.91	C	2016
8.92	D	2019
8.93	C	2005
8.94	B	2005
8.95	D	2014
8.96	C	2014
8.97	E	2014
8.98	C	2008
8.99	C	2013
8.100	E	2000
8.101	C	2014
8.102	B	2013
8.103	A	2011
8.104	D	2011
8.105	A	2019
8.106	D	2008
8.107	C	2016
8.108	E	2001
8.109	A	2011
Uso de recursos ambientais		
8.110	A	2019

8.111	B	2006
8.112	E	2001
8.113	C	2006
8.114	D	2002
8.115	E	1999
8.116	A	1999
8.117	D	2009
8.118	D	2002
8.119	A	2003
8.120	D	2004
8.121	A	2004
8.122	C	2003
8.123	C	2016
8.124	Redação	2008
8.125	Redação	2014
8.126	D	2000
8.127	A	2002
8.128	E	2003
8.129	A	2003
8.130	B	2003
8.131	D	2009
8.132	D	2009
8.133	E	2004
8.134	B	2007
8.135	E	2000
8.136	A	2002
8.137	B	2004
8.138	C	2005
8.139	D	2011
8.140	D	2014
8.141	A	2011
8.142	D	2012

8.143	E	2012
8.144	C	2014
8.145	C	2012
8.146	E	2011
8.147	D	2000
8.148	A	2003
8.149	D	2004
8.150	E	2007
8.151	E	2012
8.152	B	2008
8.153	A	2010
8.154	D	2010
8.155	C	2004
8.156	E	2003
8.157	A	2008
8.158	A	2007
8.159	C	2007
8.160	E	1999
8.161	D	2009
8.162	C	2008
8.163	C	2002
8.164	E	2002
Educação ambiental e desenvolvimento sustentável		
8.165	D	2012
8.166	E	2017
8.167	C	2003
8.168	C	2008
8.169	E	2006
8.170	C	2007
8.171	B	2003
8.172	B	2009
8.173	E	2012

8.174	D	2009
8.175	A	2009
8.176	A	2016
8.177	D	2005
8.178	C	2006
8.179	D	2013
8.180	D	2002
8.181	D	2009
8.182	D	2012
8.183	Redação	2001
8.184	Redação	2016
8.185	B	2009
8.186	E	2008
8.187	E	2008
8.188	C	2016
8.189	D	2016
8.190	E	2005
8.191	C	2002
8.192	D	2008
8.193	C	2009
8.194	E	2009
8.195	D	2010
8.196	D	2001
8.197	B	2001
8.198	C	2001
8.199	C	2003
8.200	E	2003
8.201	E	2004
8.202	A	2004
8.203	A	2007
8.204	C	2007
8.205	B	2007

8.206	B	2006
8.207	B	2006
8.208	E	2009
8.209	E	2011
8.210	B	2002
8.211	E	2016
8.212	C	2015
8.213	C	2015
8.214	A	2006
8.215	A	2004
8.216	E	2012
8.217	B	2014
8.218	C	2016
8.219	E	2016
8.220	D	2014
8.221	D	1999
8.222	A	2009
8.223	A	1999
8.224	B	2011
8.225	A	2005
8.226	C	2009
8.227	E	2017
Mudanças climáticas		
8.228	E	2007
8.229	B	2007
8.230	E	2007
8.231	B	2006
8.232	D	2009
8.233	D	2009
8.234	D	2009
8.235	B	2009
8.236	A	2009

8.237	E	2016
8.238	D	2010
Efeito estufa		
8.239	E	2013
8.240	B	2009
8.241	C	2013
8.242	D	2010
8.243	D	2011
8.244	A	2011
8.245	C	2009
8.246	D	2010
8.247	E	2014
8.248	D	2006
Poluição ambiental		
8.249	A	2006
8.250	E	2004
8.251	E	2009
8.252	D	2018
8.253	B	1998
8.254	A	2000
8.255	D	1999
8.256	B	2011
8.257	B	2014
8.258	A	2006
8.259	C	1998
8.260	C	2009
8.261	E	2014
8.262	B	2013
8.263	C	2015
8.264	D	2000
8.265	C	2014
8.266	B	2019

8.267	D	2013
8.268	C	2001
8.269	E	2005
8.270	B	2012
8.271	C	2010
8.272	D	2010
8.273	C	2001
8.274	C	2001
8.275	D	2001
8.276	D	2004
8.277	B	2006
8.278	E	2016
8.279	D	2011
8.280	E	2011
8.281	C	2006
8.282	C	2009
8.283	D	2019
8.284	D	2002
8.285	C	2003
8.286	E	2014
8.287	B	2014
8.288	E	2009
8.289	A	2001
8.290	A	2005
8.291	A	2017
8.292	D	2005
8.293	D	2009
8.294	E	2000
8.295	D	2004
8.296	B	2000
8.297	C	2000
8.298	B	2010

Desmatamento		
8.299	D	2008
8.300	E	2012
8.301	D	2004
Uso de tecnologias ambientais		
8.302	D	2013
8.303	B	2006
8.304	E	2004
8.305	A	2017
8.306	D	2018
8.307	D	2019
Biologia da conservação		
8.308	A	2018
8.309	C	1999
8.310	C	2019
8.311	A	2019

www.ingramcontent.com/pod-product-compliance
Lightning Source LLC
Chambersburg PA
CBHW070524220526
45467CB00003B/829